KB177405

THE WALKING WHALES
From Land to Water in Eight Million Years

© 2014 The Regents of the University of California
Published by arrangement with University of California Press
All rights reserved.

Korean translation copyright © 2016 by PURIWA IPARI
Korean translation rights arranged with University of California Press
through EYA(Eric Yang Agency).

이 책의 한국어판 저작권은 EYA(에릭양 에이전시)를 통해
University of California Press와 맺은 독점계약에 따라
도서출판 뿌리와이파리가 갖습니다.
저작권법에 의해 한국 내에서 보호를 받는 저작물이므로
무단전재와 복제를 금합니다.

걷는 고래

그 발굴에서 지느러미까지, 고래의 진화 800만 년의 드라마

걷는 고래

그 발굴에서 지느러미까지, 고래의 진화 800만 년의 드라마

J. G. M. '한스' 테비슨 지음 | 김미선 옮김

**뿌리와
이파리**

일러두기

– 차례에서 별표가 붙은 꼭지에서는 고래와 그들의 육생 조상 사이의 전이형태를
형성하는 여섯 가지 화석군의 생물학을 개괄한다. 각 화석군의 서로에 대한, 그리
고 현생 고래목目(고래류, 돌고래류, 쇠돌고래류)의 여러 과科에 대한 유연관계는 〈그
림 57〉에 나와 있다.

– 모든 각주는 옮긴이가 붙인 것이다.

내 실험실에서 일하며 이 여정을 과학적으로 흥분되면서도 재미난 여정으로 만들어준 샌디, 엘런, 토니, 메리, 로런, 메리 엘리자베스, 에이미, 리사, 브룩, 서파, 릭, 바비 조, 메간, 샤론, 제니, 데니즈, 서머, 애슐리(연대순) 등 모든 학생, 박사후 연구원, 화석처리 담당자, 실험실 보조연구원에게, 또한 용기를 북돋아준 엘리자베스에게, 그리고 내가 하는 모든 일을 열렬히 뒷받침해주신 어머니께 이 책을 바친다.

차례

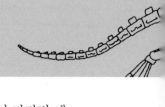

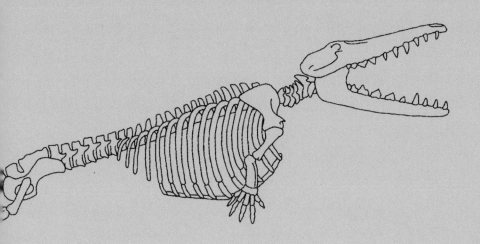

1
헛된 삽질

화석과 전쟁

1991년 1월, 파키스탄 펀자브. 믿기지 않을 만큼 흥분된다! 미국 국립지리
학회가 파키스탄에서 화석을 채집하라고 나한테 돈을 주고 있다니. 난생 처
음으로 내가 맡은 탐사 프로젝트에 말이다. 몇 년 동안 이국적인 장소—와
이오밍, 사르데냐, 콜롬비아—에서 화석을 채집한 일도 멋졌다. 하지만 이
건 다르다. 이제는 내가 나름대로 프로그램을 운영하고, 채집할 곳을 정하
고, 발견한 것을 연구할 수 있다. 흥분되지만 아찔하기도 하다. 내 친구 앤
드리스 애슬런이 함께 갈 것이다. 우리는 완벽한 한 쌍이다. 그는 지질학을
사랑하고 나는 화석을 사랑한다. 둘 다 학교를 갓 나온 풋내기 박사로, 함께
당장이라도 세상에 불을 지르거나 최소한 아톡과 이슬라마바드 사이의 화
석이란 화석은 모조리 빨아들일 수 있다.

　앤드리스에게는 이번이 첫 파키스탄 여행이다. 나는 1985년에, 그러니
까 소련이 아프가니스탄을 점령한 동안, CIA가 소련에 대항해 지원하는 물
자의 상당량이 파키스탄을 통해 아프가니스탄으로 보내지던 때, 고생물학

도로서 처음 여기에 왔다. 밤이면 장비를 가득 실은 트럭들이 고속도로인 그랜드트렁크 도로—우리가 우리의 탐사 지역까지 타던 도로—를 따라 이슬라마바드에서 아프가니스탄 국경으로 이동하곤 했다. 소련을 등에 업은 아프가니스탄 정부는 앙갚음으로 파키스탄을 교란시키려 했고, 그 용도로 선택된 무기가 차량폭탄이었다. 이슬라마바드의 호텔에 묵을 때 내 방에서는 호텔 옆 경찰서의 안마당이 훤히 들여다보였는데, 그 마당에는 폭파되어 새까맣게 탄 소형버스들이 한 줄로 늘어서서 그들의 성공을 입증해주었다. 경찰은 장대 끝에 거울을 매달아, 도시로 들어오는 모든 차량을 세운 다음 아래쪽에 폭탄이 없는지 살폈다. 그런 건 아무래도 좋았다. 내가 지구사에서 매우 흥미진진한 시기인 5000만 년 전의 생물을 연구하면서 화석을 채집할 수만 있다면.

6년 뒤인 지금, 앤드리스와 나는 새해 직전에 파키스탄에 도착해, 서쪽 아프간 국경 방면의 칼라치타 구릉(《그림 1》)에서 작업하기 위한 허가를 받는다. 우리의 이슬라마바드 호텔 텔레비전에서 지난해에 일어난 이라크의 쿠웨이트 침공에 관한 CNN의 기사들을 내보내고 있지만, 그 분쟁은 여기와는 동떨어져 보인다. 나는 고생물학이 제공할 수 있는 최고의 흥분에 흠뻑 빠지기 위해 여기 왔다. 화석 채집을 위해서, 내가 줍는 모든 것을 최초로 목격하고 규명하는 사람이 되기 위해서 말이다.

아톡 시내에 있는 한 호텔에 체크인하고, 1월 1일에 탐사작업을 시작한다. 우리는 다른 고생물학자들이 남긴, 수십 년 된 보고서들을 토대로 내가 선택한 외딴 현장들로 간다. 여기 히말라야의 그늘에 들어 있는 암석에는 그것만의 독특한 매력이 있다. 마디짐, 휘어짐, 뒤틀림, 뒤집힘, 모두 북쪽을 향한 조산운동의 결과다. 암석들은 히말라야를 세계 최고봉으로 끌어올린 믿을 수 없이 난폭한 힘들의 말없는 목격자다. 시적 감각이 있는 파키스탄인 동료 아리프 씨는 휙 던져져 엿가락처럼 구불구불해진 석회암을 '춤추는 석회암'이라 부른다.

그림 1 이 책에서 언급되는 장소들이 표시된 파키스탄 북부와 인도의 지도. 뼈는 화석산지를 가리킨다(〈그림 20〉도 참조).

잡목으로 뒤덮인 메마른 땅을 날마다 뒤지지만 화석은 드물고, 모든 일에 시간이 걸린다. 야장에 쉰다섯 점의 화석을 기록했는데, 흥분을 일으키는 화석은 한 점도 없는 듯하다. 물고기의 작은 뼛조각들, 크로커다일*의 골편, 물고기 이빨, 고래의 귀를 감싸는 고실뼈 한 조각. 내가 고래의 뼈를 이번에 처음 찾은 것은 아니다. 나는 네덜란드에서 자랐고 그때 화석산지 가까이에 살았는데, 아버지가 나를 그곳에 데려가곤 했다. 강이 상류에서 벨기에와 프랑스, 그 너머에 있는 산들을 내뚫고 와서 그러모은 암석들을 떨

---

* 크로커다일crocodile과 앨리게이터alligator는 같은 악어목에 속하지만 많이 다르다. 전자는 전 세계에 분포하고 주둥이가 U자 모양이고 더 사나운 반면, 후자는 거의 미국에만(중국에 소수) 있고 주둥이가 V자 모양이고 덜 사납기도 하지만, 이 책에서 중요한 차이점은 전자가 짠물 또는 염분이 섞인 물(기수)에서 살고 후자가 민물에서 산다는 점이다. 'crocodile'이란 낱말은 악어를 총칭하기도 하므로 문맥에 따라 악어 또는 크로커다일로, 'alligator'란 낱말은 모두 앨리게이터로 옮긴다.

어뜨린 그곳에는 수억 년 된 바다나리를 비롯해 석탄 늪에서 나오는 식물 화석뿐만 아니라 불과 수백만 년 전 그 지역이 대양으로 덮였던 시기의 층에서 나오는 커다란 화석 고래의 뼈까지, 모든 게 있었다. 거기서 화석에 대한 흥미를 굳힌 나는 열두 번째 생일 선물로 암석 망치를 받았고, 그 망치가 아직도 내가 사용하는 망치다.

나는 전에 한 번도 고래를 연구해본 적이 없고, 지금 역시, 고래 뼈는 내게 아무 소용도 없다. 미국 국립지리학회에서 나오는 돈은 육상 포유류가 어떻게 약 5000만 년 전에 인도−파키스탄과 아시아 사이에서 테티스 해를 건너 이주했는가를 연구하기 위한 것이다. 고래는 육상동물의 이주를 연구하는 데에는 쓸모가 없다. 이 연구비를 받는 과제가 성공하려면 육지에 사는 포유류, 그리고 훨씬 더 많은 화석이 필요하다. 첫 번째 연구비 과제를 완수하는 데에 실패하면 장래가 침몰할 수 있다는 것을 나는 너무도 잘 알고 있다.

닷새째에 꿈이 무너진다. 미국이 쿠웨이트를 침공하겠다고 협박하는 중이라, 미국 정부가 자국민의 안전을 걱정하고 있다. 아리프 씨가 파키스탄 지질조사소의 상관에게서 우리를 수도 이슬라마바드로 다시 호송하라는 지시를 받는다. 내 모든 계획이 눈앞에서 허물어지고 있다. 이슬라마바드로 돌아가야 하는 이유가 터무니없어 보인다. 분쟁이 있는 곳은 파키스탄이 아니라 페르시아 만이라는 말이다. 물리적 위험은 내가 처음 방문했을 때보다 훨씬 적어 보인다. 어째서 정치적 이유로 탐사 일정이 중단되어야 한단 말인가?

마지못해 앤드리스와 함께 이슬라마바드로 돌아와 호텔로 들어간다. 호텔은 블루 에어리어, 즉 상가는 물론 대통령 관저, 수상 집무실, 국회의사당까지 모여 있는, 이슬라마바드의 넓은 중심가에 있다. 미국 대사관에서 1.5킬로미터쯤 떨어진 곳이다.

우리는 뉴스를 기다리며 호텔 방 안을 서성거린다. 텔레비전에서 이라크의 외무장관 타리끄 아지즈와 미국의 국무장관 제임스 베이커가 옥신각신하고 있다. 아리프 씨가, 전쟁이 터지면 우리는 파키스탄에서 쫓겨날 테고, 탐사 현장으로 돌아가지 못할 거라고 말한다. 우리는 미국 영사관에서 우리의 명분을 지지해주길 바라며 그곳에 찾아가 탄원한다. 영사관은 콘크리트 해자를 두른 하나의 요새다. 이중 출입구에는 파키스탄인 경호원들을, 두 번째 문 하나에는 미 해군을 배치하고, 망루들을 세워놓았다.

안쪽의 분위기는 긴박하다. "외국인한테는 너무 위험해요." 우리보다 젊어 보이는 과학 담당 관원이 벌벌 떨며 말한다. "무슨 일이 벌어질지 누가 알겠어요? 그 사람들, 1979년에는 여기서 미국 대사관을 불태워버렸다고요."

나는 네덜란드 태생이므로, 북적대는 블루 에어리어 한복판에 있는 작은 사무실에서 일하는 네덜란드 영사도 찾아간다. 이곳은 분위기가 다르다. 그는 그런 의견들을 비웃는다. "시위는 있을지도 모르지만, 미국이 쿠웨이트에서 이라크를 공격한다고 해서 파키스탄 사람들이 외국인에게 등을 돌릴 가능성은 별로 없습니다. 그냥 사람들 눈에 띄지 말고 도시에서 떨어져 계세요. 시외에 있으면 괜찮을 겁니다."

얄궂게도, 우리의 파키스탄 동료들은 우리를 시외에서 도시로 옮겨다놓았는데 말이다. 낙심천만이다. 누군가의 영화 대본 속에서 아무 상관없는 단역 배우가 된 느낌이다. 우리는 호텔 방에서 초조하게 CNN을 지켜본다. 1월 9일, 아지즈와 베이커의 협상이 결렬된다. 우리는 떠나야 한다는 말을 듣는다. 낙담한 우리가 기다리는 동안, 파키스탄 친구들이 우리를 위해 항공편 하나를 찾아준다. 모스크바를 거쳐 가는 비행기다. 비행기가 이슬라마바드 국제공항을 이륙하자마자 칼라치타 구릉에 있는 우리의 탐사 지역 바로 위를 날아간다. 나는 창밖을 내다보지 않는다. 두 번째 중간 기착지인 암스테르담에 닿자마자, 사막의 폭풍 작전이 시작되었다는, 다시 말해 미국이 쿠웨이트로 쳐들어가고 있다는 소식이 들린다.

고래의 귀

우리가 찾은 변변찮은 화석들도 우리와 함께 미국으로 건너온다. 내가 박사 후 연구원으로 있는 노스캐롤라이나의 듀크 대학교로 돌아와, 치과 도구들을 써서 화석을 싸고 있는 암석을 조심스레 긁어내고 금이 간 곳에 접착제를 발라 화석들을 천천히 노출시킨다. 그다지 흥미로운 화석은 없는 듯하지만, 이것이 우리가 가진 전부이고, 채집한 모든 화석을 처리하는 일은 좋은 실습이기도 하다. 갓 출발하는 사람에게 고래의 고실뼈는 애물단지다. 이 뼈는 이 지역에서 산출되어 과학계에 이미 알려진 놈이기 때문이다. 미국의 고생물학자 로버트 웨스트[1]가 1980년에 이빨을 토대로 고래가 한때는 파키스탄에서 살았음을 맨 처음 깨달은 사람이었다. 1년 뒤에 미시간 대학교의 필립 깅그리치[2]가 웨스트의 산지와 인더스 강 하나를 사이에 두고 마주보는 산지에서 나온 고래의 뇌실*을 기재했다. 그 화석에도 고실뼈가 있었고, 깅그리치는 그 고래에게 파키케투스*Pakicetus*라는, '파키스탄의 고래'를 뜻하는 라틴어 이름을 붙여주었다.

이 발견물들이 고래라는, 게다가 매우 원시적인 고래라는 점은 과학자들도 인정하지만, 그에 관해 알려진 것은 거의 없다. 이 화석들은 대부분, 일반 대중에게든 과학계에든 깊은 인상을 남기지 않았다. 그 시절의 창조론자들은 고래를 어째서 화석기록이 진화를 뒷받침하지 않는가를 보여주는 으뜸가는 일례로 써먹었다. 주도적인 창조론자 듀안 기시는 그 화석들이 발견된 지 5년이 지난 1985년에, "화석기록에는 해양 포유류와 그들의 조상으로 가정되는 육상 포유류 사이의 전이형태가 전혀 없다"라고 썼다.[3] 고래는 우제류(하마, 소, 돼지처럼 발가락의 개수가 짝수인 유제류**)[4]와 DNA가 유사해서,

---

* 이 책에서 말하는 '뇌실braincase'은 머리뼈 중에서 뇌를 싸고 있는 부분을 가리키며, 뇌척수액이 채워지는 뇌 안의 빈 곳을 가리키는 '뇌실ventricle'과는 다르다.

** 발굽 달린 포유류를 통틀어 '유제류有蹄類'라고 부르며, 이들은 발가락 수가 짝수인 우제류偶蹄類, 발가락 수가 홀수인 기제류奇蹄類, 코끼리가 속하는 장비류長鼻類로 나뉜다. 그러나 이들 세 집단은 각각 독자적으로 진화했다.

오래전부터 우제류가 고래의 조상일 가능성이 높다고 여겨졌다. 기시는 진화론자들이 그러한 분자적 유사성을 근거로 고래가 우제류에서 유래했다고 추론한다는 이유로, 진화론자들을 조롱했다. 그는 그 발상에 "보시*에서 분수공으로"의 전이라는 별명을 붙인 뒤, 분수공을 "고장난 젖통"이라고 불렀다. 1994년까지도 기시는 파키케투스를 "해양 포유류와 아무 관계도 없는 육상 포유류"라고 불렀다.[5]

고래의 고실뼈(〈그림 2〉)는 반 토막 난 호두 껍데기처럼 생겼으며, 가운데가 뻥 뚫린 사발 모양의 뼈다. 덧붙여, 한쪽에는 매우 두꺼운 벽이 있고, 반대쪽에는 매우 얇은 벽이 있다. 얇은 쪽을 고실판이라 하며, 여기에 구불돌기라는 S자 모양의 뼈 능선이 붙어 있다. 새뼈집(골구)으로 알려진 두꺼운 벽은 몸의 다른 부분에 비해 훨씬 더 치밀한 뼈로 이루어져 있다. 이것들이 고래 귀뼈의 결정적 특징이자, 고래류와 그들의 친척인 돌고래류 및 쇠돌고래류, 통틀어 고래목이라 일컫는 모든 포유류에게 고유한 특징이다.[6] 모든 고래목이 새뼈집이 있는 고실뼈를 가지고 있지만, 그것을 가지고 있는 다른 동물은 하나도 알려져 있지 않다. 모든 현대 고래에게만 존재하고 다른 어떤 포유류에게도 존재하지 않는 다른 특징들도 있다. 예컨대 분수공은 본질적으로 한참 물러나 이마 위에 위치한 콧구멍이지만, 고대 화석 고래는 분수공을 가지고 있지 않다. 고실뼈에 붙은 S자형 구불돌기를 포함하는 다른 특징들은 모든 현대 및 화석 고래목에 존재하지만, 고래에게 고유한 것이 아니라 다른 일부 포유류도 가지고 있다. 그래서 해부학자에게는 귀가 곧 고래다.

내가 가져온 고래 고실뼈 안의 공간은 돌로 채워져 있고, 그 돌은 꺼낼 필요가 있다. 아침에 약한 아세트산이 담긴 작은 병에 뼈를 집어넣는다. 아세트산은 매우 강한 식초와 비슷하다. 산이 돌을 삭이고, 돌은 녹으면서 탄산수처럼 쉭쉭 거품을 내며 뼈를 노출시킨다. 오후 늦게 화석을 꺼내 흐르

---

* 미국 텔레비전의 어린이 프로그램 〈세서미 스트리트〉에 등장하는 암소의 이름.

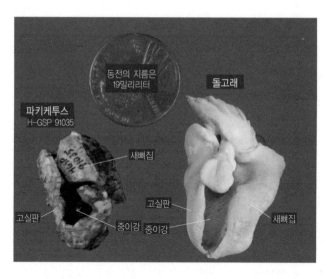

그림 2 고래란 무엇일까? 고래류, 돌고래류, 쇠돌고래류가 고래목을 구성하고, 모든 현대 및 화석 고래목은 귀의 뼈들 중 하나, 즉 여기 보이는 고실뼈의 모양에 의해 특징지어진다. (고래목에서는 고실뼈를 주머니라 불러도 된다.) 이 뼈에는 두꺼워진 안쪽 가장자리, 즉 새뼈집이 있다. 덧붙여, 현대의 이빨고래류는 고실뼈의 바깥쪽에 매우 얇은 벽인 고실판을 가지고 있다. 고실뼈는 중이강(가운데귀의 공간)을 안고 있고, 중이강에는 소리를 전달하는 작은 뼈들(통틀어 귓속뼈라 불리는 망치뼈, 모루뼈, 등자뼈)이 들어 있다.

는 물 아래에서 밤새 씻는다. 다음엔 새로 드러난 뼈를 말리고 산이 뼈를 부식시키지 못하도록 접착제를 한 겹 바른다. 그러면 화석이 다음번에 산으로 목욕할 준비가 된다. 이 과정은 느리다. 목욕할 때마다 산이 돌을 손톱보다 얇게 한 겹씩 벗겨낸다. 하지만 한 주 한 주, 고실뼈 안의 공간에서 돌이 비워진다. 현미경으로 그 과정을 지켜본다. 산이 돌을 삭여 고실뼈 안쪽에서 작은 뼛덩어리가 드러나고 있다. 나는 떨어져 돌아다니던 뼛조각이 화석화 이전에 거기 붙잡혔을 거라 추정한다. 몇 주가 흐르자, 산이 이 안쪽 뼈의 더 많은 부분을 노출시키며 그것의 기묘한 모양을 드러낸다. 그것은 삼각형인데, 가장 넓은 쪽에 관절부가 하나 있고, 다른 한쪽에는 가느다란 뼈 막대가 튀어나와 있다. 관절부는 단순한 하나의 둥근 함몰 부위가 아니라, 낮은 능선에 의해 하나로 이어진 두 함몰 부위에 가깝다. 이것이 흥미를 불러일으키며, 지루한 산 처리 과정에 활기를 불어넣는다. 나는 갑자기 기운이 솟아, 산으로 목욕을 시킬 때마다 뼈가 더 드러날까 어떨까 보기를 학수고대한다.

산 처리는 긴장의 연속이다. 언제라도 일이 잘못될 수 있다. 뼈에 있는 금 하나를 눈치채지 못하고 진행하면, 뼈를 두른 접착제 뒤로 산이 흘러 표본 자체를 뭉그러뜨릴 수 있다. 고맙게도, 그런 일은 벌어지지 않는다. 무수히 많은 산 목욕을 거친 뒤, 마침내 뼈 전체가 4900만 년 동안 묻혀 있던 돌무덤에서 풀려난다. 그것이 고실뼈 껍데기에서 내 손바닥으로 떨어져 나오고, 나는 그 화석을 현미경으로 자세히 들여다본다. 비로소 그게 무엇인지 보인다. 고막에서 귀의 중심으로 소리를 전달하는 세 개의 작은 귀뼈, 이른바 귓속뼈 중 하나다. 이 쌀알 크기의 조그만 뼈가, 고대 고래가 죽은 이후로 녀석의 귓속에 보존되어 있었던 것이다(《그림 3》).

이 세 가지 뼈는 워낙 조그맣고 쉽게 유실되기 때문에 화석에서 보존되는 일이 드물다. 하지만 중요한 동시에 특징적이다. 이 뼈들은 망치뼈, 모루뼈, 등자뼈라고 불리는데, 이는 육상 포유류에게 있는 이 뼈들의 모양을 대략 묘사한다. 뼈들이 진동해 고막에서부터 액체가 채워진 뇌 근처 공간까지 소리를 운반하면, 거기서 진동을 전기 신호로 번역해 뇌에 전달한다. 고래나 물범 같은 일부 해양 포유류의 귓속뼈는 육상 포유류의 귓속뼈와 매우 다르게 생겼다. 이는 아마도 물속에서 소리를 듣는 것과 관계가 있겠지만, 정확히 무엇과 관계가 있는지는 아무도 모른다. 파키케투스는 아주 초기의 고래였으니 귓속뼈가 중요할지도 모른다는 것을 깨닫는다. 하지만 나는 화석 고래를 찾고 있던 것이 아니어서, 이에 관해서는 충분히 알지 못한다. 내가 발견한 것을 비교할 수 있는 뼈들이 필요하다.

읽고 또 읽은 다음, 스미스소니언 국립자연사박물관으로 뼈와 화석을 보러 견학을 떠난다. 박물관의 대중 전시물 뒤편 수장고에는 과학적 보물들─화석 뼈와 이빨이 가득한 서랍들─이 들어 있다. 다른 부속건물 지하에는 현대 고래목과 물범의 머리뼈와 머리뼈 조각들이 가득한 캐비닛들이 있

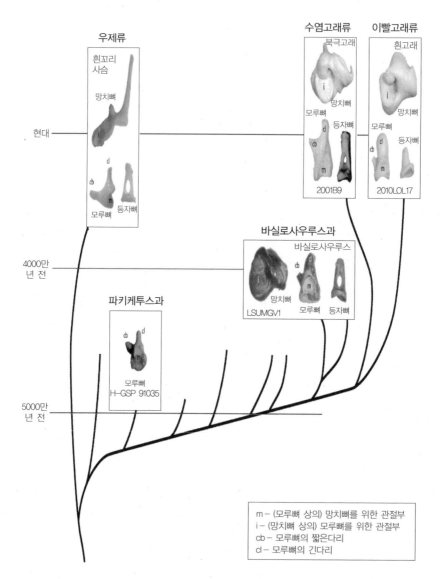

그림 3 고래와 고래의 친척들 사이의 유연관계와 파키케투스의 모루뼈가 발견되었을 당시, 초기 화석 고래의 것으로 알려져 있던 귓속뼈들을 보여주는 분기도. 이 조그만 뼈들이 모든 포유류에서 귀를 통해 소리를 전달한다. 파키케투스 모루뼈의 (cb와 cl로 표지된) 돌출부 두 군데가 비례 면에서 사슴과 현대 고래의 중간에 들어간다는 점에 유의하라. 보이는 모든 뼈는 왼쪽 귀의 것이지만 축척은 서로 다르다. 분기도에서 설명 없이 남아 있는 가지들에 대해서는 뒷장에서 이야기할 것이다.

다. 고래의 귓속뼈는 육상 포유류의 귓속뼈와 다르다는 점, 하지만 거대한 대왕고래, 대단찮은 크기의 쇠돌고래, 모든 화석 고래를 포함해 알려진 모든 고래가 비슷한 모양의 귓속뼈를 가지고 있다는 점이 분명해진다.

이 파키케투스의 귓속뼈는 모루뼈로 밝혀진다. 하지만 이것은 고래목의 모루뼈와 다를 뿐만 아니라, 육상 포유류의 모루뼈와도 다르다. 육상 포유류의 모루뼈에는 두 개의 가느다란 뼈 막대가 튀어나와 있고, 각각 긴다리와 짧은다리로 불린다. 이 두 뼈 막대의 라틴어 이름에 들어 있는 '긴longus'과 '짧은brevis'이 실제로 포유류의 대부분에서 두 막대의 관계를 나타낸다. 하지만 내가 찾은 파키케투스의 조그만 뼈에서는 그 관계가 반대다. 이 뼈에 있는 긴다리는 육상 포유류의 긴다리에 비해 뚱뚱하고 짧다. 육상 포유류 대부분과는 다르지만, 긴다리와 짧은다리의 상대적 길이는 실은 사슴이나 하마와 같이, 발가락이 짝수인 유제류와 비슷하다. 관절부의 위치도 다르다. 다시 말해 관절부가 파키케투스와 육상 포유류에서 서로 다른 쪽을 향하고 있고, 고래에서는 제3의 방식으로 배향되어 있다.

우리는 이 뼈에 관해 짧은 논문을 작성하고, 그 논문이 권위 있는 과학 학술지 『네이처』에 실린다.[7] 우리의 닷새짜리 탐사 일정은 어쨌거나 완전한 실패작은 아니었다. 우리의 헛된 삽질이 비록 예기치 않은 방식으로나마 떳떳함을 스스로 입증했으니 말이다.

2

어류냐, 포유류냐, 아니면 공룡?

코드 곶의 왕도마뱀

그것은 흥분되는 일이었지만, 파키케투스에서 나온 귀뼈 달랑 하나로는 가장 초기의 고래들이 어떻게 생겼는지만 이해하는 데조차 도움이 되지 않았다. 그래서 전체 골격이 필요한 것이다. 그런데 1992년에 유일하게 알려져 있던 고대 고래의 골격들은—파키케투스의 골격이 4900만 년 전의 것인 데에 비해—대략 4000만 년 전의 것이었고, 게다가 다른 대륙—아프리카와 북아메리카—에서 나온 것이었다. 마지막으로, 그 고래들의 생김새는 현대의 고래들과 꽤 많이 비슷했다.

고래류는 돌고래류, 쇠돌고래류와 더불어 고래목을 구성하는데, 고래목은 어류가 아니라 포유류다. 이 사실은 일찍이, 최소한 아리스토텔레스의 시대(기원전 384~322년)부터 알려져 있었다. 아리스토텔레스는 저서인 『동물의 역사』에서 고래는 허파를 가지고 있다고, 그리고 "돌고래는 태생동물이고, 따라서 두 개의 젖가슴을, 다만 몸의 위쪽이 아니라 생식기 부근에 갖추고 있는 것을 찾아볼 수 있다. … 그래서 새끼는 젖을 빨기 위해 어미를 뒤에서 따라다녀야 한다"라고 썼다.[1] 그는 고래목을 두 집단으로 구분하기도 했다. 이 두 집단을 지금은 아목亞目으로 나누어, 즉 혹등고래와 같은 수염고래류를 수염고래아목으로, 범고래와 같은 이빨고래류를 이빨고래아목으로 부른다. 이빨고래류는 대개 이빨을 가지고 있다.[2] 아리스토텔레스는 수염고래가 이빨은 없지만 "돼지털을 닮은 억센 털"을 가지고 있는 걸 관찰했다. 수염고래는 입속에 고래수염, 즉 먹이를 거르는 데에 쓰는 뿔 재질의 판들을 가지고 있다(〈그림 4〉). 아리스토텔레스의 '돼지털'이란 일부 수염고래의 윗입술과 턱에 난 듬성듬성한 털을 가리킨다(〈그림 5〉). 그리스어로 무스탁스mustax가 수염을 뜻하고, 케토스ketos가 바다 괴물을 뜻하므로, 그는 수염고래를 '미스티케투스mysticetus', 즉 수염 달린 바다 괴물이라 불렀다 (아리스토텔레스는 생쥐mouse 또는 근육muscle을 뜻하는 무스mus를 적은 거라고 생각하는 사람들도 있기는 하다).[3]

이렇게, 심지어 기원전 4세기에도 과학자들은 포유류를 정의하는 결정적 특징이 털과 수유라는 점을 알고 있었다. 18세기에는 위대한 계통분류학자 칼 폰 린네가 이 관점을 굳혔다. 하지만 과학자들은 고래가 포유류라는 것을 알고 있었는지 몰라도, 일반인들은 그렇지 않았다. 고래가 수중생활에 완전히 적응한 점에 눈이 멀어, 많은 이들이 고래의 진화적 기원을 제대로 보지 못했다. 허먼 멜빌은 1851년에 『모비 딕』을 출간했는데, 멜빌의 주인공인 고래잡이 이슈메일은 다음과 같이 과학자들과 맞붙는다.

린네는 1776년에 쓴 『자연의 체계』에서 "이런 이유에서 나는 고래를 물고기에서 제외한다"고 선언했다. 하지만 내가 알고 있기로, 상어와 청어는 린네의 단호한 선언에도 불구하고 1850년에 이르기까지는 여전히 고래와 바다를 공유하고 있었다. 고래를 바다에서 추방하려 한 근거를 린네는 다음과 같이 말하고 있다. "두 심실이 있는 온혈 심장, 허파, 움직이는 눈꺼풀, 속이 비어 있는 귀, 젖꼭지로 젖을 먹이는 암컷의 체내에 삽입되는 수컷의 성기", 그리고 마지막으로 "자연법

그림 4 양쪽에 수염판들이 걸려 있고 아래턱이 제거된 북극고래의 입천장. 주둥이 끝(왼쪽 사진의 오른쪽)에 걸려 있는 수염판들 사이의 틈새를 통해 삼켜진 물이 좌우의 수염판들을 (사진의 위와 아래 방향으로) 통과하며 걸러지는데, 판들은 (왼쪽 사진 속 인물이 보여주듯이) 서로 이어져 있지 않다. 판의 털 같은 가장자리들이 물에서 먹이를 걸러내는 데에 쓰이는 (왼쪽 사진의 수염판들에서 볼 수 있는) 빽빽한 체를 형성한다. 북극고래들은 턱의 양쪽에 각각 300개 이상의 판을 가지고 있다. 이 녀석은 작고 어린 고래였다. 나이든 고래들은 더 기다란 판을 가지고 있다(오른쪽 사진, 지은이가 축척을 대신).

칙에 따라 올바르고 틀림없이" 고래는 물고기가 아니다.[4] 나는 이 모든 것을 일찍이 나와 함께 항해를 한 적이 있는 낸터컷의 친구 시미언 메이시와 찰리 코핀에게 이야기했지만, 그것만으로는 충분한 이유가 못 된다는 것이 그들의 일치된 의견이었다. 찰리는 무례하게도 그 근거가 엉터리라고 주장하기까지 했다. 나는 모든 논쟁을 보류하고, 고래가 물고기라는 구식 의견을 받아들여 성스러운 요나에게 나를 지지해달라고 부탁하겠다.[5]

이와 같이, 멜빌의 배 피쿼드 호의 선원들처럼 고래를 속속들이 꿰고 있는 사람들마저 고래를 물고기로 여겼다. 『모비 딕』이 나온 지 8년 뒤인 1859년에는 다윈의 『종의 기원』이 출간되었다. 자연에서 고래가 차지하는 자리가 『종의 기원』 이전부터 문제였다면, 이제는 문제가 훨씬 더 심각해졌다. 화석이건 최근의 것이건, 포유류는 땅 위에서 살았다. 만일 고래가 포유류라면, 고래의 조상들은 육상 포유류였음이 틀림없다. 다윈은 포유류의

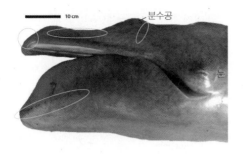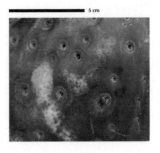

그림 5 수염고래 태아의 머리에 난 털(왼쪽, 타원)과 다 자란 수염고래의 턱에 난 털(오른쪽, 근접 촬영)을 찍은 사진.

몸을 물로 돌아가기에 적합한 형태로 만들 수 있는 진화적 각본을 상상하느라 애를 먹었다. 그는 한 가지 가능성을 『종의 기원』 초판에서 이렇게 기술한다.

> 북아메리카에서 관찰한 바에 따르면, 흑곰이 크게 입을 벌리고 여러 시간 수영을 하면서 마치 고래처럼 물속에서 곤충을 잡아먹기도 했다고 한다. 이처럼 극단적인 경우에도 곤충의 공급만 일정하고 더 잘 적응한 경쟁자가 존재하지 않는다면 자연선택의 힘으로 구조와 습성이 수서생활에 적합한 하나의 품종이 만들어질 것이라고 생각한다. 입은 점점 커질 것이고, 고래와 같은 괴물이 탄생할 것이다.[6]

물론, 곰은 이런 식으로 먹이를 모으지 않지만, 다윈은 그걸 몰랐다. 이 문장은 비웃음을 샀고, 뒤이은 판들에서는 갈수록 짧아지다가, 마침내 『종의 기원』에서 완전히 사라진다. 다윈은 1861년에 친구인 제임스 러몬트에게 보내는 편지에서, "내가 그동안 이 곰 때문에 얼마나 자주 공격받고 오해에 시달렸는지 웃음이 날 지경"[7]이라고 썼다. 그는 고래가 포유류인 이상 육상 포유류에서 유래하는 조상이 있을 거라고 확신했지만, 화석기록은 중간단계를 간직하고 있지 않았다. 알려진 화석 고래는 모두 바다에서만 살 수 있는 절대 해양 포유류였다. 다윈의 시대에 알려진 가장 오래된 고래목 은 바실로사우루스과—현대의 고래를 잘 아는 사람이면 누구나 쉽게 알아 볼 수 있는 유선형의 큰 고래들—였다. 100년 하고도 30년 뒤, 우리가 파키 케투스의 모루뼈를 발견했을 때에도, 이들이 여전히 골격이 알려져 있는 가 장 오래된 고래였다.

하지만 그러한 바실로사우루스과도 최초의 골격이 발견되자마자 고래 로 동정同定되지는 않았다. 1832년—다윈 이전—에 루이지애나의 와시토 강둑에서 거대한 척추뼈 스물여덟 개가 씻겨 나왔다. 그 척추뼈 한 개가 결 국 필라델피아에 있던 리처드 할런 박사의 손에 들어갔고, 그가 1834년에 그 발견물에 대한 설명을 발표했다.[8] 할런은 그 척추뼈가 왕도마뱀과 관 계가 있다고 말했다. 그리고 왕을 뜻하는 그리스어 바실레우스*basileus*와 도마뱀을 뜻하는 그리스어 사우루스*saurus*를 따서 그것을 바실로사우루 스*Basilosaurus*라 불렀다. 이는—고대의 수생 포유류를 육생 도마뱀으로 오 해하게 만드는—실수였지만, 이해할 만한 실수였다. 고래의 척추뼈는 육상 포유류의 척추뼈와 다르게 생겼고, 할런은 그마저 한 개밖에 갖고 있지 않 았다. 1834년과 1835년에는 앨라배마의 한 농장에서 비슷한 짐승의 유해들 이 추가로 발견되었다. 할런은 이 이빨과 뼈들을 런던으로 가지고 가서, 유 명한 영국의 동물학자 리처드 오언 교수, 다윈과 동시대인이자 다윈의 진화 개념에 대한 비판자에게 보여주었다. 오언은 그 이빨이 분명 포유류의 것임 을 알아보았고, 할런이 동정한 짐승의 척추뼈에서 고래의 척추뼈와 닮은 점 들을 알아차렸다.[9] 할런이 붙여준 이름이 부적절하다고 느낀 오언은 옆에 서 본 이빨의 생김새가 멍에를 닮았고(제우글레*zeugleh*는 그리스어로 멍에를 뜻 하고, 덴스*dens*는 라틴어로 이빨을 뜻한다. 〈그림 6〉 참조), 척추뼈의 생김새가 고 래를 닮았다(케토이데스*cetoides*, 고래를 닮은)고 해서, 그 동물의 이름을 제우 글로돈 케토이데스*Zeuglodon cetoides*로 바꾸었다.

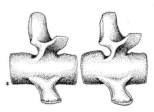
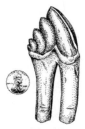

도루돈 아트록스
Dorudon atrox
허리뼈 7번과 8번

바실로사우루스 케토이데스
허리뼈 7번과 8번

바실로사우르스
아래턱 두 번째
근어금니

그림 6 멸종한 바실로사우루스과 고래들의 화석. 바실로사우루스의 허리뼈 두 개(가운데)가 추체라 불리는 큰 원통형의 부위뿐만 아니라 작은 돌출부, 즉 (위로 튀어나온) 신경활도 보여준다. 포유류에서는 신경활에 붙는 관절들의 모양이 척추뼈들 사이의 운동성을 제한한다. 바실로사우루스에 있는 이 관절들이 작다는 것을 고려하면, 바실로사우루스는 허리가 매우 유연했던 게 틀림없다. 이 척추뼈를 바실로사우루스의 가까운 친척인 도루돈의 척추뼈(왼쪽)와 비교해보라. 도루돈에서는 신경활이 척추뼈를 제자리에 고정시켜 척추를 덜 유연하게 만든다. 오른쪽에 있는 이빨은 바실로사우루스의 아래턱 큰어금니로, 뿌리 두 개가 길게 나 있어서 멍에와 비슷하게 생겼다. 이 이빨 모양에서 제우글로돈트zeuglodont('멍에-이빨')라는 이름이 나왔다. 1센트 동전(지름 19밀리미터)이 세 그림 모두에서 축척을 대신한다.

그 개명은 불운했다. 만일 오언이 오늘날에 살았다면, 그는 본명에 문제가 있어도 그 화석에 새로운 이름을 주지 않았을 것이다. 생물학자들은 그동안 과학적 이름이란 동식물에 관한 정보를 저장하고 인출하기 위한 운송 수단임을, 그리고 그 이름과 관련해 가장 중요한 것은 안정성, 즉 모든 사람이 한 동물에 대해 한 이름만 사용하는 것임을 깨달았다. 그 이름이 그 동물을 잘 묘사하느냐 아니냐는 중요하지 않다. 이는—어쨌거나, 이름이 파머 Farmer인 사람이 농부와 거리가 멀 수도 있는—사람의 성姓과 비슷하다. 국제동물명명위원회는 이제, 만일 두 과학자가 같은 짐승에게 다른 이름을 주었다면 더 오래된 이름이 유효하다고 명시하는 규칙들[10]을 확립하고 있다. 오늘날 모든 종은 라틴어 식의 이탤릭체 낱말들로 이름을 표기한다. 첫 번째 낱말은 대문자로 시작하고, 속屬을 가리킨다. 예컨대 호모*Homo*는 우리 자신의 속이다. 이름의 두 번째 낱말, 예컨대 사피엔스*sapiens*는 종種을 가리킨다. 그렇게 해서 호모 사피엔스*Homo sapiens*가 만들어진다. 속명은 친척들—동물의 경우는 관련된 종들, 사람들 사이에서는 혈연이나 혼인으로 묶인 개인들—과 공유한다는 점에서 인간의 성과 흡사하다. 그래서 내 모든 가족 구성원 또한 '테비슨'이고, 내 종의 멸종한 사촌들 또한 호모*Homo*인 것이다. 종명은—아무 상관없는 많은 개인이 내 경우 한스처럼, 같은 이름으로 불린다는 점에서—사람들의 이름과 흡사하다. 동물학에는 특정한 속명을 특정한 종명과 결합시키는 종이 하나밖에 없다. 동물의 이름은 사람의 이름보다 엄격하게 단속되고, 동물명명위원회가 분쟁을 관할해 법적 구속력이 있는 판결을 내린다.

여러 집단의 속이 아과로 묶이고 몇몇 아과가 과로 묶이는 식으로, 하위집단이 더 포괄적이고 더 큰 집단으로 묶여 들어간다. 이러한 집단들의 이름을 어떻게 지어야 하는가에 관해서도 규칙들이 있다. 집단의 이름은 대개 라틴어 어미로 특징짓는다. 일례로, 〈표 1〉은 우리 종의 이름(호모 사피엔스)과 한 돌고래종의 이름(짧은부리참돌고래)을 제시하면서, 이 두 종이 분류되어 들어가는 점점 더 포괄적인 집단들도 나열한다. 낱말들의 어미가 어떻게 작용하는가에 유의하라. 참돌고래과Delphinidae와 참돌고래상과Delphinoidea는 매우 비슷한 낱말이지만, 다른 것을 의미한다. 다시 말해, 참돌고래상과에는 모든 참돌고래과뿐만 아니라, (표에서 언급하지 않은) 몇몇 다른 과들도 포함된다.

오언의 시대에는 위원회도 규칙도 존재하지 않았지만, 훗날 동물학자들은 그 규칙들을 소급해서 적용해야 한다고 결정했다. 할런은 바실로사우루스라는 이름을, 즉 오언의 제우글로돈보다 앞서는 유효한 속명을 제안한 바 있다. 따라서 우리는 할런의 원래 이름이 잘못된 의미를 함축하는데도 불구하고, 할런의 편에 서서 유명한 교수인 오언을 나무란다. 그러나 할런은 종명을 제안하지 않은 반면, 오언은 그것을 제안했다. 그래서 지금은 할런의 속명을 오언의 종명과 결합시켜, 그 동물을 바실로사우루스 케토이데스 *Basilosaurus cetoides*라 부른다.

범주	전형적 어미	현대 인류		참돌고래	
		라틴명	한글명	라틴명	한글명
목		Primates	영장목	Cetacea	고래목
상과	oidea	Hominoidea	사람상과	Delphinoidea	참돌고래상과
과	idae	Hominidae	사람과	Delphinidae	참돌고래과
아과	inae	Homininae	사람아과		
속		*Homo*	사람속	*Delphinus*	참돌고래속
종		*Homo sapiens*	현대 인류	*Delphinus delphis*	짧은부리참돌고래

표 1 동물 분류의 예

오언의 훌륭한 업적에도 불구하고, 바실로사우루스의 파충류 유령은 삶을 이어갔다. 1842년에는 S. B. 버클리가 할런이 바실로사우루스과의 뼈들을 찾아냈던 같은 농장에서 머리 부분과 앞다리 부분이 포함된 20미터 길이의 척주를 발굴했다. 이 뼈들이 마침내 보스턴까지 흘러들었을 때, 이를 본 J. G. 우드 신부가 『애틀랜틱 먼슬리』의 지면에 바실로사우루스과의 동물들이 뉴잉글랜드 인근의 바다에서 헤엄치고 있을 거라는 깜짝 놀랄 추론을 공표했다.[11] 우드는, 처음에는 사실이 아니라고 여겨졌지만 나중에 견실한 관찰에 의해 사실로 입증된 자연사自然史의 현상들을 보여주는 몇몇 예를 나열하는 것으로 글을 시작한다. 그런 다음 해룡의 사례를 들며, 이렇게 논평한다.

> 믿을 수 없는 이야기를 웃어넘기기는 그다지 어렵지 않고, 냉소하기는 매우 쉽다. … 주장을 입증할 수 없는 한, 회의론이 승리하기 마련이다.

우드는 그가 보기에 믿을 만한, 해룡을 목격했다는 많은 사례를 거론한 뒤, 매사추세츠 주의 나한트 부근에 살고 있는 해룡에 대한 목격담을 파고든다. 그 동물, 또는 동물들은 1819년에서 1875년 사이에 서로 다른 많은 사람에 의해 여러 차례 목격되었다. 한 관찰자는 "머리는 어느 정도 말과 비슷해 보였고, 물 위로 드러난 목 부분의 길이가 60센티미터쯤 되었고, 목의 약간 뒤쪽에는 돌기들이 약 24미터에 걸쳐 늘어서 있었다"고 전했다. 다른 관찰자는 "한 번 이상, 놈이 물 밖으로 2미터 가까이 고개를 들어올리고 배 한 척을 향해 곧장 다가왔다. 목 위로 물보라를 뿜고 있었고, 등의 돌기들이 햇빛에 반짝거렸다. 하지만 결코 배를 공격하지 않았고, 노잡이들이 겁먹을 만큼 가까이 왔다가도 언제나 몸을 휙 돌려 물러갔다"고 말했다. 보스턴 자연사학회가 그 사안을 추적해 1875년에 한 배에 타고 있던, 그 동물을 본 사람들을 자세히 면담했는데, 어떤 사람은 그 동물을 대강 그리기까지 했다(《그림 7》). 우드도 목격자들을 면담하고는 목격담들이 믿을 만하다고 판단한다. 모든 목격담이 몸길이가 18~30미터에 앞다리가 달리고, 비늘이 없고, 위쪽이 검고, 아래쪽이 희고, 작은 이빨이 있거나 이빨이 없고, 위아래로 움직여서 헤엄치는, 뱀을 닮은 몸을 암시한다. 우드는 이 동물이 무엇일지를 둘러싼 몇 가지 선택지를 거론한다. 커다란 수생 파충류는 아닌 것이, 이들은 멸종했고, 커다란 종류의 열대 바다뱀도 아닌 것이, 이들은 몸을 좌우로 움직여서 헤엄친다. 그는 그것이 숨을 쉬기 위해 수면을 뚫고 나오고 몸을 위아래로 움직여서 헤엄치므로, 긴 뱀을 닮은 고래목의 일원이 틀림없다고 결론짓는다. 몸이 뱀을 닮은 고래목이 알려져 있지 않음을 고려한 그는 나한트 만의 해룡이, 그가 보스턴에서 뼈를 본 적이 있는 제우글로돈의 살아 있는 표본일 거라는 의견을 내놓는다. 그리고 뱃사람들이 스케치한 머리를 자세히 비교한다. 그것이 "살과 피를 입힌" 제우글로돈의 머리와 일치한다고, 또한 이 고래는 이마 위가 아니라 주둥이 끝 가까이에 콧구멍을 가지고 있다는 점에서 알려진 모든 고래와는 다르다고 결론짓는다. 그러면서 앞으로는 뱃사람들이 이 동물을 쫓아버리거나 총을 쏘아 죽이려 하지 말고, 대신 작살을 쏜 뒤 감아 들여서 연구할 수 있도록 해야 한다는 말로 글을 끝맺는다.

우드는 어부의 이야기들을 무비판적으로 받아들이지 않았다. 그도 여느

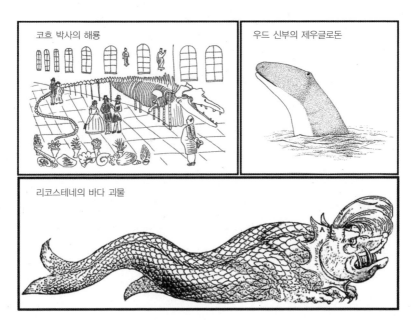

그림 7 상상한 고래, 진짜 고래, 화석 고래. 중세에는 고래가 바다 괴물이라고 생각했다. 바다 괴물의 복원도들은 콘라트 리코스테네가 16세기에 그린 복원도(아래)에 있는 비늘과 수직 꼬리처럼, 물고기를 닮은 특성들을 부정확하게 보여주었다. 리코스테네의 복원도는 분수공 두 개에서 뿜어져 나오는 물줄기 두 갈래도 보여주는데, 사실 수염고래류가 분수공을 두 개 가지고 있기는 하다. 1845년에 알베르트 코흐는 바실로사우루스과의 고래 여러 마리에서 나온 화석들을 모아 키메라를 조립해 '해룡'의 골격을 만들어 관중을 현혹했다. 우드 신부는 1884년 『애틀랜틱 먼슬리』에 해룡의 복원도를 발표하면서, 이 동물이 여전히 뉴잉글랜드 인근 수역에서 돌아다니고 있으며, 사실은 살아 있는 바실로사우루스과의 고래들(제우글로돈트)이라고 믿었다. 그림들은 수정해서 다시 그렸다.

과학자처럼, 정합성과 독립적인 여러 갈래의 증거를 추구했다. 약간의 엉성한 도약이 있는 곳은 그의 결론뿐이다. 물론 코드 곶 근처에서 살고 있는 바실로사우루스 따위는 없다. 하지만 우리는 우드를 관대히 봐줄 수 있다. 그가 글을 쓴 시점은 『종의 기원』 이후이긴 했지만, 지구의 나이에 관해서는 알려진 게 거의 없었고, 지구는 지금 우리가 아는 것보다 훨씬 더 어리다고 여겨졌다. 그래서 제우글로돈이 나한트의 해룡과 비슷한 시대를 살고 있는 걸로 보였던 것이다.

미국 남부에 사는 거대한 바다 생물의 뼈 이야기는 흔히 지질학의 아버지로 불리는 영국인 찰스 라이엘을 포함해, 많은 사람의 관심을 끌었다. 라이엘은 자신이 1846년에 앨라배마를 방문하는 동안 제우글로돈의 골격을 마흔 점 이상 보았다고 언급했다. 뼈들이 너무 많아 쟁기질하기가 힘들었고, 노예들이 밭에서 꺼낸 뼈들을 가장자리에 쌓아두었다고.[12] 더 큰 척추뼈들 일부는 건물의 주춧돌이나 집안의 걸상으로 쓰였다고.

뼈들은 라이엘보다 더 발랄한 상상력과 사업가적 영혼을 가진 사람들도 끌어당겼다. 알베르트 코흐는 독일에서 이민 와 제2의 조국에서 살아 있는 곰이나 악어, 앤드루 잭슨 대통령의 밀랍인형을 비롯한 자연사 및 인간사의 신기한 물건들을 전시하고 이윤을 남겨 생계를 꾸리던 사람이었다. 코흐는 앨라배마의 여러 현장에서 화석들을 수집한 다음, 거기서 나온 화석들을 조합해 '해룡'의 골격을 날조한 뒤 그것을 "히드라르고스 실리마니이 *Hydrargos sillimanii*(〈그림 7〉)"라고 불렀다. 그것이 뉴욕 시에서 전시되었고, 소책자에는 이렇게 쓰여 있다.

> 히드라르고스, 또는 앨라배마의 거대한 해룡. 길이 114피트(34미터), 무게 7500 파운드(3400킬로그램). 지금 브로드웨이 410번지 아폴로 살롱에서 전시 중. 입장료: 25센트. 바로 얼마 전인 1845년 3월에 앨라배마 주에서 거대한 화석 파충류 또는 해룡을 발견하여 히드라르고스 실리마니이라고 명명한 코흐 박사의 해설.[13]

코흐의 히드라르고스는 나중에 최소한 네 마리 다른 개체의 뼈들로 구성되었음이 밝혀졌는데, 작은 고래의 머리뼈 하나가 더 큰 종의 머리뼈 조각들 중심에 놓여 있었고, 더 큰 종의 귀는 그 동물이 입천장 한가운데에 이빨이 있는 것(일부 어류에서는 나타나지만, 포유류에서는 나타나지 않는 일이다)처럼 아래쪽으로 튀어나와 있었다.[14] 골격을 본 사람들은 쑤군거리기 시작했고, 코흐는 자신을 코흐 박사라 부르며, 그 동물을 '피에 굶주린 바다의 제왕'으로 묘사하며, 그것의 길이가 42미터라고 주장하며, 그 쑤군거림을 즐겼다. 과학자들은 코흐를 멀리했다. 그들은 그 동물이 바다뱀이 아니라 고래라고 지적하면서 여러 개체와 종이 하나의 골격으로 조합되었다고 논평했다. 코흐가 자신의 골격에 붙여준 이름은 『아메리칸 저널 오브 사이언스』 창립자 벤저민 실리먼의 이름을 딴 것이었다. 실리먼은 이 미심쩍은 명예를 자기 대신 그 종을 기재한 사람에게 수여하라고 코흐를 부추겼다. 코흐는 어쩔 수 없이, 이름을 "히드라르코스 하를란디*Hydrarchos harlandi*"로 바꾸었다.

그의 발견물에 대한 과학계의 불만이 쌓이자 코흐는 그의 골격, 아니 마땅히 말하자면 골격들을 대양 너머로 가져가 유럽의 도시들에서 전시했다. 그는 첫 번째 표본보다 훨씬 작은 또 한 점의 고대 고래를 입수해, 그것을 "지고르히자 코키이*Zygorhiza kochii*"라고 불렀다. 그 역시 인정받지 못한 여러 개체의 합성물이었는데, 결국은 시카고의 한 박물관에 진열되었다. 다음은 어느 신문이 1855년에 쓴 기사다.

> 그 유명한 제우글로돈의 화석 골격이… 최근에 빚 때문에 압류되는 과정에서 해체되며 많은 뼈가 부러졌다. 그 순간 그 멋진 괴물이 파리 지층의 석고 진품으로 만든 순수 독일 혈통이라는, 원시 시대와는 원료에 의해서만 연관된다는 사실이 밝혀졌다.[15]

석고였건 뼈였건, 코흐의 표본들은 그 시대를 견디지 못했다. 베를린에 있던 표본은 제2차 세계대전 중에 폭격을 당했고, 시카고에 있던 표본은 1871년에 화재로 소실되었다.

바실로사우루스과의 고래들

할런의 바실로사우루스와 코흐의 지고르히자는 다윈의 시대에도, 그 후 150년 동안에도, 유의미한 골격 유해가 알려진 가장 오래된 고래들이었다

《컬러도판 1》). 그렇다면 우리는 겉보기에는 현대 고래목보다 파충류에 가까워 보이는 이 고래들에 관해 무엇을 알고 있을까?

여느 중간단계들에 비하면, 바실로사우루스과는 진화 노선을 따라 순조롭게 현대 고래를 향해 가고 있다. 다시 말해, 이미 수중생활을 위해 몸이 순응한 다음이라 육지에서 돌아다닐 수 없었다. 그럼에도 불구하고 육생 조상의 흔적 몇 가지를 보유하고 있는데, 가장 극적인 것이 무릎과 발가락을 완벽히 갖춘 조그만 뒷다리다. 이들의 해부구조를 자세히 살펴본 과학자들은 이미 조상 고래에 대한 몇 가지 단서를 찾아냈다.

우드 신부가 옳았다고, 그래서 작살을 박은 바실로사우루스를 만으로 몰아넣어 생포한 다음 유리벽이 달린 커다란 수족관에서 전시할 수 있다고 상상해보자. 우리가 수조에 다가가는 동안 할런의 해룡 실물은 뱀장어 같은 가느다란 몸을 꼬불꼬불 움직여 물을 가르며 나아가는 모양새가, 과연 뱀처럼 보인다. 분명 완전한 수생동물이다. 그러나 더 가까이 가면, 이 짐승에게는 비늘이 없고 노 모양의 앞다리, 즉 지느러미발이 있는 게 보인다. 이것은 뱀이 아니다. 몸이 매끈하고, 목이 있어야 하는 자리에 잘록한 부분이 없다. 꼬리 쪽에 조그만 뒷다리가 보이지만, 무게를 지탱하거나 헤엄에 도움을 주기에는 너무 작다. 그것은 수컷 상어가 교미할 때 암컷에게 더 잘 매달리기 위해 사용하는 지느러미다리와 비슷하게, 짝짓기에 쓰였을 거라는 의견이 제기되어왔다.[16] 꼬리 끝에서, 이것은 고래였다는 우리의 육감을 입증하는 최고의 증거를 발견한다. 다시 말해, 바실로사우루스에게는 고래 특유의 수평방향 꼬리지느러미가 있었다.

이 동물은 실제로는 3000만 년 전 이전에 살았기 때문에 우리는 골격만 가지고 있고, 그래서 그것이 모피로 덮여 있었는지, 털이 듬성듬성했는지, 아니면 현대 고래처럼 발가벗고 있었는지 알지 못한다. 일부 과학자들이 현대의 동물들을 연구해서 이를 알아내려 해왔지만, 결과는 여전히 모호하다.[17]

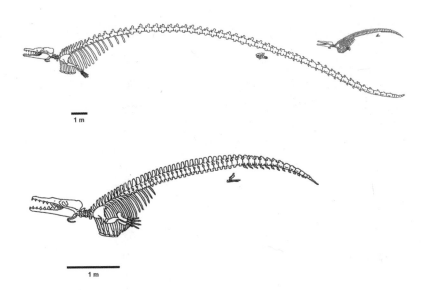

그림 8 두 종류의 화석 바실로사우루스과 고래인 커다란 바실로사우루스와 그보다 훨씬 작은 도루돈의 골격. 도루돈의 그림은 위의 오른쪽 구석에, 엄청난 크기 차이를 보여주기 위해 바실로사우루스와 같은 축척으로 또 그려져 있다. Kellogg(1936), Gingerich et al.(1990), and Uhen(2004)에 따름.

바실로사우루스, 지고르히자와 그들의 친척들에 관해 우리가 정보를 얻어낸 화석 골격들은 대부분 이집트의 사막들과 미국 남부에서 발견되었다. 이곳의 암석들은 4100만 년 전에서 3400만 년 전 사이에 형성되었다. 두 속 모두 바실로사우루스과에 포함되는데,[18] 바실로사우루스과는 전통적으로 두 아과로 나뉜다. 바실로사우루스아과는 거대하고 뱀처럼 몸이 긴 형태이고, 도루돈아과(《컬러도판 1》)는 다소 돌고래를 닮아 몸이 더 짧은 형태다.[19] 척추뼈와 체형을 제외한 모든 면에서, 두 집단은 매우 비슷하다. 바실로사우루스아과는 바실로사우루스의 완전한 골격들이 이 동물의 몸길이가 약 18미터였음을 보여주는 반면, 도루돈아과, 예컨대 도루돈*Dorudon*은 몸길이가 바실로사우루스의 약 4분의 1이었다(《그림 8》).[20] 바실로사우루스과는 전 세계의 많은 곳에서 발견되어왔으니 아마도 전 세계에 분포했을 것이다(《그림 9》).

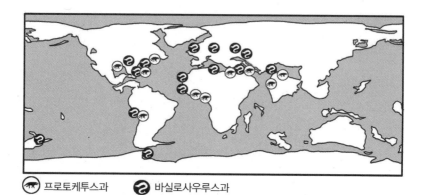

그림 9 바실로사우루스과 고래와 (제12장에서 이야기할) 프로토케투스과 고래의 화석들이 발견된 장소들을 표시한 4500만 년 전(에오세)의 세계 지도. 바탕 지도의 출처는 http://www.searchanddiscovery.com/documents/2010/30109andrus/images/figo2lg.jpg이고, 장소 표시점의 출처는 http://fossilworks.org다. 여기서 고래목 부분을 집계해 편집한 마크 유엔의 말에 따르면 남극에서 얻은 기록은 모호하다고 한다.

섭식과 식습관. 우리가 사로잡은 바실로사우루스과 고래가 입을 벌린다면, 이놈이 다른 어떤 현생 고래와도 같지 않았다는 게 당장 분명해질 것이다. 현대의 이빨고래들은 대부분 단순히 튀어나온 송곳들—범고래의 못 같은 이빨을 떠올려보라—처럼, 생김새가 상하좌우로 전부 비슷한 이빨을 가지고 있다. 이렇게 이빨 모양이 비슷하게 생긴 것을 동치성이라고 한다. 하지만 바실로사우루스과는 인간이나 대부분의 다른 포유류처럼, 입안의 앞에서 뒤로 가며 모양이 달라지는 더 복잡한 이빨을 가지고 있었다. 이를 이치성이라 한다. 앞쪽에는 길고 튼튼하고 뾰족한 이빨이 보이는 반면, 뒤쪽에는 이빨마다 다수의 둔덕(또는 고생물학자들의 말로 교두, 〈그림 10〉)이 있을 것이다.

포유류 대부분은 비교적 단순한 앞니를 가지고 있고, 마찬가지로 바실로사우루스도 뿌리가 하나인 단순하고 뾰족한 한 갈래의 앞니를 가지고 있다(36쪽 상자 참조).[22] 대부분의 포유류에서는 송곳니가 앞니보다 크지만, 바

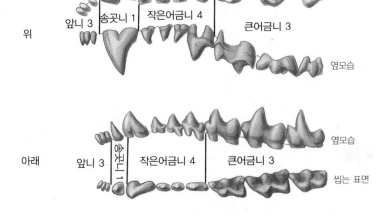

도루돈

위 · 앞니 3 · 송곳니 1 · 작은어금니 4 · 큰어금니 2 · 씹는 표면 · 옆모습

아래 · 앞니 3 · 송곳니 1 · 작은어금니 4 · 큰어금니 3 · 옆모습 · 씹는 표면

유럽두더지

위 · 앞니 3 · 송곳니 1 · 작은어금니 4 · 큰어금니 3 · 씹는 표면 · 옆모습

아래 · 앞니 3 · 송곳니 1 · 작은어금니 4 · 큰어금니 3 · 옆모습 · 씹는 표면

그림 10 다 자란 바실로사우루스과의 고래 도루돈과 두더지의 일종인 유럽두더지의 치열. 매우 다른 축척으로 그렸다. 각 종의 왼쪽 이빨 옆모습과 씹는 표면(교합면) 모습이 보인다. 유럽두더지는 고래의 초기 조상들을 포함 하는 원시 태반 포유류에게 특징적인 치열을 가지고 있다. 다시 말해, 좌우에 앞니 세 개, 송곳니 한 개, 작은어 금니 네 개, 큰어금니 세 개를 가지고 있고, 큰어금니가 저마다 복잡한 형태의 높낮이(교두)를 보여준다. 도루돈 의 이빨은 형태가 더 단순하다. 다시 말해, 교두들 사이의 골들이 사라졌고, 위턱의 큰어금니가 두 개밖에 없다.

이빨과 고생물학

이빨이 포유류 고생물학자들에게 매우 중요한 이유는 그것이 가장 흔히 보존되는 요소이고, 종별로 매우 특징적이기 때문이다. 이빨 하나만 있어도 종을 동정하기에 충분한 경우가 많다. 오언은 이빨 몇 개를 바탕으로 바실로사우루스를 포유류로 동정했다. 포유류 대부분이 각 턱의 사분면—좌우 위턱과 좌우 아래턱(〈그림 10〉)—마다 네 종류의 이빨을 가지고 있다. 당신 자신의 이빨을 생각해보라. 앞에서 뒤로, 인간과 대부분의 다른 포유류들은 앞니, 송곳니, 작은어금니(쌍두치), 큰어금니를 가지고 있다. 두더지처럼 원시적인 태반 포유류들은 위턱과 아래턱의 좌우 모두에 앞니 세 개, 송곳니 한 개, 작은어금니 네 개, 큰어금니 세 개를 가지고 있다. 고생물학자들은 이를 3.1.4.3/3.1.4.3이라는 치식으로 표현한다. 빗금 앞쪽은 위턱의 절반을, 빗금 뒤쪽은 아래턱의 절반을 보여준다. 치식은 한 종 안에서는 매우 안정적이지만, 원시 태반 포유류에서부터 세어보면 천차만별일 수 있다. 예컨대 생쥐의 치식은 1.0.0.3/1.0.0.3인데, 인간의 치식은 2.1.2.3/2.1.2.3이다.[21] 위턱과 아래턱의 치식이 같지 않은 경우도 흔하다. 바실로사우루스가 일례로서 치식이 3.1.4.2/3.1.4.3이고, 따라서 위턱에는 큰어금니가 두 개이지만 아래턱에는 큰어금니가 세 개다. 진화 내내, 많은 포유류 집단이 서로 무관하게 이빨의 수를 그 본래의 숫자에서부터 줄여왔다. 제15장에서 이 중요한 경향으로 돌아올 것이다.

실로사우루스에게 있는 송곳니는 앞니와 크기가 비슷하다. 바실로사우루스의 작은어금니는 앞에서 뒤로 가면서 교두의 수가 늘어난다. 큰어금니도 복잡해서, 머리(치관)마다 뾰족한 교두들이 한 줄로 늘어서 있고, 뿌리도 두 개씩 가지고 있다.

바실로사우루스과의 화석 몇 점은 아직 젖니가 돋아 있던 어린 개체의 것이다. 이는 놀라운 일인데, 현대 고래목에서는 젖니가 나지 않기 때문이다. 아기 돌고래에게서 돋은 첫세대 이빨이 그 돌고래가 평생 가지게 될 유일한 이빨이라는 말이다. 따라서 이 역시 고래목이 진화하면서 바뀐 점이다.

바실로사우루스과에 있는 모든 이빨은 머리 꼭대기의 큰 볏인 시상능선에서 출발해 머리뼈의 위쪽 전체를 덮는 매우 중요한 턱근육들의 힘으로 움직였다. 바실로사우루스과가 꽉 물 수 있었다는 데에 관해서는 의심의 여지가 없다. 이들은 무엇을 먹었을까? 관절을 이루고 있는 골격들 일부에서 위장이 있었을 영역에 물고기 뼈가 쌓여 있는 것을 볼 수 있는데, 이것이 위장의 내용물로 해석되어왔다.[23] 이빨에 난, 눈에 보이지 않을 만큼 작게 긁힌 자국들도 물고기를 잡아먹는 현대의 물범과 같은 동물에게 있는 자국과 비슷해 보이므로,[24] 바실로사우루스과는 물고기를 먹은 듯하다. 한 표본의 뱃속에는 상어 이빨이 들어 있다는 사실이, 최소한 작은 상어들은 코드 곶의 왕도마뱀의 적수가 아니었음을 보여준다. 또한, 어린 도루돈의 머리뼈에 바실로사우루스의 이빨과 치간 거리가 일치하는 이빨 자국이 있다는 사실은 한 바실로사우루스과가 다른 바실로사우루스과를 잡아먹었음을 시사한다.[25]

뇌. 1800년대 이후로 제우글로돈 계곡, 또는 와디 알−히탄(고래의 계곡)이라 불리는 이집트의 한 계곡에서 바실로사우루스과의 골격이 잔뜩 쏟아져 나왔다. 그곳에서는 맹렬한 바람이 표면을 문질러 퇴적물을 실어가면서 화석들을 노출시킨다. 그 노출은 잠시뿐이고, 결국은 화석 뼈 역시 게걸스러운 바람에게 먹혀 가루가 되어 날아가버린다. 과거에 뇌가 있던 머리뼈 속과 같은 화석 안의 공간들은 뼈보다 단단한 고운 퇴적물로 채워져 있다. 그래서 뼈가 침식되어 사라지면, 속이 가득 채워진 공간들만 남는다. 그 결과로, 이지역에서 나오는 많은 화석은 내부 주형, 즉 한때 채우고 있던 공간의 모양을 보존하고 있는 단단한 퇴적물 덩어리다. 뼈만 퇴적물에 인상을 남기는 것은 아니다. 뇌실 안쪽의 무른 구조 다수도 뼈에 인상을 남겨, 그 자체는 화석화하지 않는 해부구조에 관해 알 수 있게 해준다. 연구자들은 바실로사우루스과의 머리뼈 내부 주형을 자세히 기술해왔고, 어떤 주형들은 열성이 지나친 고생물학자들에 의해 별개의 종으로 이름을 얻기까지 했다.[26] 내부 주형은 뇌의 크기를 추정하는 데에도 쓰일 수 있다. 이로 미루어볼 때, 바실로사우루스과는 북극고래처럼 뇌가 작은 현대 고래목보다도 훨씬 작은, 조막만 한 뇌를 가지고 있었음이 분명하다(아래 상자 참조).[27]

시각, 후각, 청각. 만일 당신이 우리의 생포된 바실로사우루스과가 숨쉬러 올라오는 모습을 지켜보고 있다면, 아마 녀석의 콧구멍이 주둥이 끝과 눈 사이 중간쯤에 있음을 알아차릴 것이다. 과학자들은 이 위치가 수중생활에

뇌의 크기

두개강(뇌가 들어앉은 머리뼈 속의 공간) 내부 주형의 부피를 측정해서 이를 뇌 크기의 추정치로 사용하면 고대 동물의 지능에 대해 어느 정도의 지표를 제공할 수 있다. 두개강에는 뇌 말고도 동맥, 신경, 뇌를 보호하는 막(수막)과 같은 여러 기관이 들어 있다. 이 구조들도 흔히 내부 주형에 인상을 남기는데, 이 인상들은 흔히 뇌의 인상 자체와 뚜렷하게 구별되지 않는다. 그래서 머리뼈 속의 부피는 척추동물의 실제 뇌 부피보다 크게 측정된다. 예컨대 말의 경우는 두개강의 94퍼센트가 뇌로 채워져 있다.[28] 고래목에서는 문제가 더 심각한데, 최소한 현대 종에서는 다량의 혈관이 뇌를 둘러싸고 있기 때문이다. 그러한 혈관 덩어리를 소동정맥그물(또는 '괴망')이라 한다. 두개강 크기는 내부 주형을 물속에 빠뜨린 다음 물이 얼마나 넘치는지를 보거나, 최근에는 CT 스캔 기술을 써서 추정하기도 한다.[29] 이는 우리가 고래목의 진화에서 두개강 크기가 어떻게 변했는가를 엿보아온 좋은 방법이다. 그러나 뇌의

크기는 두개강의 크기 패턴을 따르지 않을 수도 있다. 진화하는 동안 혈관망의 크기도 변했을 수 있기 때문이다. 현대 수염고래의 일종인 북극고래의 머리뼈와 뇌를 실제로 측정한 값은 이 종의 두개강이 35~41퍼센트만 뇌로 채워져 있음을 암시한다.[30] 그래서 뇌 진화의 패턴이 두루뭉술하게 약간은 드러나지만, 그것을 내부 주형 진화의 패턴에서 떼어내기는 어렵다.

뇌의 크기는 몸의 크기로 보정했을 때 가장 큰 의미가 있다. 동물의 몸집이 클수록 뇌도 큰데, 이는 단순히 더 큰 몸을 조작하려면 더 큰 뇌가 필요하기 때문이다. 그러므로 뇌의 크기를 연구하는 데에 관심이 있다면, 몸의 크기에 비교해서 뇌 크기를 바로잡을 필요가 있다. 이 비교를 위해, 과학자들은 대뇌화지수EQ라는 비율을 계산한다.[31] 몸의 크기가 일정할 때, 평균 크기의 뇌를 가진 포유류는 EQ가 1이고, 평균보다 큰 뇌를 가진 동물은 EQ가 1보다 크며, 평균보다 작은 뇌를 가진 동물은 EQ가 1보다 작다. 예컨대 고양이는 EQ가 1이니, 몸무게에 비한 뇌의 크기가 평균이라는 말이다. 말의 EQ는 0.9이고 침팬지의 EQ는 2.5다. 인간은 7이 넘는, 지구상에서 가장 높은 EQ를 가지고 있다. 북극고래의 EQ는 0.4로,[32] 토끼와 비슷하다. 고래는 몸무게의 최대 40~50퍼센트가 지방으로 구성되는데, 지방은 조작하는 데에 다른 조직들보다 뇌 조직이 덜 필요해서 인위적으로 EQ를 낮추므로, 이 숫자는 오해를 낳는다는 지적이 있어왔다. 지방에서 비롯되는 무게를 아예 무시해서 몸무게 값을 바로잡으면, 북극고래의 EQ는 0.6으로 나오지만, 그래도 여전히 낮긴 하다.

유리할 거라고 추정해왔지만, 어째서 콧구멍이 그렇게 멀리 물러나 있는지는 불분명하다. 어쨌거나 현생 고래는 대부분 한참 뒤의 머리 위에 분수공을 가지고 있어서 몸의 일부를 최소한만 노출시킨 채 숨을 쉴 수 있다. 하지만 물속에서 사는 척추동물 대부분은, 예컨대 물범, 매너티, 하마, 사향쥐, 심지어 악어, 바다뱀, 향고래와 같은 수중 포식자들도 콧구멍이 주둥이 끝에 있다. 분수공의 진화에는 단지 수중생활 이상의 요인이 있을 것이다. 콧구멍 위치의 이동은 물론 후각 관련 조직을 위한 공간이 줄어드는 결과를 가져왔지만, 코의 뼈들로 미루어볼 때 바실로사우루스과에게 후각이 있었던 것만은 분명하다.

바실로사우루스과의 눈은 옆쪽을 향해 있었고, 머리뼈를 구성하는 이마뼈 중에서도 앞쪽의 넓은 판을 말하는 눈확위선반 아래에 위치한다. 따라서 시야가 대부분 옆을 향해 있고, 이는 이들이 물속에서 먹잇감을 사냥했음을 시사하며, 이 점은 이들의 식습관에 관해 우리가 알고 있는 바와 일치한다.

바실로사우루스과의 청각에 관해서는 많이 알고 있는데, 이들의 화석 다수가 매우 잘 보존되어 귓속뼈처럼 드물게 보존되는 조각들을 포함하고 있기 때문이다(〈그림 3〉). 이들의 귓속뼈는 현대 고래들의 귓속뼈와 매우 유사하고,[33] 이는 바실로사우루스과도 현대 고래처럼 물속에서 예민한 청각을 가지고 있었음을 시사한다(제11장 참조).

걷기와 헤엄. 뱀을 닮은 몸과 조그만 뒷다리를 가진 바실로사우루스과는 육지 위를 돌아다닐 수 없었다. 이들의 집은 대양이었다. 이들은 절대 수생동물이라는 말이다. 척주는 바실로사우루스과가 공룡이나 어류가 아닌 포유류임을 드러낸다. 목뼈(경추)가 일곱 개로, 기린에서 인간까지 포유류에게 있는 목뼈의 전형적 개수다. 바실로사우루스과는 물론 현대 고래에서도 이 목뼈들은 매우 짧고, 그 결과로 어깨가 머리에 너무 가까워 목이 사라진다. 다음엔 등뼈(흉추)가 열일곱 개 있고, 각각에 갈비뼈가 한 쌍씩 달려 있다. 이 갈비뼈들이 흥미롭다.[34] 이 동물의 갈비뼈는 배쪽에 도달하는 부분이 매우 무겁고 치밀하다. 뼈경화증이라 불리는 증상이다. 이 부분은 또한 갈비뼈의 나머지 부분보다 약간 더 굵은데, 이는 뼈비대증이라고 한다. 골격에 추가되는 이러한 무게는 일부 해양 포유류에서 동물이 물속에 잠기도록 해주는 바닥짐(밸러스트)이 되어주기 때문에 중요하다.[35] 하지만 이 특징들은 현대의 많은 고래와 돌고래처럼 빠른 포식자에게는 흔치 않고, 바실로사우루스과의 뼈들은 다른 포유류에 비해 약간 더 치밀할 뿐이다. 도루돈아과가, 비슷하게 생긴 돌고래처럼, 쏜살같이 움직이는 물고기를 뒤쫓아 잡아먹었을 가능성은 여전히 높다.

그러나 현대 고래들과 다른 점은 설명을 애원한다. 바실로사우루스과의 갈비뼈는 도대체 왜 그들을 짓누르는 걸까? 뼈비대증이 갈비뼈의 배쪽에서 일어난다는 점에 시사하는 바가 있다. 아마도 배쪽으로 무게를 집중시킴으로써, 헤엄치는 동안 동물이 벌러덩 뒤집히지 않도록 했을 것이다. 현대의 고래에서는—뼈로 만들어지지 않아서 화석화하지 않을—등지느러미가, 배에 붙어 롤링*을 방지하는 용골**과 같은 작용을 하여 그 일을 돕는다. 바실로사우루스과에 등지느러미가 있었는지 없었는지는 모르지만, 등지느러미가 없는 대신 뼈비대증이 롤링 방지 장치였을 수도 있다.

도루돈은 등뼈 뒤로 꼬리 끝까지 형태와 크기가 매우 점진적으로만 변하는 마흔 개의 척추뼈를 가지고 있다. 육상 포유류에서는 이 척추뼈들이 허리뼈(요추), 엉치뼈(천추), 꼬리뼈(미추)로 나뉘고, 형태도 변화무쌍하다. 육상 포유류의 엉치뼈들은 한데 융합되어 하나의 복합뼈를 형성하며, 이것이 골반으로, 그리고 골반에서 뒷다리로 무게를 전달한다.[37)]

현대 고래에서는 이 영역에 있는 척추뼈들이 전혀 융합하지 않는다. 조지메이슨 대학교의 고생물학자 마크 유엔은 도루돈을 자세히 연구한 뒤, 비록 한데 융합된 엉치뼈는 없지만 등뼈 이후의 척추뼈 17~20번이 다른 척추뼈와 다르다는 것을 발견했다. 이 척추뼈들은 인접한 척추뼈보다 훨씬 굵은 돌출부(가로돌기)들을 가지고 있다. 육상 포유류에서는 이러한 가로돌기들이 엉치뼈에 붙어서, 뒷다리를 척주와 이어주는 골반과 관절을 이루고 있다.[38)] 그렇다면 이 척추뼈들이 엉치뼈에 해당할 법하다. 그것이 우리로 하여

---

* 배가 좌우로 흔들리는 것.

** 배 바닥의 중앙을 받치는 길고 큰 재목.

금 이 화석 고래에서 엉치뼈들을, 그리고 그 앞의 허리뼈들을 확인하게 해준다. 그리고 그 결과는 바실로사우루스과에게 기능이 무엇인지는 분명치 않지만 대부분의 육상 포유류보다 훨씬 더 많은 허리뼈가 있음을 보여준다.

바실로사우루스의 척추뼈는 도루돈의 척추뼈와 개수는 비슷하지만 형태가 다르다. 바실로사우루스에게 있는 허리뼈와 꼬리뼈는 페인트 깡통보다 크고 묵직한 원기둥 같으며, 그에 비해 척추뼈고리(신경활)는 매우 작다(《그림 6》). 이것은 모든 방향으로 이동성을 엄청나게 향상시키고, 이 동물이 이동할 때 뱀과 같았다면 예상되는 바다.[39]

현대 고래의 꼬리 끝에는 삼각형의 꼬리지느러미가 달려 있는데, 바실로사우루스과에도 꼬리지느러미가 있었다. 현대 고래에게 있는 꼬리지느러미는 대칭삼각형의 모양이다.[40] 꼬리지느러미의 내부는 가운데를 지나는 한 줄의 꼬리뼈, 두툼한 삼각형의 연결 조직 덩어리, 양 옆을 향해 연장되는 피부로 이루어져 있다. 삼각형 모양 옆 날개는 안에 뼈가 없어서 화석이 되지 않으므로, 우리에게는 바실로사우루스과의 보존된 꼬리지느러미가 없다. 하지만 우리는 이들에게 꼬리지느러미가 있었음을 안다. 꼬리지느러미가 달린 동물의 꼬리뼈는 꼬리지느러미가 없는 동물의 꼬리뼈와 다르기 때문이다. 꼬리 지느러미가 있는 꼬리뼈들의 묵직한 부분(추체)은 그것의 앞뒤에 있는 척추뼈들과 비례가 다르다(《그림 11》). 꼬리지느러미가 시작되는 부분을 꼬리자루라 하는데, 여기서는 추체의 높이가 너비보다 큰 반면, 더 앞이나 더 뒤로 가면 이 비례가 뒤집힌다.

이 차이점 말고도, 정확히 꼬리지느러미의 시작점에 위치한 척추뼈는 앞쪽과 뒤쪽 표면이 볼록해서 공뼈라 불리는 차이점을 가지고 있다. 바실로사우루스아과와 도루돈아과는 이 두 가지 특징을 모두 가지고 있었으므로 꼬리지느러미가 있었을 것이다. 도루돈아과는 십중팔구 현대 고래목과 유사하게, 헤엄치는 동안 꼬리지느러미를 써서 앞으로 나아갔을 것이다. 반면에, 바실로사우루스에서는 이 점이 분명하지 않다. 흔히 이 고래들은 꼬리지느

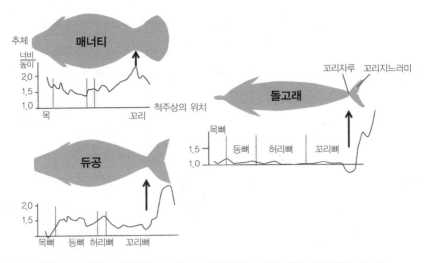

그림 11 두 종류의 바다소목(매너티와 듀공)과 한 종류의 고래목(현대의 돌고래인 참돌고래)의 척추뼈 모양. 꼬리지느러미가 있는 동물(듀공과 돌고래)의 경우는 몸에 꼬리지느러미가 붙어 있는 지점(꼬리자루)에서 척추뼈가 갑자기 좁아지는 점에 유의하라. 꼬리지느러미는 화석화하지 않지만, 척추뼈 모양의 변화 양상을 화석에서 꼬리지느러미의 존재를 추론하는 데에 이용할 수 있다. Buchholtz(1998)에 따름.

러미를 써서 나아간 것이 아니라, 매우 유연한 척추를 뱀처럼 움직여서 헤엄쳤다고 말한다. 몸의 형태와 헤엄치는 방법은 어류에서 많이 연구되어왔는데,[41] 유엔과 같은 일부 바실로사우루스 전문가들은 의심하는 해석이긴 하지만, 바실로사우루스의 몸은 거대한 뱀장어에 비교되어왔다.

현생 고래목은 앞다리를 주로 방향 조종, 균형 잡기, 출발하기와 멈추기를 위해 사용하고, 이러한 다리는 추진에는 거의 도움이 되지 않는다. 바실로사우루스과도 똑같았을 수 있다. 손목과 손의 경우는 겨우 두세 조각이 알려져 있었다. 마크 유엔이 도루돈의 앞다리를 기재한 뒤 어깨관절이 현대 고래목의 것과 비슷하게 비교적 움직이기 쉬움을 발견했다.[42] 현대 고래목에서는 팔꿈치가 움직이지 않는 반면, 바실로사우루스과의 팔꿈치는 어느 정도의 팔굽혀펴기를 허락했다. 손목을 움직이는 건 현대 고래목에서와 마찬가지로, 바실로사우루스과에서도 거의 불가능했다. 손가락은 대부분의 현대 고래목과 달리, 어느 정도 움직일 수 있었다.[43] 유엔은 다른 해양 포유류들과 비교하는 방법을 써서, 바실로사우루스과의 손(또는 앞발)도 대부분의 현대 고래목과 마찬가지로, 뻣뻣한 젓개인 지느러미발에 심겨 있었다고 결론지었다(《그림 12》). 그 지느러미발 안쪽에는 현대 고래목 대부분뿐만 아니라 다른 포유류 대부분에서와 마찬가지로, 뼈로 된 손가락 다섯 개가 들어 있었다. 인간의 손바닥에는 손바닥뼈라 불리는 다섯 개의 뼈가 들어 있고, 각각에 손가락의 마디를 구성하는 세 개(엄지에는 두 개)의 뼈(손가락뼈)가 이어진다. 바실로사우루스과에서는 손가락들에 손바닥뼈 하나와 손가락뼈 하나씩만 있었던 것으로 보인다. 나머지 손가락뼈들이 동물이 살아 있을 때부터 없었는지 아니면 화석화 도중에 사라졌는지는 불분명하지만, 만일 그 뼈들이 정말로 동물이 살아 있을 때부터 없었다면, 바실로사우루스과는 진화 과정에서 조상에 비해 손가락 하나당 손가락뼈 두 개씩을 잃었다는 뜻일 테고, 이는 이들의 배아 발생에 대해 흥미로운 의미를 함축할 것이다(제13장 참조). 현대 고래는 대부분 손가락뼈를 세 개 이상 가지고 있으므로, 이는 진화적 관점에서도 놀라울 것이다. 여기에는 '만일'이 너무 많지만, 만일 일부 바실로사우루스과가 현대 고래의 조상이라면, 손가락의 손가락뼈 숫자는 (고래의 육지 조상에서) 세 개로 출발해 (바실로사우루스과에서) 한두 개로 갔다가 (대부분의 현대 고래에서) 다시 세 개 이상으로 돌아갔을 것이다. 이 쟁점을 정리하려면 더 많은 화석이 필요하다.

바실로사우루스는 18미터 길이의 몸에 붙어 있는 60~90센티미터 길이의 조그만 뒷다리를 가지고 있다. 바실로사우루스과의 것으로 알려진 완전한 뒷다리는 없지만, 다른 바실로사우루스과들도 바실로사우루스와 비슷한 뒷다리를 가지고 있었음을 암시하는 화석들은 충분하다. 뒷다리는 골반에 붙어 있고, 골반은 육상 포유류에서는 엉치뼈와 관절을 이룬다(《그림 13》). 바실로사우루스과의 뒷다리를 이해하려면, 먼저 현대 고래목의 뒷다리를 고려하면 도움이 된다. 현대 고래목에 있는 뒷다리뼈의 수와 크기는 종마다

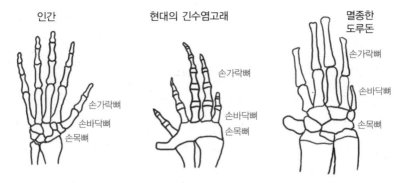

그림 12 인간의 손과 두 고래의 지느러미발. 인간은 손가락이 다섯 개이고, 손가락마다 손바닥뼈 한 개와 손가락뼈 세 개(엄지에는 두 개가 달려 있는 선조의 패턴을 보여준다. 화석 고래 도루돈은 손가락마다 손가락뼈를 한 개씩만 가지고 있거나, 일부 개체에서는 손가락뼈를 한 개씩 더 가지고 있을 수도 있다. 긴수염고래와 같은 현대 고래들은 흔히 손가락뼈를 더 많이 가지고 있고, 손가락은 언제나 지느러미발 안에 심겨 있다.

다르지만, 뒷다리뼈는 (제12장에서는 일부 예외에 도달하겠지만) 어떤 현대 종에서도 몸 밖으로 튀어나오지 않고, 모든 뼈가 복벽에 심겨 있다. 북극고래는 다른 현대 고래 대부분보다 뒷다리에 부위가 많다. 부위의 크기는 개체마다 제각각이지만, 북극고래에게는 항상 골반과 넙다리뼈, 연골질 또는 경골질의 정강이뼈가 있고, 때로는 경골질의 발바닥뼈까지 있다. 진정한 윤활관절(몸 안에서 활발하게 움직이는 모든 관절처럼, 윤활액을 분비하는 관절)이 있을 때도 있다.[44] 현대 고래목의 좌우 골반은 서로 관절을 이루지 않고, 엉치뼈와도 관절을 이루지 않는다(《그림 14》). 다른 많은 현대 고래목에는 뒷다리뼈가 아예 없고, 골반은 단순한 한 갈래의 뼈다.[45]

비록 이동에 관여하지는 않지만, 현대 고래목의 골반에도 기능이 있기는 있다. 수컷에서는 골반이 음경과 복부로 이어지는 근육들을 고정시키고,[46] 암컷에서도 생식기로 이어지는 근육들이 골반에서부터 연장된다.

바실로사우루스의 골반과 넙다리뼈는 1900년에 처음 기재되었다.[47] 그 화석(《그림 13》)은 육상 포유류에서처럼, 그리고 (거의 모든) 현대 고래에서와 달리, 골반과 넙다리뼈 사이에 윤활관절이 있었고 그 뒤에 구멍이 있었음을

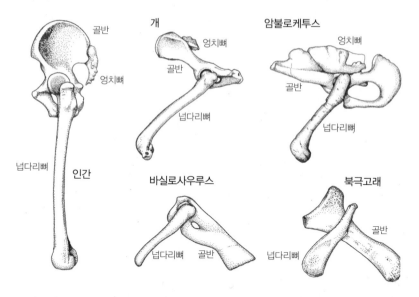

그림 13 육상 포유류 두 종, 화석 고래 두 종, 현대 고래 한 종의 엉치뼈, 골반뼈(무명뼈), 넙다리뼈. 포유류에서는 대부분 엉치뼈가 다수의 척추뼈로 구성되고, 그 가운데 하나가 골반과 관절을 이루며, 골반은 넙다리뼈와 잘 움직이는 관절을 공유한다(인간, 개, 암불로케투스에 관해서는 제4장에서 이야기한다). 바실로사우루스와 모든 현대 고래목에서는 골반이 척주와 분리되어 있다. 그러나 바실로사우루스는 아직도 골반과 넙다리뼈 사이에 관절부를 보유하고 있다.

보여준다. 이러한 특징들이 몸 안에서 뼈가 어떤 방향으로 놓여 있었는지를 알아낼 수 있게 해준다. 골반뼈의 한쪽 끝은 재질이 울퉁불퉁해서, 좌우의 골반이 몸의 정중선에서 서로 붙는 지점(두덩결합부)으로 해석되어왔다. 그러나 현대의 북극고래가 가지고 있는 비슷한 재질의 영역에는 음경이 고정된다. 바실로사우루스과에서도 이와 비슷했을 테니, 바실로사우루스과의 좌우 골반은 서로, 또는 엉치뼈와 관절을 이루지 않았을 가능성이 높다. 골반의 형태 면에서, 바실로사우루스과는 다른 에오세의 고래들보다 현대 고래에 더 가까울 수 있다.

발의 나머지의 대부분은 이집트에서 나온 바실로사우루스를 통해 알려져 있다. 바실로사우루스는 무릎뼈가 덮인 움직일 수 있는 무릎을 가지고

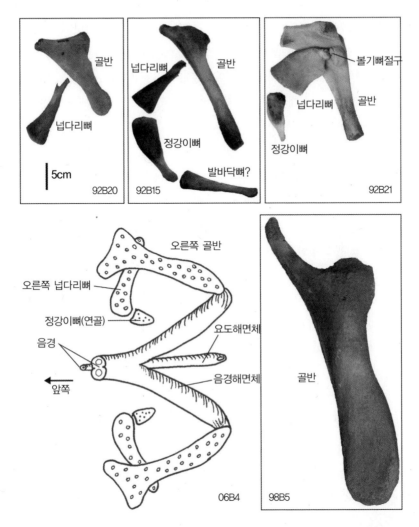

그림 14 네 마리의 현대 북극고래 개체 안에서 크기와 모양이 상당한 편차를 보이는 골반과 뒷다리의 뼈들(축척은 네 마리 모두 같음). 어떤 개체들은 관골구라고도 불리는 볼기뼈절구(넙다리뼈를 위한 관절부)를 가지고 있고, 어떤 개체들은 정강이뼈와 발바닥뼈일 가능성이 있는 뼈까지 가지고 있다. 왼쪽 아래에 있는 도해는 위(등쪽)에서 본 수컷 북극고래의 몸 안에서 이 뼈들이 어떤 방향으로 놓여 있는지를 보여준다.

있었지만, 발목은 움직일 수 없고 융합된 뼈들로 주로 이루어져 있었다. 바실로사우루스의 발에는 발가락이 세 개씩 달려 있었고, 발가락마다 한 개의 발바닥뼈와 세 개의 발가락뼈 대신에 한 개의 발바닥뼈와 두 개의 발가락뼈가 있었으며, 그 두 개도 하나로 융합되어 있었다. 분명, 이 동물은 발가락을 구부릴 수 없었을 것이다.

서식지와 생활사. 바실로사우루스과의 사회적 습성에 관해서는 아는 것이 거의 없다. 암수의 상대 크기에서 약간의 단서가 나올 수 있다. (예컨대 많은 물범과 바다사자뿐만 아니라 고릴라를 포함하는) 일부 포유류에서는 수컷이 암컷보다 크다. 그러한 성별에 따른 크기 차이는 대개 수컷이 해마다 다수의 암컷과 짝을 지을 때(하렘 집단에서) 눈에 띈다. 다른 해양 포유류, 예컨대 수염고래에서는 암컷이 수컷보다 크고, 이러한 종에서는 수컷이 하렘을 유지하지 않는다. 화석기록은 바실로사우루스과의 수컷이 암컷과 다르게 생겼다는 암시를 주지 않으므로 아마도 바실로사우루스과의 하렘은 없었을 것이다.

바실로사우루스과의 표본은 대부분 이들이 얕은 바다에서 살았음을 암시하는 암석에서 발견되어왔지만,[48] 일부 종은 특정 환경을 선호한 것으로 보인다. 예컨대 도루돈아과의 사가케투스*Saghacetus*는 대부분 석호를 암시하는 퇴적물에서 발견되는 반면, 바실로사우루스는 해안에서 멀리 떨어진 개방된 물에서 형성된 암석에서 발견된다. 바실로사우루스과는 거의 모든 대양에서 발견되어왔고(《그림 9》), 이는 이들이 큰 바다를 건널 만큼 헤엄을 잘 쳤음을 시사한다. 바실로사우루스과가 살았던 때인 에오세 후기에는 기후가 따뜻했다. 극지에도 만년설이 없었고, 극지부터 적도까지의 온도 기울기도 지금보다 훨씬 완만했다. 바실로사우루스과의 치세가 끝날 무렵, 지구가 달라졌다(《그림 15》).[49] 대륙들이 이동했고, 이에 차례로 해류가 변형되면서 적도와 극지의 해수가 섞이지 못하게 되었다. 그 결과로 극지가 식었

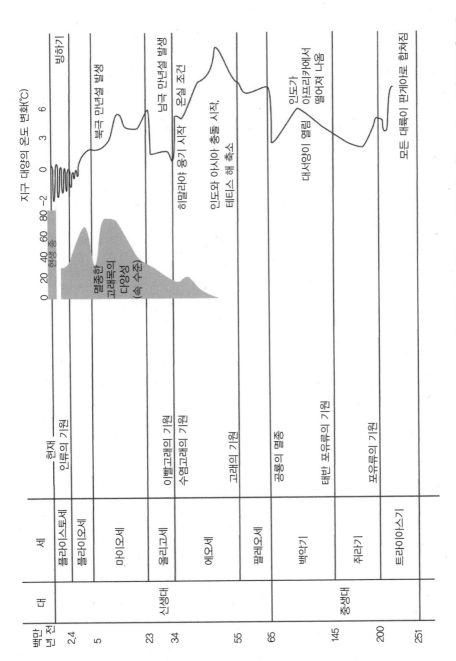

그림 15 중요 사건들이 표시된 지질연대표. 기온 변화 패턴의 출처는 Zachos et al.(2001). 고래 다양성의 출처는 F. G. marx and M. D. Uhen, "Climate, Critters, and Cetaceans: Cenozoic Drivers of the Evolution of Modern Whales,"(2010) Science 327(2010): 993–96.

고, 에오세 말에는 남극이 얼음으로 뒤덮이기 시작했다. 바실로사우루스과 는 에오세에 생겨났던 전 지구적으로 더 골고루 데워진 물을 좋아했을 테고, 갑작스런 기후 한랭화에 대비를 해두지 못했을 것이다. 또는 우리 행성에 모 습을 드러내기 시작한 새로운 고래들, 즉 현대의 이빨고래류와 수염고래류 의 조상들과 치르는 경쟁에서 뒤처졌을 것이다.

바실로사우루스과와 진화

바실로사우루스과는 새뼈집, 지느러미발, 꼬리지느러미를 가지고 있는 등 많은 면에서 현대 고래를 닮아 인상 깊은 고래목이다. 몇 가지 면에서는 육 상 포유류와 현대 고래의 중간에 있다. 예컨대 콧구멍이 육상 포유류와 달리 이마에 가깝고, 비록 이동에는 소용이 없었어도 뒷다리가 여전히 존재했다. 치열은 이들의 육상 포유류 조상들을 연상시킨다. 과학자들에게 바실로사 우루스과는 중간형태다. 고래가 육생 포유류에서 유래했다는 증거라는 말 이다. 하지만 바실로사우루스과는 육지에서 바다로 향하는 그 극적인 전이 가 어떻게 일어났는지를 이해하는 데에 도움이 되기에는 현대 고래와 너무 많이 닮았다. 그리고 완전히 육지에서 생활한 조상이 도대체 누구였는지를 드러내기에는 조상의 특징들을 충분히 보유하고 있지 않다.

화석기록의 빈약함은 진화가 일어났음을 의심하고 지구의 역사에 대한 성경의 설명을 신봉하는 사람들의 밥이었다. 네발 포유류와 바실로사우루 스과 사이에 틈새가 벌어지자, 창조론자들은 진화의 불가능함을 보여주는 일례로 고래를 물고 늘어졌다. 다윈이 고래의 기원 때문에 겪었던 고충을 들 춰내면서, 중간형태는 결코 발견되지 않을 거라고 주장했다. 앨런 헤이우드 는 1985년에 이렇게 썼다.

다윈주의자들은 여간해서 고래를 언급하지 않는다. 고래가 그들이 풀 수 없는 최고의 난제 중 하나를 선사하기 때문이다. 그들은 고래가 육지에서 살다가 어떻게든 바다로 가서 다리를 잃은 어느 평범한 동물로부터 진화했음이 틀림없다고 믿는다. … 고래가 되는 과정에 있었던 육상 포유류는 이도 저도 아니게 되었을 것이다. 육지에서 살기에도 바다에서 살기에도 적합하지 않았을 테고, 그래서 생존할 가망이 전혀 없었을 것이다.[50]

150년이 넘도록, 바실로사우루스과들은 고대 고래의 생김새에 대해 우리가 가진 최상의 단서였다. 1980년대 초가 되어서야 웨스트와 킹그리치가 자신들이 찾은 파키스탄의 고래들이 바실로사우루스과보다 오래되었으며 육지의 조상들에 훨씬 더 가깝다는 의견을 내놓았다. 하지만 이 파키스탄의 화석들은 좌절감을 줄 만큼 불완전했다. 파키스탄의 새로운 모루뼈는 또 다른 기관계를 위한 중간 조건을 암시해 호기심을 더해주었다. 하지만 그것이 자세히 조사해야 할 지리적 영역을 입증했을까? 이 틈새를 이어줄 수 있을, 아직 발견되지 않은 화석들이 정말로 파키스탄에 묻혀 있었을까?

3

다리 달린 고래

검은 구릉 흰 구릉

1991년 12월, 파키스탄 펀자브. 지난해의 불운한 파키스탄 탐사 여행 덕에 가난해졌으므로, 이번엔 파키스탄에 혼자 가야만 하는 형편이다. 거기서, 아리프 씨와 함께 이스즈 사社의 파란 픽업트럭을 타고 탐사작업을 하러 나선다. 1984년에 내가 처음 파키스탄에 갔을 때 그 차는 새 차였다. 지금은 비포장도로를 8년이나 달리고 부실하게 관리된 탓에, 쓰러지기 일보 직전이다. 우리의 껑충한 운전사 자밀이 이따금 길가에 차를 세우고 보닛 아래를 만지작거린다.

"아이크 미닛, 써, 노오 프라블럼."

비록 시간은 자밀이 말한 '1분'보다 조금 더 걸리지만, 문제는 대개 사라진다. 자밀의 잿빛 샬와르와 카미즈*에 잔뜩 기름얼룩이 진다. 그는 바람에 옷자락을 펄럭이며 마치 20대처럼 정력적으로 몸을 움직이지만, 얼굴의 주

---

* 아시아 남부 사람들이 입는 헐렁한 바지와 긴 셔츠.

름이 최소한 10년은 더 보태라고 넌지시 일러준다. 그가 이 차를 잘 알고 사랑하지만, 우리는 두 차례 가던 길을 멈추고 정비소에 들른다. 정비소 옆에는 대개 찻집이 있어서, 자밀이 단 1분도 차에서 눈을 떼지 않고 차 밑에서 깡마른 구릿빛의 맨 다리 두 짝을 밖으로 내민 채 이러쿵저러쿵하는 동안 우리는 달콤한 연유와 향신료를 넣은 차를 홀짝인다.

우리는 칼라치타 구릉의 정남쪽, 타타 마을에 도착한다. 거기에 그 지역 정치가 한 사람이 중세의 마을처럼 담을 둘러친 단지형 주택을 소유하고 있다. 거칠게 깎은 회갈빛 암석들이 언덕 꼭대기를 둘러싸는 바깥 담을 형성하고, 그 안에, 별개로 담들에 둘러싸이고 안마당이 딸린 집 대여섯 채에서 그의 대가족이 살고 있다. 나는 그 암석들을 알아본다. 북쪽의 산들에서 나오는, 깊은 바다가 이 지역을 덮고 있던 쥐라기에 형성된 것들이다. 밖으로 난 창문이 없고 외부로 나가는 작은 문 하나밖에 없는 모든 집의 담들이, 언제라도 난폭한 침입자에게 저항할 준비가 되어 있던 과거 시대의 봉건적 분위기를 자아낸다. 그러나 그 분위기는 오늘날에도 기능한다. 그 담들이, 그것이 둘린 안마당 안쪽에 있는 여자들의 사생활을 보장한다는 말이다. 여자들도 여기서는 자신의 얼굴을 드러낼 수 있다. 바깥 담 너머로는 마을이 내려다보인다. 마을은 모두 다 그 똑같은 유형의 암석으로 지어지고, 모두 다 담을 둘러치고 조그만 안마당이 딸린 조그마한 단칸방 주택들의 조각보다. 모든 집의 여자들이 화덕에서 빵을 굽는 아침이면 연기가 골짜기를 가득 채운다. 이 마을에는 포장된 교차로가 하나뿐이고 엔진이 달린 탈것도 거의 없어서, 들리는 소리라고는 아이들이 노는 소리, 여자들이 솥단지 내려놓는 소리, 남자들이 가축들한테 지르는 소리, 개들이 짖는 소리, 동틀 녘에 새들이 노래하는 소리, 그리고 하루에 다섯 번씩 다른 모든 사람의 소리를 떠내려 보내는 그 지역 물라*의 목소리뿐이다.

---

* 이슬람교의 지도자.

우리의 주택 단지 반대편에는 언덕 위에 있고 담으로 둘러싸인, 하지만 현대적이고 반지르르하며 하얗게 칠해진 여학교 건물이 있다. 여학생들의 사생활을 보장하기 위해 담이 높게 세워져 있다. 하지만 우리 쪽 언덕의 꼭대기가 더 높아서, 우리는 그 담과 담 안을 모두 내려다볼 수 있다. 그 근처에 가면 나는 눈을 돌리고, 아리프도 그러는 것에 찬성한다. 그것이 그 지역 문화를 존중하는 방법이다.

새벽 5시 30분경, 물라가 기도하라는 외침으로 우리를 깨운다. 그 소리가 확성기를 통해 방송되지만, 우리 무리에서는 아무도 기도하려고 일어나지 않는다. 대부분의 이슬람 사원에서 들리는 기도 신호는 2~3분밖에 지속되지 않지만, 이 물라께서는 그의 확성기를 통해 설교처럼 들리는 것도 전달한다. 거기에 반시간이 걸리고, 나는 끝내 다시 잠들지 못한다. 아리프가 침낭 속에 몸을 파묻은 채로 껄껄 웃는다.

"그가 뭐라는 겁니까, 아리프?"

"우리 사람들이 개만도 못하답니다, 사원에 가지 않아서요."

"그렇다면 사람들 대부분이 아침에 기도를 하지 않나요?"

"아, 어쩌면 집에서 기도를 하는지도 모르고, 어쩌면 기도를 안 하는지도 모르죠. 이 딱한 양반은 좀 졸려요."

이 문화에서 개는 불결한 동물이므로, 그것은 상당한 모욕이다. 하지만 아리프 씨는 그걸 재미있게 여기고 개의치 않는다. 그는 그 물라의 텅 빈 사원과 그의 마을이 추구하는 이상들과 한 편이기도 하거니와, 슬슬 잠을 깨고 싶기 때문이다.

생활은 단순하다. 난방도 물도 가스도 없고, 날씨는 매우 춥다. 나는 외투를 입고 침낭 안에서 잔다. 우리 침실은 베란다를 향해 열려 있고, 베란다는 우리 방문객 숙소의 안마당을 향해 열려 있다. 우리가 유일한 방문객이다. 부엌에는 유일한 사치품으로 전구 하나가 걸려 있다. 요리사 루쿤은 요리를 하기 위해 도시에서 버너를 가져왔다. 그는 버너에 휘발유를 채우고,

팬케이크 모양의 파키스탄 빵인 차파티에서는 연료 맛이 난다. 물은 마을에 있는 우물에서 단지로 길어오지만, 오염되어 있어서 모든 동료가 설사를 한다. 내가 설사를 하지 않는 이유는 물 여과기를 사용하기 때문이다.

"물이 나빠요. 자밀, 루쿤, 이 사람, 모두 아파요. 당신은 뭐라고 불러요?" 아리프가 낱말을 떠올리지 못해 짜증스러운 표정을 짓고, 우리 넷은 각자 외투를 걸치고 컴컴한 부엌에서 함께 앉아 있다.

"설사라고 해요. 나는 아프지 않아요. 여과기를 써서 물을 깨끗하게 만들거든요. 어떻게 쓰는지 보여줄까요?"

주먹만 한 여과기에 호스를 연결하고, 유리잔에서 오염된 물을 뽑아 여과기를 통과시킨 다음, 역시 도시에서 가져온 내 빈 생수병에 받는다. 병이 천천히 채워지는 동안 아리프가 참을성 있게, 하지만 열의 없이 지켜본다.

그의 잔에 물을 따른다. 그가 그것을 우리의 전구 불빛을 향해 들어올리더니, 마치 고급 와인이라도 되는 것처럼 휘휘 돌린 다음, 마셔본다.

"맛은 똑같네." 그가 미심쩍게 말한다.

"쓰고 싶을 때 언제든지 써도 돼요. 그러면 깨끗한 물을 마실 수 있어요."

아리프 씨는 말이 없다. 이것은 그가 아는 것의 범위에서 너무 멀리 벗어나 있다. 그는 내 제의를 받아들이지 않고, 설사는 계속된다.

부엌을 통과해 안마당으로 걸어 들어가려면, 문이 너무 낮아 고개를 숙여야 한다. 주택 단지 안에도 벽 뒤에 구멍이 하나 뚫린 화장실이 있지만, 하수도는 없다. 설사를 하는 세 동료와 함께 있는 나는 우리가 구릉에 화석을 채집하러 갈 때까지 내 볼일을 참으며, 화장실에서 멀찍이 떨어져 지낸다.

자밀은 떠돌이 개 한 마리와 흥정을 했다. 그는 그 개에게 날마다 먹다 남은 차파티를 먹인다. 개는 새끼 두 마리와 함께 이제는 그의 차 밑에서 자고, '나쁜 사람들'이 오면 짖기로 한다. 나는 자밀이 뭘 기대하는지 잘 모르고, 묻지도 않는다. 파키스탄 사람들 대부분도 다른 사람들 대부분과 똑같이, 자기 나라나 문화의 부정적인 부분이 표면으로 드러나면 다소 난처해한다. 자밀은 다정한 사람이다. 그를 당황시키고 싶지 않다. 물론 개는 불결한 존재이므로, 자밀이 개과를 만지는 짓은 꿈도 꾸지 않을 것이다. 우리가 자기한테 접근하도록 어미 개가 내버려두지도 않을 것이다. 그 개는 자밀이 빵을 떨어뜨리는 곳에서 멀리 걸어갈 때까지 기다린 후에야 비로소 새끼들과 함께 가서 빵을 회수한다. 우리의 다른 애완동물은 우리 안마당을 자유롭게 날아서 드나드는 공작이다. 아리프는 자기 비눗갑을 잃어버려서 맨비누를 베란다에 놓아두는데, 공작이 거기 와서 비누를 쫀다. 아침마다 아리프가 비누를 찾아 헤매다가 마침내 쪼여 짓이겨지고 모래로 뒤덮인 그것을 흙속 어딘가에서 줍는 모습을 발견한다. 어째서 공작이 비누를 좋아하는지, 또는 어째서 아리프가 결코, 날마다 벌어지는 수색과 구출을 모면하기 위해 비누를 안으로 들여놓지 않는지 나는 모른다.

올해는 화석 채집이 더 쉽다. 지금은 이 나라가 독립되기 전, 영국의 지질학자 T. G. B. 데이비스가 만든 지도를 한 부 가지고 있다. 까만 선이 다양한 암석 유형을 어디에서 찾을 수 있는지를 표시하고 점선이 단층, 즉 지표면에 금이 간 곳들이 어디에 있는지를 표시한다. 고도는 나타내지 않지만, 지도상에는 장소를 찾는 데에 도움이 되는 몇 가지 지형지물도 있다.

우리의 탐사 영역은 우리가 머물고 있는 곳에서 반시간도 걸리지 않는, 타타의 북쪽 구릉들 안에 있다. 1월 2일에 탐사작업을 시작하고 나서 그다음날, 우리가 화석 조개로 뒤덮인 야트막한 풀빛 언덕을 넘어가는데, 갈비뼈 조각이 하나 놓여 있다. 길이는 손가락만 하지만 굵기가 길이의 세 배이니, 이 뼈는 뼈비대증이다. 포유류가 이처럼 굵은 갈비뼈를 가지고 있는 일은 흔치 않다. 부러진 표면이 이 뼈에는 뼈에 일반적으로 존재하는 작은 구멍들이 없음을, 다시 말해 이 뼈가 또한 뼈경화증임을 드러낸다. 이러한 두 가지 특징을 합쳐서, 과학자들은 이 뼈구조를 뼈비대경화증이라 부른다.[1] 바실로사우루스과도 어느 정도 뼈비대증이지만, 현대 해양 포유류 중에서 뼈비대경화증 갈비뼈를 가지고 있는 집단은 오직 하나, 매너티와 듀공을 포함하는 바다소목뿐이다(〈그림 11〉). 이들도 고래목과 똑같은 절대 해양 포유류이지만 고래목과 친척은 아니다. 이들은 고래목과 무관하게 물에 살게 되었다. 굴 껍데기들이 이미 이곳의 암석들은 해저에서 형성되었다는 암시를 주었으니 갈비뼈는 해양 포유류와 관계가 있고, 바다소일 가능성이 매우 높다. 우연히 해양 포유류를 마주치다니 어쩐지 근사하다. 고래에 대한 내 관심은 작년에 파키케투스의 모루뼈와 함께 절정에 달한 뒤로 시들어 있었다. 육상 포유류로 돌아가는 게 중요하다. 그게 연구비의 명분이었으니까. 내가 불러서 아리프가 건너오지만, 그는 감동하지 않는다. 그건 갈비뼈 하나일 뿐이잖아. 그가 옳다. 나는 발견한 것을 싸고, 야장에 기록한 뒤, 배낭의 바닥에 집어넣는다.

일정이 계속되면서 더 많은 화석이 발견되지만, 볼 만한 것은 하나도 없다. 30년도 더 전에 여기서 작업했던 독일인 교수 리하르트 뎀이 표면에 있던 화석이란 화석은 모두 주위 뮌헨에 있는 그의 박물관에 가져다 놓은 게 분명하다. 여기서는 침식이 빠르지 않아서, 그때 이후로 새로운 화석이 많이 노출되지 않았다. 나처럼 뎀도 육상 포유류에 관심이 있었고, 강에서 형성된 암석에 역점을 두었다. 지질학적으로, 우리는 히말라야의 전면지*에 있다. 이 지역은 매우 복잡하고, 산맥이 형성되던 때에 엄청나게 변형되었다. 해저 화석의 커다란 판들이 떠밀려 강의 퇴적물 꼭대기에 얹히고, 뒤집히고, 뒤틀리고, 옆으로 젖혀졌다. 여기서는 항상 암석을 주시해야 한다. 몇 발짝만 나가도 완전히 다른 화석 환경과 수백만 년 뒤의 시간으로 들어갈 수 있다. 이러한 구릉들의 빛깔은 나를 기쁘게 한다. 이암은 쥣빛이나 칙칙한 자줏빛 또는 정맥의 핏빛이다. 주위보다 높이 튀어올라 턱을 형성하는 30센티미터 두께의 띠들에는 햇빛 속에서 너무도 환해 바라보면 눈이 부신, 하얀 석회암이 들어 있다. 이암보다 알갱이가 굵은 실트도 있다. 실트는 풀빛이

---

* 조산대와 접하고 있는 저산지대.

고, 조개 화석이 많이 들어 있어 5000만 년 전 거기에 바다가 있었음을 보여준다. 풀빛은 광물인 해록석에서 나온다. 해록석은 해변을 따라 파도가 치는 구역에서 형성된다. 아주 작은 해록석 결정들이 마치 방랑하는 거인이 줄줄 새는 설탕 자루를 들고 풀빛 실트를 건너간 듯, 햇빛 속에서 반짝거린다. 이 암석들을 통틀어 쿨다나층이라고 한다. 내가 야장에서 무미건조하게 A~E라고 부르는, 낮고 이름 없는 골짜기 다섯 군데에서 이 암석들을 볼 수 있다. 초목, 즉 드문드문 나 있어서 그 사이를 쉽게 지나다닐 수 있는, 거뭇한 초록빛의 가시덤불들이 이따금 암석보다 웃자라 있고, 사방에서 암석을 볼 수 있다. 그 덤불들이 마치 내가 공원에 있는 듯한 느낌을 준다. 이곳이 정말 마음에 든다.

저만치에는 A부터 E까지의 골짜기 모두를 에워싸는 더 높은 구릉들이 있다. 그 구릉들은 쿨다나층의 해변 환경보다 수백만 년 뒤, 원래 강에서 형성된 사암으로 이루어져 있다. 풍화되어 검은빛을 띠지만, 망치로 깨뜨리면 진짜 빛깔인 붉은 벽돌빛이 드러난다. 이 구릉들이 모여서 약 3500만 년 전에 형성된, 에오세의 무리Murree층을 이룬다. 암석들은 얇은 쿨다나 치즈와 편육 다섯 장을 두꺼운 무리 식빵들 사이사이에 끼워 통째로 옆으로 세워놓은, 엉터리 클럽 샌드위치와 같다. 북쪽으로 더욱더 멀리, 내가 볼 수 있는 곳 너머에는 7000만 년 전 이전, 공룡이 육지를 돌아다니던 때의 대양에서 옅은 잿빛 석회암으로 만들어진 더 높은 구릉들이 있다. 칼라치타 구릉은 자신의 역사, 즉 대양이 사라지고 거대한 하천계(인더스 강의 전신)와 북쪽의 높은 산들이 그 자리를 대신한 이야기를 간직해왔다. 이름마저 지질학을 반영한다. 칼라치타란 검은빛과 하얀빛을 뜻하는 펀자브어다. 검은빛은 무리를, 하얀빛은 석회암을 가리킨다.

여기에도 사람들이, 주로 염소와 양과 낙타를 치는 목자들이 산다. 한 떼를 몰고 걸어가는 노인이나 소년을 마주치면, 아리프는 그들과 한담을 나눈다. 그들의 언어를 모르는 나는 작업을 계속한다.

쿨다나층의 더 오래된 부분에서는 주로 잿빛과 자줏빛이 교차하는 이암들이 발견되고(《그림 16》), 이 암석이 골짜기 대부분의 풍화한 바닥을 형성한다. 그러나 이따금 이 이암들 사이에 붉은 자줏빛을 띤, 거칠고 매우 단단한 층이 있을 때도 있다. 이것은 아주 작은 자갈들을 겹겹이 모아 붙인 것처럼 보이는 역암층이다. 자갈은 설탕 알갱이만 한 것에서 완두콩만 한 것까지 크기가 다양하다. 자갈을 깨뜨리면 밝은 하얀빛이나 낙탓빛이, 때로는 동그란 미니 풍선껌처럼 여러 겹의 띠를 이루고 있을 것이다. 이 자갈은—지질학자들이 단괴라 부르는—둥글어진 덩어리다. 단괴는 뜨겁고 건조한 기후의 땅속에서 지하수가 증발하여 형성된다. 지하수가 증발하면서 물에 녹아 있던 광물들이 침전되며, 이 침전물이 광물마다 다른 빛깔로 겹겹이 쌓여 단괴를 형성한다. 단괴가 형성된 뒤에 강물이 흘러들어 단괴를 덮고 있는 진흙을 씻어내고, 모든 단괴를 모아 하류로 휩쓸어갔다.[2] 흐름이 느려졌을 때, 강은 단괴를 옮길 수 없어서 그 모두를 아마도 물길에서 버림받은 강의 지류였을 곳에 떨어뜨렸다. 강의 흐름이 멈춘 지 한참 뒤에 그 지류에 물이 고이면서, 작은 연못이 형성되었을 것이다. 뒤이어 비와 침식과 진흙의 퇴적이 되풀이되면서, 거기서 죽은 동물들의 뼈를 포함해 모든 것이 묻혔다. 그 층들이 깊이 묻힌 뒤, 마지막으로 거기에 지하수가 침투했다. 그러자 지하수에 실려 있던 탄산칼슘이 침전되어 나와 단괴들을 한데 붙였다. 지질학자들은 대개 작은 병에 강산을 담아서 들고 다닌다. 그것을 한 방울 떨어뜨리면 탄산칼슘은 녹을 것이고, 흔들린 사이다 병처럼 거품을 낼 것이다. 다른 암석들은 이렇게 반응하지 않으므로, 이것은 탄산칼슘을 확인하기 위한 검사법이 된다.

이 단단한 역암들 중 한 곳이 62번 화석산지인데, 이곳은 내가 여기서 작업을 시작하기 오래전에, 로버트 웨스트가 파키스탄에서 나온 최초의 고래 화석을 발견한 곳이다.[3] 62번 산지는 단단한 암석에 화석들이 박힌 낮은 벽이다. 우리가 그 화석들을 자세히 살피기 위해 무릎을 꿇는 순간, 고래의 뇌

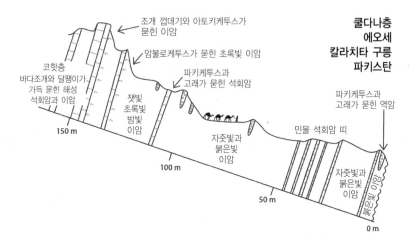

쿨다나층
에오세
칼라치타 구릉
파키스탄

조개 껍데기와 아토키케투스가
묻힌 이암

암불로케투스가 묻힌 초록빛 이암

코핫층
바다조개와 달팽이가
가득 묻힌 해성
석회암과 이암

파키케투스과
고래가 묻힌 석회암

파키케투스과
고래가 묻힌 역암

잿빛
초록빛
밤빛
이암

자줏빛과
붉은빛
이암

민물 석회암 띠

자줏빛과
붉은빛
이암

150 m

100 m

50 m

0 m

그림 16 파키스탄에 있는 칼라치타 구릉에서 에오세에 형성된 층들의 (지질 단면이라 불리는) 도표. 한 구역에서 발견되는 암석들을 각 층의 두께와 함께 차례로 보여준다. 층의 경사는 실제 경사를 반영한다. 이 그림에서 언급되는 고래들에 관해서는 앞으로 여러 장에서 이야기할 것이다. S. M. Raza, "The Eocene Redbeds of the Kala Chitta Range (Northern Pakistan) and its Stratigraphic Implications on Himalayan Foredeep Basin," *Geological Bulletin of the University of Peshawar* 34(2001): 83–104; L, N Cooper, J. G. M. Thewissen, and S. T. Hussain, "New Middle Eocene Archaeocetes (Cetacea:mammalia) from the Kuldana Formation of northern Pakistan," *Journal of Vertebrate Paleontology* 29(2009): 1289–980에서 가져와 다시 그림.

실 하나가 눈에 뜨인다. 여기서 인더스 강 건너편 30킬로미터 이내의 거리에서 필립 깅그리치가 채집했던 고래와 매우 비슷해 보인다.[4] 필립은 그 고래를 파키케투스라 불렀다. 그러나 이 머리뼈는 콘크리트만큼 단단한 역암의 한복판에 들어 있다. 주위 암석을 조심스럽게 깨뜨려 화석을 추출할 수 있는지 보려고 암석에 망치질을 해보지만, 암석은 꼼짝도 하지 않는다. 계속하면 화석은 분명 산산조각이 날 것이다. 그래서 대신에, 화석이 풍화하는 걸막기 위해 접착제로 굳힌 뒤 야장에 기록한다. 이 고래의 머리뼈는 또한 해 동안 파키스탄의 오지에 홀로 남아 있을 것이다. 내가 여기 다시 올 돈이 생겨서 더 무거운 도구들을 가지고 돌아올 수 있을 때까지. 아니 더 정확히 말해서, **만일** 여기 다시 돌아올 돈을 구한다면.

걷는 고래

며칠 뒤, 우리는 앉아서 점심을 먹는다. 우리의 점심은 잼을 발라 신문지에 싸서 마른 휘발유 향내가 나는 차파티다. 빵에 종이의 윤활유가 스며들어 거울상으로 찍힌 기사를 읽을 수 있다. 후식은 이슬라마바드의 상점에서 산, 제법 근사하게 포장된 쿠키다. 우리는 해성海成 석회암에 등을 기대고 앉는다. 석회암이 턱을 이루어, 물과 화석이 가득한 배낭을 지고 오전 내내 구부리고 있느라 쑤시는 우리 등을 위로해준다. 편안히 앉아 있는 내 눈에, 잿빛 암석들을 배경으로 뭔가 파란 것이 보인다. 법랑질이 파랗게 착색되고 침식된 부분은 하얀, 상어의 이빨이다. 과학적으로 그다지 중요하지는 않지만, 이것이 어쨌든 내 하루를 환하게 밝혀준다. 오늘은 화석이 드물었기 때문이다. 그것을 치우자, 푸른 이빨이 하나 더 나온다. 이번에는 묵직한 이빨과 턱을 써서 갑각류와 조개를 으스러뜨리는 산호초 물고기의 것이다. 더 찾아보니, 세 번째 물고기 이빨이 있다. 전부 다 내가 가만히 앉아 있는 동안에 채집되었다. 이 모든 척추동물이 바다에서 형성된 암석에 들어 있는 반면, 강의 퇴적물에는 화석이 훨씬 적다는 사실이 당혹스럽다. 해성 암석들 속에서 그곳의 화석을 채집하는 데에 더 많은 시간을 써야 하나?

우리는 날짜의 반은 화석 해저 위에서, 나머지 반은 민물 암석들 속에서 작업하기로 한다. 탐사작업 막바지에, 자밀이 우리를 골짜기 A, 즉 조개와 달팽이 껍데기가 많은 한 층을 무리층의 뭉툭한 사암 능선이 떠받치고 있는 곳으로 데려다 주었다. 우리는 시선을 땅으로 깔고, 우리의 연체동물 밭을 따라 걷는다. 이 연체동물들이 살았던 곳은 테티스 해, 인도 대륙과 아시아를 가르고 있던 얕은 바다. 아리프와 나는 최대한 많은 땅을 훑기 위해 일정 간격을 유지하며 나란히 능선을 따라 걷는다.

우리가 차를 떠난 지 20분 뒤, 내가 면쪽* 넙다리뼈, 즉 넙다리뼈의 무릎

---

* 해부학에서 '면쪽'은 '몸쪽'에 상대되는 말로, 몸 중심에서 먼 바깥쪽이라는 뜻이다.

부분을 발견한다. 오늘의 첫 화석이다. 소만 한 크기의, 분명 포유류인 짐승의 것이다. 암석들은 여기가 화석 해저임을 가리키지만, 내가 알기로 이와 같은 무릎을 가진 해양 포유류는 없다. 이것은 고래도 바다소도 아니다. 그들은 무릎이 흔적만 있거나 아예 없다. 파키스탄에서 나오는 것으로 알려진 포유류 중에 코끼리 및 바다소와 유연관계가 가까워서 아마 그들의 조상일 거라고 생각되는 집단이 하나 있다. 그러한 안트라코부네과의 골격은 하나도 알려져 있지 않다. 그렇다면 이것이 그것일 수도 있을 것이다. 흥분되는 전망이다.

배낭을 내려놓고 무릎으로 기어 작은 골짜기를 통과한다. 한 가시덤불이 셔츠를 찢고, 다른 가시덤불은 모자를 당겨 벗기고 살갗에 걸린다. 화석이 또 한 점 모습을 드러낸다. 몸쪽 정강이뼈, 무릎관절의 반대편 반쪽이다. 두 화석은 분명 같은 동물에게서 나온 것이다. 완벽하게 들어맞고, 크기도 같고, 붙어 있는 퇴적물도 같다. 흥분이 고조된다. 그 사실은 이것이 단지 외따로 떨어져 나와 대양에서 휩쓸려 다니던 뼈가 아님을 보여주기 때문이다. 두 뼈는 함께 머물러 있었고, 나는 그것들이 여기서 죽어 화석이 된 몸뚱이 전체 가운데 일부이기를 바라고 있다. 시간이 흐르자 두 점이 더 나타나고, 둘 다 넙다리뼈이지만, 근사한 것은 하나도 없다. 45분 뒤, 처음에는 너무 앞서 가지 않으려고 속도를 늦추어 근처를 탐색하고 있던 아리프가 눈을 땅에 붙인 채 계속 나아가고 있다. 한 시간, 여전히 아무것도 없음. 포기해야 한다. 실망이다. 이 무릎관절에 관한 어떤 것도 나에게 이 짐승이 무엇이었는지는 알려주지 못한다. '포유류'라고, 내 야장은 패배를 인정하며 담담하게 보고한다.

아리프가 불러서 건너간다. 그가 가지고 있는 시리얼 상자 크기의 초록빛 암석에 뼈 두 조각이 꽂혀 있다. 두 뼈가 과거에 그 동물의 몸 안에서 그랬을 것처럼 하나의 관절을 공유하며 연결되어 있다. 나는 움찔한다. 이것은 또 하나의 무릎, 몸쪽 정강이뼈와 먼쪽 넙다리뼈이고, 내가 먼저 발견한 것보다 훨씬 더 작아서, 내가 방금 한 시간을 허비했음을 아프게 상기시킨다. 나는 온종일 열심히 일하고 결국 동정 불가능한 포유류의 무릎 두 개만 가지고 집으로 가는 상상을 억누르려 애쓴다. 아리프에게 그것을 어디에서 찾았느냐고 묻는다. 그가 앞서 걸어가고 있던 능선의 가장자리를 애매하게 가리킨다. 지금은 이것을 처리하고 싶지 않다.

"계속 가면서 작업합시다. 오늘 일을 끝내고 차로 돌아가는 길에 다시 와서 이 짐승을 더 찾아보기로 하지요."

아리프가 동의한다. 우리는 계속 걷고, 신문지에 싼 점심을 먹고, 오후 중반에 방향을 돌려 도로를 향해 가는 동안 새로운 땅을 훑는다. 우리의 가방들은 이제 훨씬 가볍다. 가져온 물을 대부분 마셔버렸기 때문이다. 아리프가 나에게 그가 찾은 무릎뼈가 있던 자리를 보여준다. 그곳은 화석 뼈들로 어질러져 있다. 이곳이 오늘 아침부터 내가 있던 자리보다 훨씬 더 좋다는 게 대번에 분명해진다. 갈비뼈들, 가락뼈들, 그리고 더 큰 뼈의 조각들이 전부 잿빛 섞인 초록빛 암석에 들어 있다. 이곳에서 대박을 터뜨릴 수도 있겠다. 어쩌면 그것이 안트라코부네과의 사상 최초의 골격이어서, 덕분에 코끼리와 바다소의 유연관계를 연구할 수 있게 될 수도 있다. 하지만 지금은 그에 관해 생각할 겨를이 없다. 발굴을 시작할 때다.

뼈들이 펼쳐져 덮고 있는 표면적이 넓지 않다. 이는 좋은 신호다. 침식이 들춰내고 헤집지 않은 골격이 많이 있다는 뜻이다. 먼저 떨어져 나와 표면에서 돌아다니는 모든 뼈를 주워서 우리가 그것을 밟거나, 땅을 파기 시작할 때 흙으로 덮이지 않도록 한다. 그 뼈들이 풍화되어 나오고 있는 암석은 초록빛 실트암이다. 실트암은 단단하지만, 아주 단단하지는 않다. 이 층들은 수직 바위 턱의 일부다. 여기는 좁아서 서 있기가 불편하다. 그 자리를 점검하다가, 우리 둘 다 몇 번씩 본의 아니게 골짜기로 미끄러져 내려간다. 돌아다니는 화석들을 모두 줍고 나자, 해가 검은 무리층의 능선 너머로 뉘엿거린다. 이 발굴에는 시간이 많이 걸릴 것이다. 부실한 조명 때문에 우리는 어쩔 수 없이 도로로 돌아와 방문객 숙소로 향한다.

다음날, 즉시 그 자리로 가서 기록을 한다. 그곳은 이제 9209번 산지다. 야장에 암석과 층들을 스케치한다. 땅을 파기 시작하자마자, 뼈들이 모습을 드러낸다. 어제 아리프가 찾은 무릎 반대편의 넙다리뼈가 있다. 이는 굉장한 소식이다. 그 화석이 달랑 사지뼈 하나보다는 많은 것으로 이루어져 있다는 뜻이기 때문이다. 우리는 열중해서 계속 땅을 판다. 기록을 계속하려 애써보지만, 파는 일의 흥분에 사로잡히지 않기가 힘들다. 묽은 접착제를 떨어뜨려서 화석을 굳힌 뒤, 걸쭉한 하얀빛 접착제로 틈새를 메운다. 더 기록하고, 더 발굴하면서, 접착제가 더 마르기를 기다린다. 점심은 후닥딱 먹어치운다. 우리는 파고 싶다. 두 개의 뼈가 한 덩어리 안에 나란히 들어 있다. 노뼈와 자뼈, 팔꿈치와 손목 사이의 뼈들이다. 이는 정말로 흥분되는 일이다. 이제, 심지어 손목과 손의 뼈들까지 달린, 앞다리 하나가 생긴 것이다. 암석이 너무 단단하니 전동공구를 써서 화석을 추출할 수 있도록 덩어리를 통째로 집에 가져가야겠다. 그것은 생각만 해도 두렵다. 나는 짐을 더 가져갈 돈이 없기 때문이다. 하지만 그 문제는 지금 생각하고 싶지 않다.

화석의 일부는 관절을 이루고 있으니, 위치 정보가 뼈들을 확인하는 데에 도움이 될 것이다. 뼈마다 번호를 적고 야장에 지도를 그린다. 내 사진들은 조악하다. 여기저기 그림자들이 표본을 덮고 있다. 나는 진득한 사진사가 아니다.

우리는 온종일 판다. 아리프와 내가 어깨를 맞대고 바위 턱에 올라앉아 있다. 이 일은 중독성이 있다. 새로운 뼈마다 황홀감을 선사하고 더 많은 뼈를 원하도록 만든다. 우리는 날이 저물어갈 때에야 일을 마무리한다. 녹초가 되어서, 하지만 머리부터 발끝까지 만족감에 취하여. 없어서 눈에 띄는 것은 머리뼈다. 이것은 더할 나위 없는 골격인데 머리가 없다는 생각이 떠오른다. 그렇다면 확실히 동정하기는 매우 어려울 것이다. 바라건대, 머리뼈가 아직 묻혀 있기를.

다음날 돌아와, 과정 자체를 반복한다. 반나절이 지났을 무렵, 염소 떼가 머리의 구부러진 뿔 옆으로 긴 귀를 늘어뜨리고 골짜기로 걸어 들어온다. 녀석들이 걸어다니며 관목들을 뜯어 먹다가, 흙속에 앉아 있는 기묘한 두 존재를 의아하게 바라본다. 녀석들은 겁이 없어서, 우리 현장에서 여러 번 휘이하고 쫓아내야 한다. 한 노인이 녀석들을 망보고 있다. 꾀죄죄한 푸른빛 체크무늬 터번을 두르고, 희끗한 턱수염을 길게 기른, 그리고 셔츠를 입고 도티라는 샅바를 신발까지 드리운 그는 우리 맞은편 골짜기에 있다. 그가 말 안 듣는 염소들을 몰기 위한 곤봉으로도 쓰이는 긴 지팡이를 들고 다가온다.

"아스-살라무 알라이쿰." 아리프가 인사를 건넨다.

"와 알라이쿠무 쌀람." 그가 나이들어 갈라지는 목소리로 인사를 받는다.

아리프가 그와 이야기하려고 바위 턱으로 올라가지만, 그가 더 가까이 걸어온다. 우리가 발굴한 뼈들을 보고 몇 개를 들었다 놓은 다음, 나에게로 건너온다. 그리고 아직 암석에 박혀 있는 뼈로 손을 내민다. 그것을 집어 올리려 한다.

"안 돼요, 안 돼." 내가 단호하게 말하자, 그가 깜짝 놀라 손을 도로 당긴다.

그와 아리프가 한동안 이야기를 나눈다. 그들의 대화를 알아듣지 못하는 나는 작업을 계속한다. 그는 같은 질문을 여러 번 하고, 아리프는 매번 다르게 대답하며 끈기 있게 해명한다. 마침내 목자가 떠난다.

"노인이 안됐어요." 아리프가 말한다.

"염소가 적어도 서른 마리는 되나 봐요."

"아하, 염소는 전부 마을에서 온 것이고, 그분은 망보기만 하는군요."

합리적이다. 그들은 방목을 목적으로 염소들을 공동 관리한다. 그러면 풀 먹이는 일과를 처리하는 데에는 한 사람만 있으면 된다.

"노인이 뭘 묻던가요?"

"우리가 황금을 찾는 거냐고 물었어요."

나는 도구를 내려놓는다. 이는 나쁜 소식이다. 마을 사람들이 우리가 황금을 찾고 있다고 생각한다면, 온갖 종류의 상황이 벌어질 수 있을 것이다. 그들이 너도나도 부자가 되려고, 몸소 와서 땅을 팔 수도 있다. 우리더러 일부를 달라고 요구하든가, 당국자를 데려다 조사를 시킬 수도 있을 테고, 그러면 설명하는 데에 시간이 걸릴 것이다.

"그래서 뭐라고 했어요?"

"우리는 관청에서 나왔고, 중요한 조사를 하는 중이고, 황금은 없다고 말했어요."

나는 대꾸하지 않는다. 그 말은 더 많은 의심을 일으킬 것 같지만, 한편으로는 아리프의 판단을 신뢰한다. 발굴은 계속되고, 아리프가 자기 손 길이의 뼈를 마주친다. 나는 치과에서 사용하는 긁개와 솔을 들고, 그것을 발굴하는 작업에 착수한다. 문득, 이것은 아래턱의 바다 가장자리임을 깨닫는다. 이빨이 있을 테고, 어쩌면 머리뼈까지 있을 수도 있다. 이 짐승을 동정할 수 있을 것이다. 나는 너무 긴장해서, 아리프에게 이게 뭐라는 말조차 해주지 않은 채 작업을 계속한다. 햇볕에 타서 칙칙한 뼈 위로 까맣게 반짝이는 표면이 튀어나온다. 이빨의 법랑질이다! 이 짐승이 뭔지 알게 될 거야! 머리뼈가 더 많이 노출되기는 하는데, 단단한 초록빛 암석에 박혀 있다. 걱정할 것 없어, 실험실에 있는 드릴이 처리해줄 거야. 그 말인즉 내가 오늘은 그 이빨을 제대로 보지 못하리라는 뜻이긴 하지만.

우리는 하던 작업, 즉 긁어내기와 접착제 바르기를 계속한다. 마침내 머리뼈를 마치 부러진 다리처럼, 석고 재킷으로 칭칭 감싼다. 운반하는 동안 보호하기 위해서다. 흰 석고는 카키빛* 구릉을 배경으로 멀리서도 두드러진다. 어두워지고 있어서 우리는 떠나야 한다.

---

* 파키스탄과 인도가 배경임을 고려해 원문의 'drab'을 '카키빛'으로 옮겼다. 『Color 색채용어사전』(박연선 지음, 예림, 2007)의 '카키색' 설명을 참조했다. 설명은 다음과 같다. "탁한 황갈색. 영국령 당시에 인도인 병사의 제복에 쓰인 진한 황록이 섞인 다갈색이다. 페르시아어로 흙먼지란 뜻의 'khak'에서 파생된 힌두어 'khaki'에서 유래하였다."

그래서 걱정이 된다. 사람들이 사는 곳에서 몇 킬로미터 떨어진 황량한 사막에서 화석을 채집한 적이 있다. 우리가 사랑스러운 골격에 재킷을 입힌 뒤 다음날 돌아갔을 때, 재킷은 벗겨져 있고 뼈들은 온 언덕에 뿔뿔이 흩어져 있었다. 하룻저녁과 하루아침에 누군가가 실제로 그 외진 곳을 지나가다 재킷을 벗겨내고, 화석은 물론 내 심장까지 부숴놓을 줄은 상상조차 할 수 없었다. 칼라치타 구릉에는 훨씬 더 많은 사람이 살고 있다. 누군가는 분명 여기서 그것을 볼 것이다.

나는 표본을 흙으로 덮을까 생각한다. 아리프는 반론을 편다. 그러면 남은 발굴에 방해가 될 거라고, 아직도 묻혀 있는 뼈들이 더 있다고. 그가 옳다. 그가 내 공책에서 한 장을 뜯어내더니, 우르두어에서 사용하는 꼬불꼬불한 아라비아 글자체로 '위험, 폭발물'이라고 쓴다. 그리고 재킷에 종이를 붙인 뒤, 돌 하나를 올려 종이를 눌러둔다. 그 말은 너무도 명백하게 바보 같은 거짓말이라 아무도 믿지 않을 것 같다. 아리프는 그렇지 않다며, 현지 사람들은 석고를 쓰지 않아서 그 물질을 알아보지 못하며, 가난한 마을의 서민들은 권위를 존중함을 지적한다. 나는 다시 한번 현지인의 심리에 대한 아리프의 통찰을 신뢰하고, 머리뼈를 노출된 채로 남겨둔다. 그럼에도, 나는 속이 거북한 느낌을 떨치지 못한 채 잠자리에 든다.

다음날 아침에 돌아와 보니, 아리프가 옳았다. 석고재킷은 무사하고, 쪽지도 여전히 얹혀 있다. 오후 중턱에 다다르기 전에, 노출된 화석을 모두 꺼내 포장했고, 화석의 위치를 표시하는 지도도 다 만들었다(〈그림 17〉). 우리는 파는 데에 한 시간을 더 들이지만, 화석은 더 찾지 못하고 하루를 마무리한다. 그리고 현장의 표본들이 목자와 그들의 가축 떼에게 짓밟히지 않도록 헐거운 돌로 덮은 뒤, 숙소로 돌아온다.

이것이 어떤 종류의 짐승인지 불분명하다는 것에 신경이 쓰이고, 알아내려면 머리뼈를 재킷에서 꺼낼 때까지 기다려야 하리라는 것에도 신경이 쓰인다. 그러려면 지금부터 여러 달이 걸릴 것이다. 이건 아마도 안트라코부

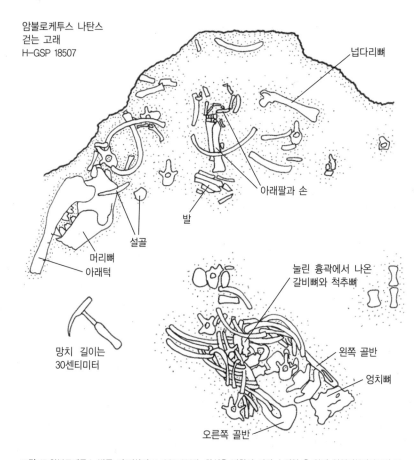

암불로케투스 나탄스
걷는 고래
H-GSP 18507

넙다리뼈

아래팔과 손

발

설골

머리뼈
아래턱

망치 길이는
30센티미터

눌린 흉곽에서 나온
갈비뼈와 척추뼈

왼쪽 골반

엉치뼈

오른쪽 골반

그림 17 암불로케투스 발굴 지도(산지 H-GSP 9209). 화석은 방향이 거의 수직인 층 안에 있었다(〈컬러도판 2〉 참조). 흉곽은 암석 안의 더 깊은 쪽(이 그림에서 더 아래쪽)에 있어서 첫 발견이 있은 지 몇 년 후에야 발굴되었다. S. I. Madar, J. G. M. Thewissen, and S. T. Hussain, "Additional Holotype Remains of Ambulocetus natans (Cetacea, Ambulocetidae), and Their Implications for Locomotion in Early Whales," *Journal of Vertebrate Paleontology* 22(2002): 405-220에 따름.

네과일 거라는 상상으로 좌절감을 마비시키려 애쓴다. 이들은 육중한 골격을 가지고 있었던 게 틀림없고, 이빨이 이런 암석에서 나온다는 게 알려져 있으니, 대양에서 살았단 말이지.

감기를 피하고 예절을 지키기 위해 옷은 일부만 벗고 베란다에서 따뜻한 물 반 양동이로 몸을 씻는 동안 좌절감이 자라난다. 화석이 나를 괴롭힌다. 나 자신이 참을성 있는 사람이라 생각하지만, 여기서는 유혹이 너무 강하다. 이걸 발굴하는 작업에 나흘을 바쳤는데, 그게 뭔지에 관해서는 하나도 해결된 게 없다니. 나는 그만 굴복하기로 결심한다.

야장에 적힌 번호로 화장지에 싸인 꾸러미들 중 어떤 것이 머리뼈 근처에서 발견되었는지 확인할 수 있다. 두 꾸러미를 고른다. 귀와 아래턱이다. 베란다 바닥이 꾸러미에서 벗겨내는 분홍빛 화장지로 어질러진다.

귀 부분이 도무지 이해가 안 된다. 작은 감자의 크기와 모양에다, 뼈는 지극히 치밀한, 뼈비대경화증이다. 한쪽은 깨져 있지만, 뼈의 얇은 가장자리가 여기 붙어 있었던 게 틀림없다. 거기에 공간이 있었음이 틀림없다. 코끼리나 바다소의 귀와 이것은 닮은 구석이 전혀 없다. 당연히 알아보아야 할 것 같은데, 알아볼 수가 없다.

다음은 턱뼈가 나온다. 부분적으로 암석에 싸여 있지만, 이빨의 검은 법랑질 일부를 볼 수 있다. 치과 도구와 칫솔을 들고 공들여 옆면을 노출시킨다. 이번에도 예상과 일치하지 않는다. 나는 치관이 납작하고 네모에 가까운 안트라코부네과의 큰어금니를 예상했지만, 이 이빨은 정확히 그 반대다. 높고 세모난 부분 뒤로 두 번째 작은 세모꼴의 확장부가 붙어 있다. 이 녀석은 분명 바다소의 친척이 아니다. 그렇다면, 뭐였지?

문득, 한 생각이 주르륵 뇌리를 스친다. **고래가 이런 이빨을 가지고 있지**. 감자 같은 것은 귀의 새뼈집이야. 이 정도로 치밀하다면 그거여야 해.

이건 고래야. 말하자면, 뒷다리가 달린 고래. 걸어다닌 최초의 고래. 마치 느닷없이 안개가 걷히면서, 방금 전까지 아무것도 없는 듯하던 곳에 대도시가 드러나는 것 같다. 털썩, 베란다 기둥에 등을 기댄다. 무릎에는 턱뼈가 놓여 있고, 지고 있는 주황빛의 커다란 해가 얼굴을 찌르듯이 비춘다. 우리가 걸을 수도 있었고 헤엄칠 수도 있었던 고래—고생물학자들이 찾기를 소원해왔고, 창조론자들이 결코 발견되지 않으리라고 말하던 전이형태—의 골격을 발견했던 것이다.

천천히 정신이 든다. 극적인 중간형태는 화석기록 안에 너무도 드물어서, 정말이지 살아생전에 하나 발견하기도 기대할 수 없을 정도다. 나는 말을 삼가며, 2월 20일자 야장의 여백에 이렇게 쓴다.

아리프의 골격은 고래(이빨과 주머니)가 틀림없다는 판단을 내렸다. … 그 벽 깊은 곳에는 우리가 가지고 있는 것보다 많은 골격이 들어 있을 터이다.[5]

이는 중요한 일이며 더 파볼 필요가 있다는 것은 분명하다. 그러나 지금은 아니다. 화석이 들어앉은 층은 더 깊어지지만 접근하기가 어렵고, 탐사 일정도 거의 끝났다. 내 상황의 병참학적 곤경도 나에게 그 자체를 받아들이도록 강요한다. 나는 빈털터리라는 말이다. 설사 그것을 모두 파낸다고 해도, 몽땅 집에 가져갈 수도 없을 것이다. 사실대로 말하자면, 당장 가지고 있는 것조차 모두 집으로 가져가지 못한다. 이 골격에는 여행가방이 세 개 이상 필요하다. 가방을 하나 추가하는 데에 약 100달러의 요금이 들고, 나에게는 그럴 돈이 없다. 뿐만 아니라 암석에서 모든 것을 꺼내는 데에만도 몇 년이 걸릴 것이므로, 설사 골격을 집으로 가지고 온다고 해도, 화석처리 전문가를 고용하려면 돈이 필요할 것이다.

선택을 해야 하고, 그래서 머리뼈를 선택한다. 바로 이것이 고래임을 보여주는 부분이다. 머리뼈는 처리가 가장 어려운 부분이기도 하고, 머리뼈가 없으면 어떤 발표도 불가능하다. 머리뼈가 암석에서 나오고 나면 나머지는 쉬울 테고, 머리뼈가 흥분을 일으키면 그 덕에 돈을 더 구해서 여기로 돌아올 수 있을 것이다.

이슬라마바드로 돌아와, 조심스럽게 나머지 부분들을 신문지로 겹겹이 싸서 오렌지를 담는 데에 쓰던 상자 두 개에 보관한다. 아리프가 그것을 맡아주기로 한다. 머리뼈는 내 더러운 야외 옷가지에 둘둘 말려서 여행가방으로 들어간다.

미국에 돌아와서도, 일은 느릿느릿 진행된다. 1992년 10월에 토론토에서 열린, 척추동물고생물학자 대부분이 참석하는 총회에서 내가 찾은 것을 발표한다. 신이 나서 머리뼈 사진을 잔뜩 보여주지만, 뒷다리는 보여주지 못한다. 그것에 관해서는 이야기밖에 할 수 없다. 동료들은 예의를 차리지만 속을 드러내지는 않는다. 그 동물이 고래라는 것은 인정한다. 어쨌거나, 내가 이빨과 귀를 보여줄 수 있으니까. 그러나 손과 뒷다리의 사진 없이는 설득되지 않는다. 과학자의 본성에 충실한 그들은 회의적이다. 뼈를 구경할 수 있을 때까지 판단을 보류한다. 이듬해, 파키스탄 중심부에서 채집을 하는 필립 깅그리치가, 안에 뭐가 들었는지 자기에게 먼저 슬쩍 보여준다면 내 오렌지 상자를 대신 가져다주겠다고 제안한다. 나는 감사히 받아들이고, 머리뼈는 자신의 발과 재상봉한다.

마침내, 1994년에, 모든 준비를 마치고 그 짐승을 과학계와 대중에게 선보일 수 있게 된다.[6] 드디어 녀석에게 이름도 준다(〈컬러도판 2〉). 이 동물은 새로운 속과 종에 해당하고, 다른 모든 고래와 너무도 달라서 새로운 **과**의 고래이기도 한, 다시 말해 암불로케투스과에 속하는 암불로케투스 나탄스 *Ambulocetus natans*다. 속명이 이 화석의 가장 특이한 점, 즉 걸어다닌 고래라는 점을 나타낸다. 암불라레*ambulare*가 걷기를 가리키는 라틴어이고, 나탄스*natans*는 헤엄치기를 뜻한다. 녀석은 걷기도 하고 헤엄치기도 하는 고래인 것이다. 내 논문이 발표되는 주에는 기자들에게 이 발견물과 이것의 중요성에 관해 이야기하느라 하루의 대부분을 보낸다. 나는 모든 언론의 주목을 받을 준비가 되어 있지 않지만—내 초기 인터뷰들은 어설프기 짝이 없다—그것이 일으키는 흥분은 정말 짜릿하다.

비로소 과학자 동료들도 흥분한다. 스티븐 제이 굴드는 그 발견물에 한 편의 수필을 바친다.[7] 그는 "당신이 나에게 한 장의 백지와 한 장의 백지수표를 주었다 해도, 암불로케투스보다 더 훌륭하거나 더 설득력 있는 이론적 중간단계는 그려줄 수 없었을 것이다"라고 쓴다. 『디스커버』지는 1994년 최고의 과학 기사에 고래의 기원을 포함시킨다. 암불로케투스는 고래의 기원이 정말로 화석기록 안에서 입증된다는 인식으로 통하는 문을 연다. 이는 전이형태는 찾기 어렵다는 상식에 대한 예외다. 나는 고래들이 진화해 수생동물이 되는 동안, 즉 뭍에서 물로 가는 동안 기관계가 어떻게 변형되었는지 연구할 기회를 얻어 들떠 있다. 내가 연구하고 싶은 첫 번째 계통은 이동이다.

4

헤엄 배우기

범고래와의 만남

『내추럴 히스토리』에 실린 스티븐 제이 굴드의 수필[1]은 암불로케투스를 묘사하는 기사에 들어 있던 한 구절을 강조했다. 바로 "발이 거대하다"라는 구절이다. 그가 그것을 좋아한 이유는 그 구절이 전문용어를 뚫고 나가 어떤 흥분을 표현했기 때문이다. 아닌 게 아니라, 암불로케투스의 뒷발은 물에서 강력한 노가 되기 때문인지, 어릿광대의 신발만큼 크다. 손(또는 앞발)은 훨씬 더 작다. 오늘날은 물범이 손보다 큰 발을 가지고 있는데,[2] 이들은 헤엄칠 때 추진을 위해 손이 아닌 발을 사용하기 때문이다.[3] 하지만 물범과 고래는 친척이 아니고, 현대의 모든 고래는 꼬리로 헤엄치므로, 암불로케투스가 큰 발을 가지고 있었다는 것은 놀라운 일이다. 또한 물범과科의 발은 헤엄치는 동안 좌우로 움직이는 반면, 고래의 꼬리는 상하로 움직인다. 고래는 네발 육상 포유류의 후손이고, 이는 고래의 추진기관이 사지에서 꼬리로 바뀌었다는 의미를 함축한다. 암불로케투스는 헤엄에서 발이 중요했음을, 따라서 발로 추진하는 헤엄이 꼬리로 추진하는 헤엄보다 먼저였음을 보여주었다.

하지만 그 발이 어떻게—현대 고래의 꼬리처럼 상하로, 아니면 헤엄치는 물범의 발처럼 좌우로—움직였는가에 관해서는 의문이 남는다.

이러한 종류의 질문에 관해 화석은 거기까지밖에 가지 못한다. 대신, 현생 포유류의 헤엄을 이해해야 한다. 일생의 대부분 동안 포유류의 헤엄을 연구한 프랭크 피시에게 연락한다. 프랭크는 그 자신이 열렬한 수영 선수이고, 여담이지만 사람들이 자기 이름과 연구 분야를 연관시켜 지어내는 온갖 농담을 알고 있다. 프랭크는 연속 급수식 수조, 즉 물의 흐름을 변화시킬 수 있는 수족관이나 수영장에 동물을 집어넣고, 헤엄치는 동물을 촬영한다. 그런 다음 유속에 따른 동물의 움직임을 느린 동작으로 분석하고, 자신의 공학 지식을 적용해 어째서 어떤 부위가 움직이는지를 이해한다. 예컨대 사향쥐는 발을 위아래로 저으며 헤엄친다. 꼬리는 좌우로 평평하고, 코르크 따개처럼 나선형으로 돌면서 물을 통과하여 몸의 균형을 잡아주지만 추진에는 거의 기여하지 않는다.[4] 프랭크의 수조가 너무 작아서, 큰 포유류는 해양공원에서 연구한다. 프랭크가 암불로케투스에 관해 흥미를 느끼고, 해양 수족관에 나와서 자신의 범고래 촬영작업을 보라고 나를 초대한다.

촬영은 아침 일찍, 대중에게 공원을 개방하기 전에 이루어진다. 조련사가 문을 열어주어서 우리는 무대 뒤로 갈 수 있다. 내가 걸어 들어가자, 내 옆의 우리에서 불쑥 커다랗고 검은 머리가 나타나 똑바로 나를 응시한다. 우리가 자신의 조련사나 관리인이 아님을 알아차린 범고래가 우리를 자세히 살펴본다. 나는 그토록 큰 살아 있는 동물과 그렇게 가까이 있어본 적이 없어서 어쩐지 불안하다.

프랭크가 길게 늘인 봉에 카메라를 장착한 뒤 조련사가 고래와 노는 동안 딛고 설 사다리를 마련한다. 준비가 끝나자, 프랭크가 조련사에게 요구 사항을 외치며 카메라를 조종한다.

"이제 전속력으로 카메라 바로 밑으로 오게 해주세요."

조련사가 손짓과 소리 신호로 지시를 전달하자, 고래가 지시를 따른다.

"녀석이 카메라 밑에 왔을 때 약간 몸을 틀었어요. 다시 할 수 있을까요?"

나는 장면에 몰입해 우두커니 서 있을 뿐이다. 고래들은 주목을 받아 기쁜 듯하다. 이 일련의 동작은 평소에 하는 것과 달라 열심히 참여하는 것처럼 보인다. 사실대로 말하자면, 프랭크의 영화에 끼지 못한 고래 한 마리가 두 수조 사이의 벽 너머를 보고 있다. 녀석의 조련사가 녀석이 무시당한다고 느낄까 봐 물고기를 던져준다. 고래가 잠수하더니 자기 수조의 바닥에서 노란 단풍잎 한 장을 주워 올린다. 그리고 혀 위에 잎을 얹어 조련사에게 내민다. 조련사는 잎을 꺼내 다시 물속으로 던진다. 던지고 물어오는 게임이 시작된다. 조련사가 고래의 혀를 살살 잡아당긴다. 고래는 혀를 도로 집어넣었다가 금세 다시 내민다. 범고래는 혀 마사지를 좋아한다.

개헤엄에서 어뢰까지

프랭크는 많은 고래와 돌고래 종을 연구해왔는데, 이들은 모두 비슷하게 헤엄친다. 고래와 돌고래는 일직선으로 나아갈 때 앞다리(지느러미발)가 아닌 꼬리를 사용한다.[5] 꼬리지느러미로 물을 밀어올렸다 밀어내리며, 올려치는 동작과 내려치는 동작 둘 다 추진을 돕는다. 인간의 헤엄과는 다르다. 인간이 평영을 할 때는 사지 동작 중에서 다리를 오므리는 동작이 추진력을 제공한다. 이를 파워 스트로크라 한다. 한 주기의 다리 동작 중 나머지는 회복 스트로크로, 추진을 돕는 것이 아니라 또 한 번 파워 스트로크를 시작할 수 있는 위치로 다리를 다시 가져올 뿐이다. 회복 스트로크 도중에는 헤엄치는 속도가 떨어진다. 고래 꼬리지느러미의 움직임에는 회복 스트로크가 없다. 이는 분명 훨씬 더 효율적인 운동 방법으로, 움직임은 꼬리지느러미와 매우 다르지만, 새의 날개[6]나 물고기 꼬리[7]의 퍼덕임과 비슷하다. 공학자들은 동물을 움직이는 그 힘을 양력揚力이라 부르고, 양력을 만들어내는 표면(물범의 경우는 발, 고래목의 경우는 꼬리)을 수중익水中翼이라 부른다. 수중익은 특수한 모양 덕분에 방향을 재조정하면 한 주기 내내 추진력을 낼 수 있다. 물을 가르는 움직임 역시 복잡하다. 그런 면에서 수중익은 배의 노나 평영을 하는 인간의 발과 같은 젓개와는 다르다.[8)]

프랭크는 고래의 이동방식을 꼬리 진동이라 일컫는다. 꼬리가 수중익이고, 그것이 왔다갔다 흔들리기 때문이다. 움직임의 대부분은 꼬리의 뿌리에 있는 한 영역, 바로 공뼈가 위치하고 바실로사우루스과에 존재하는 것으로 알려진 곳(제2장 참조)에서 일어난다. 그곳이 마치 문의 경첩처럼 작동한다.

프랭크를 거드는 동안 나에게는 완전히 새로운 세계가 열린다. 이동에 대한 나의 이전 통찰은 박물관과 실험실에 있는, 뼈로 가득한 상자들의 관점에서 비롯됐다. 그 관점에서도 통찰이 나온다. 물범이 짧은 다리에 큰 발을 가지고 있는 게 이해가 간다. 그런 다리와 발은 짧지만 강력한 스트로크를 할 수 있는데, 이는 물처럼 밀도 높은 매질 속에서 움직이기에는 좋지만, 육지에서 이동하기에는 나쁜 것이다. 하지만 동물의 전신을 보는 프랭크의 방식은 거기에 실제의 움직임이라는 새로운 차원을 더한다.

프랭크의 연구결과는 포유류가 매우 다양한 방식으로 헤엄친다는 것을 보여준다. 고래와 돌고래, 그리고 매너티와 듀공도(《그림 11》) 곧게 나아갈 때는 꼬리 진동으로 헤엄친다. 이들은 어뢰처럼 빳빳하게, 몸을 유선형으로 유지한다. 물범은 뒷다리 진동으로 헤엄친다. 꼬리는 가만히 있고, 뒷다리를 좌우로 움직여 물을 가른다는 말이다.[9)] 바다사자는 헤엄칠 때 하반신을 끌면서 날개를 닮은 커다란 앞다리를 써서 앞으로 나아간다. 앞다리의 움직임이 새의 날갯짓을 닮은[10)] 이 이동방식을 앞다리 진동이라 부른다. 고래, 바다소, 물범, 바다사자가 가장 대표적인 수생 포유류이지만, 헤엄을 잘 치는 다른 포유류도 많이 있다. 북극곰과 일부 두더지는 뒷다리를 끌며 앞다리로 물을 위아래로 젓는(앞다리 상하운동) 반면, 비버는 앞다리를 몸에 붙인 채 뒷다리로 물을 위아래로 젓는다(뒷다리 상하운동).[11)] 저 밖에는 우리가 과거 수영 선수들의 화석이 그렇게 생긴 이유를 이해하는 데에 도움이 될 게 틀림없는, 수영 선수들의 다양한 세계가 있다.

프랭크는 진화에 관해서도 생각해왔으므로, 헤엄치는 수많은 포유류에 관해 자료를 수집한 뒤 모두 종합해(《그림 18》) 덜 효율적인 헤엄방식에서 더 효율적인 헤엄방식이 진화한 경로를 제안했다.[12] 고래의 꼬리 진동에 관해서는 수달과 그 친척들의 헤엄방식을 이해하는 것이 열쇠인 것으로 드러났다.

수달은 오소리, 스컹크, 울버린처럼 충성스럽게 육지에 사는 동물들과 똑같이 식육 포유류의 한 과에 속하고, 이 과에는 미끈한 몸을 가진 족제비와 담비도 포함된다. 수달은 모두 형태—길고 가는 몸에 짧은 다리—가 비슷해 보이지만 몸의 말단은 매우 다양하다. 강에 사는 수달(강 수달)은 짧지만 비교적 근육질인 꼬리와 다리를 가지고 있다. 바다에 사는 수달(해달)은 몸집이 크고, 새끼발가락이 다른 모든 발가락보다 훨씬 더 긴 비대칭의 매우 큰 뒷발과 함께 땅딸막한 꼬리를 가지고 있다. 마지막으로, 남아메리카에는 민물에 사는 거대한 수달인 큰수달이 산다. 이들은 해달만큼 크지만 생김새는 매우 달라서, 작은 발과 함께 처음부터 끝까지 납작한 길고 강력한 꼬리를 가지고 있다. 발과 꼬리의 모든 차이가 이 동물들의 헤엄방식과 관계가 있다.

예컨대 밍크는 수달과 가까운 육생 친척이니, 아마 수달이 물에 살기 이전의 선조 수달과 비슷할 것이다. 밍크는 육상동물이지만 이따금 헤엄도 친다. 길고 미끈한 몸은 가지에 걸리지 않고 덤불을 쏜살같이 통과하는 데에 적합하다. 하지만 헤엄은 느리다. 이 동물은 숨을 쉬기 위해 간신히 머리를 물 위로 내민 채 왼쪽 앞발과 오른쪽 뒷발을 동시에 퍼덕이며, 네발 모두를 위아래로 젓는다.[13] 강 수달은 다르다. 동물원에서는 수달이 진짜 또는 상상 속 놀이 친구와 함께 예측할 수 없이 상하좌우로 쏜살같이 움직이는 모습을 볼 수 있지만, 이는 프랭크가 연구할 수 있는 종류의 헤엄이 아니다. 관절의 움직임과 헤엄 속도를 정확히 측정하려면, 동물이 곧게 나아가는 것을 볼 필요가 있다. 강 수달은 얼마나 빨리 가고 싶은가에 따라 다른 스트로크를 써서 헤엄친다.[14] 수면에서 헤엄칠 때는 네발을 위아래로 젓기와 뒷다리만 젓

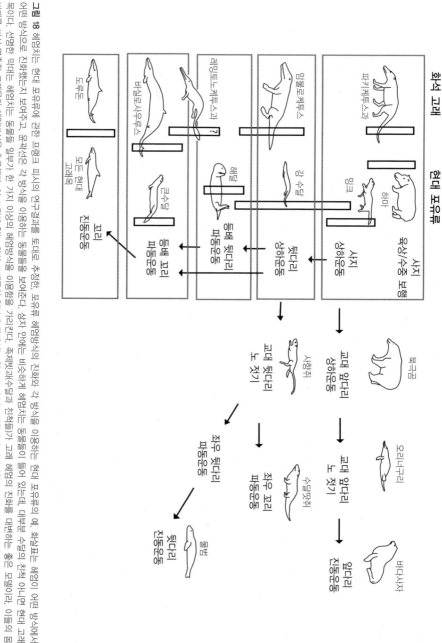

그림 18 해엄치는 현대 포유류에 관한 프랭크 피시의 연구결과를 토대로 추정한, 포유류 해엄방식의 진화상. 각 방식을 이용하는 현대 포유류의 예. 화살표는 해엄이 어떤 방식에서 어떤 방식으로 진화했는지 보여주고, 문자선은 각 방식을 이용하는 동물들을 보여준다. 상자 안에는 비슷하게 해엄치는 동물들이 들어 있는데, 대부분 수달의 친척 아니면 현대 고래목이다. 선명한 막대는 해엄치는 동물들 일부가 한 가지 이상의 해엄방식을 이용함을 가리킨다. 족제빗과(수달과) 친척들과 고래는 해엄을 대변하는 좋은 모델이며, 이들의 몸 비례를 써서 열종의 고래목의 해엄방식을 추론했다. 이 그림에 있는 화석 고래들의 일부에 관해서는 앞으로 나오는 장들에서 이야기할 것이다. 일부 그림은 현대 스컬들이 그것다.

기(뒷다리 상하운동)를 쓰다가, 물속에서는 더 빠른 속도의 등배 굽이치기(등배 파동운동)로 옮겨간다. 후자가 가장 효율적이다. 척주를 통해 이동하는 물결은 주로 꼬리를 움직이게 하지만, 뒷발도 움직이게 한다. 해달은 몸을 S자로 움직여 생기는 추진력으로 물속에서 발을 위아래로 움직여서, 즉 뒷다리 파동운동을 해서 앞으로 나아간다. 발이 거대하고 비대칭이다. 그것이 양력을 제공한다는 말이다. 고래의 관점에서 가장 흥미로운 것은 남아메리카의 거대한 민물 수달이다. 이들은 꼬리가 물을 가르며 오르락내리락 하도록 긴 꼬리를 흔드는 꼬리 파동운동을 써서 앞으로 나아간다. 프랭크는 그 모두를 종합해 고래가 진화 과정에서 거친 이동기관의 변화가 현대 수달 집단의 구성원 안에서 반영된다는 의견을 내놓았다. 그리고 그가 이렇게 한 것은 그 전이를 입증하는 화석들이 발견되기 이전이었다.

그래서 화석은 그의 결과를 점검하기 위한 완벽한 방법이 되었다. 프랭크가 옳았다면, 암불로케투스의 이동기관 골격은 수달들 중 하나의 골격과 일치해야 한다. 그리고 과연, 암불로케투스는 비례적으로 강 수달과 같다.[15] 고래의 육생 조상들은 십중팔구 네발을 위아래로 저었을 것이다. 육상 포유류 대부분이 그렇게 헤엄치기 때문이다. 거기서 출발해 마침내 꼬리를 진동시키기까지, 고래의 헤엄방식은 현대 수달들이 대표하는 단계들─교대 뒷다리 상하운동, 동시 뒷다리 상하운동과 등배 뒷다리 파동운동, 꼬리 파동운동─을 거치며 여러 번 바뀌었을 가능성이 높다.

이 연구결과 이후로 더 많은 고래 화석이 발견되어왔다. 인도에서 나온 에오세 고래인 **쿠트키케투스**_Kutchicetus_(제8장에서 자세히 살핀다)는 암불로케투스보다 후대이고 납작한 꼬리뼈와 짧은 사지를 가지고 있어서, 꼬리 파동운동으로 헤엄쳤음을 시사한다.[16] 이 연구결과를 더 자세히 설명하는 다른 분석들도 나왔다. 암불로케투스보다 지질학적으로 후대인 고래의 골격에 대해 복잡한 수학적 분석을 거친 결과는 뒷다리가 주도하는 헤엄 단계가 꼬리를 기반으로 하는 단계보다 먼저 왔음을 입증했다.[17] 그러나 이 연구의 결과로 족제빗과와 연결되는 고리를 찾아내지는 못했는데, 이는 현대 고래의 추진기관이기 때문에 아마도 중요할 뒤의 꼬리에 관한 데이터를 연구에 포함시키지 않아서였을 수 있다.

도루돈의 꼬리지느러미가 도루돈이 꼬리를 진동시켜 헤엄쳤음을 가리킨다는 것은 이미 보았다. 수달들 중에서 바실로사우루스와 유사한 수달은 없다. 바실로사우루스는 조상들의 꼬리지느러미를 보유하고 있었지만, 척주가 지극히 유연했다. 아마 뱀과 뱀장어의 계보를 따라 파동운동을 했을 것이고,[18] 다른 어떤 고래목과도 달랐을 것이다.

자기 울타리 안으로 들어오는 나를 쳐다보았던 그 범고래는 흑과 백이 확연하고, 매끄러운 로봇 같고, 작은 버스만 한 것이, 프랭크가 연구했던 수달과는 그 이상 다르기도 어려울 것이다. 그러나 물을 가르고 일주할 때는 차이들이 흐려진다. 수달과 고래 둘 다 물속에서는 완벽하게 편안한, 우아하고 빠른 곡예사다. 비록 한 쪽은 꼬리지느러미를, 다른 한 쪽은 큰 발을 가지고 있지만, 둘 다 상하운동을 한다는 걸 분명히 드러낸다. 그 순간, 여기서 진화가 드러내는 숨겨진 연관성을 볼 수 있다. 현대 수달의 헤엄은 우리에게 고래 헤엄의 진화에 관해 가르쳐줄 수 있다. 현재는 과거의 열쇠다. 거기에 암불로케투스가 금상첨화로, 현대의 동물들에게서 이끌어낸 추론을 따라 예측되는 형태들이 진화사에 정말로 존재했음을 보여주었던 것이다.

암불로케투스과의 고래들

암불로케투스가 발견되었을 때, 그것은 바실로사우루스과의 뒷다리 흔적이나 현대 고래목의 몸속 뒷다리와 달리, 동물을 떠받칠 수 있을 만한 사지를 가진 것으로 알려진 유일한 고래였다. 그 결과로, 이동이 새로운 종에 관한 흥분의 초점으로 떠올랐다. 그러나 암불로케투스의 골격(《그림 19》)은 다른 면에서도 중간형태에 해당하는 덕분에, 우리는 고래가 육상 포유류에서

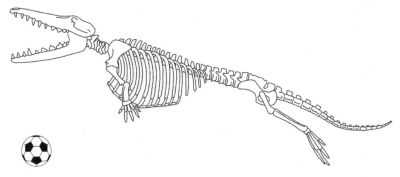

그림 19 파키스탄에서 나온 4800만 년 전 고래, 암불로케투스의 골격. 출처: Thewissen et al.(1996). 축구공의 직경은 22센티미터.

절대 해양 유영동물로 가면서 변화한 다른 기관계들도 연구할 수 있게 되었다. 암불로케투스는 화석이건 현대 고래이건 다른 모든 고래목과 매우 달라서, 자기만의 과인 암불로케투스과로 분류된다. 암불로케투스 나탄스는 지금까지 발견된 개체가 열 점도 안 되는데, 모두 파키스탄 북부의 칼라치타 구릉에서 나왔다. 두 개의 다른 속이 이 과에 포함되는데, 둘 다 파키스탄과 인도에서 나온다(《그림 20》). 첫 번째 속인 간다카시아Gandakasia에 대해서는 이빨 몇 개밖에 알려져 있지 않다. 그 이빨들이 암불로케투스가 발견된 현장에서 겨우 몇 킬로미터 떨어진 곳에서 발견된 당시에는 고래의 것인 줄도 알아보지 못했다.[19] 두 번째 속인 히말라야케투스Himalayacetus의 경우는 인도 히말라야에서 아래턱 하나만 달랑 발견되었다.[20] 히말라야케투스는 5350만 년이나 된, 세계에서 가장 오래된 고래라고 생각되었지만, 이 연대 추정은 더 오래된 층에서 씻겨 들어와 연관된 화석에 기반을 둔 것으로 보인다.[21] 모든 암불로케투스과는 4800만 년 전 무렵에 살았을 가능성이 높다.

암불로케투스로 알려진 표본들은 거의 모두가 달랑 척추뼈 하나 또는 이빨 하나가 달린 턱 조각 하나와 같은 단편들뿐이다. 우리에게 골격에 관해 뭐라도 알려주는 암불로케투스 나탄스의 유일한 표본이 바로 아리프 씨가

그림 20 에오세 고래와 라오일라과 우제류의 화석이 발견되어온 파키스탄과 서인도의 현장들. 파키케투스과, 암불로케투스과, 레밍토노케투스과(제8장 참조)의 고래들은 라오일라과의 우제류(제14장 참조)와 함께 전 세계를 통틀어 이 곳들에서만 나오는 것으로 알려져 있다.

처음 발견한 표본이다(《그림 21》). 골격의 크기는 암불로케투스가 대략 수컷 바다사자만 했음을 암시한다. 많은 뼈가 그 표본의 것으로 알려져 있지만, 중요한 몇 부분은 빠져 있다. 예컨대 주둥이 끝은 결코 발견되지 않았고, 그 결과로 우리는 (발견된) 아래턱을 근거로 주둥이의 길이를 추론해야 하고, 콧구멍이 어디에 있는지도 모른다.

오늘날의 사람이 자연환경에서 암불로케투스를 상상하는 최선의 방책은 뜨거운 기후의 바닷가 늪으로 가서 앨리게이터를 연구하는 것일 테다(《컬러 도판 2》). 암불로케투스의 생김새는 긴 주둥이, 단단한 몸, 짧은 앞다리, 강력

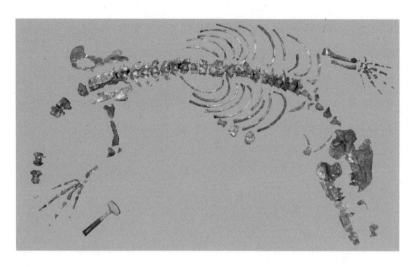

그림 21 암불로케투스 나탄스 한 개체(H-GSP 18507)의 알려진 모든 화석 뼈와 축척용 망치.

하고 곧은 꼬리를 가진 악어목과 비슷했다. 피부막은 다를 것이다. 암불로 케투스는 모피(아마도 털이 듬성듬성한 외투)를 입은 포유류였던 반면, 파충류 에게는 비늘이 있으니까. 그러나 앨리게이터와 마찬가지로, 암불로케투스 도 아마 땅 위나 물속에서 먹잇감을 뒤쫓기엔 너무 느리지만 가까이에 있는, 즉 얕은 물속에 있거나 물가에서 물을 마시려는 찰나의 불운한 먹잇감에게 뛰어오를 수는 있는 매복 포식자였을 것이다.

섭식과 식습관. 주둥이 끝이 없어서 윗니가 몇 개였는지는 알아낼 길이 없 지만, 원시 태반 포유류의 경우에 예상할 수 있는 숫자로서 위쪽에 큰어금 니가 세 개 있었다는 것만은 알 수 있다. 아래 치열에는 앞니들이 앞에서 뒤 로 늘어서 있고, 송곳니 하나, 작은어금니 네 개, 큰어금니 세 개가 그 뒤를 따른다. 암불로케투스의 아래턱 큰어금니는 바실로사우루스과의 것보다 훨 씬 더 단순하다. 높이가 낮아지는 일련의 교두들 대신, 암불로케투스는 이 빨의 앞쪽에 높은 교두(아래턱삼각분대) 하나와 뒤쪽에 훨씬 더 낮은 교두(아래턱거분대) 하나를 가지고 있었다. 이빨의 법랑질을 분석한 결과는 암불로케투스가 동물을 먹고 살았음을 암시하고, 이는 악어를 닮은 생김새와도 일치한다. 암불로케투스의 치아 마모는 다른 에오세 고래들에서와 비슷하다. 이빨끼리 세게 부딪쳤음을 암시하는 가파르게 깎인 면들이 있지만, 이빨 끝을 무디게 하는 음식물에 의한 마모는 많지 않다는 말이다. 제11장에서 이 이야기로 돌아올 것이다.

삼키기

암불로케투스의 머리뼈에서 가장 당혹스러운 부분은 목구멍 부근이다. 포유류에서는 대부분 입천장의 뼈로 된 부분(경구개)이 이빨의 뒤쪽 근처에서 끝난다(〈그림 22〉). 그 뒤에는 연결 조직과 근육으로 이루어진 연구개가 입의 뒷부분(구강)과 코의 뒷부분(코인두관)이 목구멍으로 뚫려 들어가기 직전까지 두 부분을 분리시키고 있다.[22] 입에서 목구멍으로는 음식물이 실려가고, 코인두관에서 목구멍으로는 공기가 운반된다. 인간의 입속에는 펄럭이는 조그만 조직이 연구개의 뒤에 걸려 있고 웃기게 생긴 많은 띠들 속에서 두드러지지만, 동물들은 대부분 그것을 가지고 있지 않다. 암불로케투스의 목구멍 해부 구조는 대부분의 포유류와 다르다. 경구개가 이빨을 넘어 귀까지 한참 뒤로 연장되고, 코인두관과 함께 아래(배쪽)로 펼쳐져 구강의 뒤쪽으로 들어간다. 연구개는 화석화하지 않으므로 연구개의 해부구조에 관해서는 모르지만, 입과 코가 대부분의 포유류에서보다 훨씬 더 물러나 있는 경구개에 의해 분리되어 있었던 것만은 확실하다.

목 안의 더 깊숙한 영역들도 다르다. 인간을 제외한 육상 포유류 대부분에서는 연구개의 끝이 한 조각의 연골인 판막(후두덮개)과 닿고, 이 접촉이 질식을 막는 데에 도움을 준다. 동물이 음식을 삼킬 때 그 판막이 닫히면서 기도

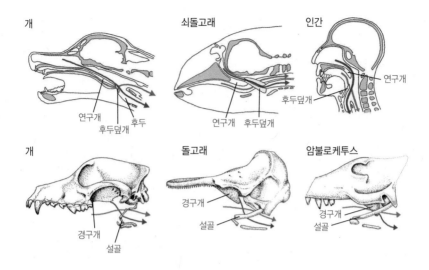

그림 22 포유류의 목구멍에서는 음식물의 통로(잿빛 선)와 공기의 통로(검은 선)가 엇갈린다. 위의 그림들은 정중선의 단면을 보여준다. 잿빛 선이 모든 그림에서 검은 선의 옆(가쪽)으로 지나간다는 점에 주목해야 하지만, 연구개와 후두덮개의 상대적 위치가 어떻게 다른지에 대해서도 유의하라. 아래의 그림들은 같은 경로를 세 포유류의 머리뼈와 설골에 겹쳐 보여줌으로써, 암불로케투스의 구개가 뒤로 연장됨을 보여준다.

로 가는 입구를 밀폐시켜 음식물이 기관(숨통)으로 들어가는 것을 막는다. 인간에서는 후두가 목에서 더 아래쪽에 위치해 후두덮개가 연구개에 닿지 않는다. 구개–후두덮개 밀폐구조가 없는 인간은 대부분의·포유류보다 훨씬 더 쉽게 질식한다. 그러나 이 구조들 사이의 넓어진 공간은 말을 하는 데에 중요하다.

인간의 후두는 진화 과정에서 목 안으로 내려간 반면, 이빨고래에서는 후두가 위로 올라갔고,[23] 지금은 코인두관 속으로 솟아 매우 단단한 밀폐구조를 만든다. 그래서 공기의 통로와 음식물의 통로가 완전히 분리된다. 돌고래에서는 먹거나 마신 것이 전혀 코로 올라올 수 없고, 이는 물속에서 먹이를 먹는 동물에게 중요한 점이다. 암불로케투스의 연장된 경구개도 음식물과 공기의 통로를 분리시키는 구실을 했을 수 있다. 그러나 그것이 정말로 경구개의 기능이었다면, 그 기제는 분명 현대 고래목이 사용하는 기제와는 매우 달랐을 것이다. 암불로케투스의 코인두관이 어떤 기능을 했는지 이해하려면 더 많은 연구가 필요한데, 다른 기능들을 상상하는 건 그리 어렵지 않다. 어쩌면 인간에서처럼, 목구멍이 소리를 내는 데에 쓰였을 수도 있다.

훨씬 더 당혹스러운 것은 암불로케투스의 목구멍을 둘러싸는 뼈들이다. 모든 포유류에서 후두는 몇 개의 뼈와 연골 조각들로 지지되는데, 이들을 합쳐서 설골이라 부른다.[24] 설골은 보통 화석으로 보존되지 않지만 고래에서는 그것이 유달리 커서, 몇몇 멸종한 종의 설골이 알려져 있다. 암불로케투스에서는 설골을 구성하는 세 개의 뼈가 발견되었는데, 그때까지도 일부는 머리뼈를 기준으로 제 위치에 놓여 있었다(〈그림 17〉). 그러나 설골의 깊이는 코인두관의 깊이보다 깊을까 말까하다. 그리고 그럼에도, 모든 음식물이 위장으로 가는 길에 코인두관과 설골 사이를 통과해야 한다. 이용할 수 있는 공간은 딱 골프공만 한 뭔가가 들어갈 수 있을 크기이고, 이는 암불로케투스가 그보다 작은 것만을 삼켰다는 뜻이다. 현대의 이빨고래는 음식물을 씹지 않고 큰 덩어리째 삼키는 경향이 있다. 예컨대 범고래는 위장 안에 물범이 통째로 들어 있는 채로 발견되기 일쑤다.[25] 암불로케투스는 입과 목구멍의 장비가 현대 고래와 다르게 작동한―더 작은 덩어리를 먹은―게 분명하지만, 유사점과 차이점을 완전히 이해하려면 더 많은 연구가 필요하다.

시각과 청각. 암불로케투스의 눈은 바실로사우루스의 눈과 위치가 다르다. 바실로사우루스와 도루돈의 눈은 크다. 가쪽을 향해 있고, 머리의 옆, 눈확 위돌기라 불리는 두꺼운 뼈 선반 아래에 위치한다. 암불로케투스에서도 눈은 역시 크지만, 머리 꼭대기의 정중선 가까이에 올라앉아 일부는 옆쪽을, 일부는 위를 향하고 있다.[26] 이는 암불로케투스가 마치 앨리게이터처럼, 공기 중의 주변을 살피기 위해 물 밖으로 눈만 내민 채 물속에 잠길 수 있었음을 시사한다. 암불로케투스는 분명 물 위에 있는 것들을 구경하는 데에 관심이 있었으므로, 이 고래는 거기서 먹잇감을 발견했을 수도 있다.

암불로케투스의 아래턱 모양은 청각의 진화에 관해 약간의 단서를 제공한다. 모든 포유류에게는 아래턱의 뒤쪽에 작은 구멍, 즉 턱뼈구멍이 있다(《그림 23》). 아랫니로 공급되는 동맥, 신경, 정맥이 이 구멍을 통해 지나간다. 치과의사는 환자의 아랫니를 마비시킬 필요가 있으면 이 신경을 표적으로 주사기를 찌른다. 대부분의 포유류에서 이 구멍은 딱 그 세 구조를 내보낼 만큼 크다. 현대의 돌고래를 비롯한 이빨고래, 바실로사우루스과에서는

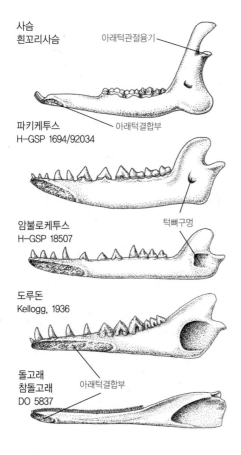

사슴
흰꼬리사슴
아래턱관절융기

파키케투스
H–GSP 1694/92034
아래턱결합부

암불로케투스
H–GSP 18507
턱뼈구멍

도루돈
Kellogg, 1936

돌고래
참돌고래
DO 5837
아래턱결합부

그림 23 사슴과 일부 화석 고래목 및 현대 고래목의 아래턱. 고래의 진화 과정에서 턱뼈구멍의 크기가 커진다. 이 구멍은 물속에서 소리를 전달하는 방법과 연관된다. 에오세 말의 고래들(도루돈)은 아래턱결합부가 매우 크다. 이 그림들은 같은 축척으로 그려지지 않았다.

그렇지 않다. 이들은 구멍이 매우 크고 거기에 지방체가 들어간다. 이 지방체는 청각에서 중요한 기능을 한다.[27] 암불로케투스와 더불어 히말라야케투스에서는 이 구멍이 육상 포유류에서보다는 크지만 바실로사우루스과와 이빨고래의 것만큼 크지는 않은 중간 크기다.[28] 이 중간 크기는 이 고래들에게서 귀의 소리 전달 기제가 진화하고 있음을 시사한다. 이에 관해서는 제11장에서 더 이야기할 것이다.

걷기와 헤엄. 아리프 씨가 발견을 개시한 그 한 개체의 암불로케투스에서 등과 허리의 척추뼈 대부분이 발견되었다.[29] 이 동물의 목뼈는 보존 상태가 나쁘고, 꼬리뼈는 많은 부분이 빠져 있다. 등뼈 열여섯 개에 갈비뼈가 잔뜩 달려 있고, 허리뼈 여덟 개 다음엔 척추뼈 네 개가 융합되어 엉치뼈(복합뼈)를 이루고 있다. 이 가운데 다수가 관절을 이룬 상태로 발견되었으므로, 아마도 이 뼈들을 한데 붙잡고 있던 살과 함께 묻혔을 것이다.

이 척추뼈들의 개수는 놀랍다. 대부분의 포유류뿐만 아니라 조류와 파충류에서도 목뼈, 등뼈, 허리뼈의 총수는 대략 스물여섯 개다.[30] 조류에는 목뼈가 많고 허리뼈가 별로 없지만, 그래도 더하면 대략 스물여섯 개가 된다. 포유류에는 목뼈가 (거의 항상) 일곱 개 있고 등뼈와 허리뼈의 수가 반비례하므로, 엉치앞 척추뼈의 총수는 역시 대략 스물여섯 개가 된다. 암불로케투스의 서른한 개는 이와 다르고, 바실로사우루스과는 심지어 더 많이 가지고 있다. 분명, 고래목은 포유류가 지닌 기본 설계구조 일부를 바꾸고 있다. 제12장에서 이리로 돌아올 것이다.

우리가 발견한 암불로케투스의 골격은 어린 개체의 것이었다. 척추뼈의 다수가 성장이 일어나고 있던 영역들을 아직도 지니고 있다. 생전에는 이 영역에 성장판(골단판)이라 불리는 연골 원반이 담겨 있었을 텐데, 그것은 성체에서 성장이 멈춘 뒤 사라진다. 고래목 대부분에서 성장판은 목뼈와 꼬리뼈에서 먼저 사라진 다음, 동물의 거의 한복판에 있는 척추뼈 쪽으로 옮겨가며

사라진다. 실제로, 암불로케투스의 경우도 이와 같다.[31]

암불로케투스의 엉치뼈를 찾은 것은 진정한 선물이었다. 그것은 육상 포유류와 비슷하게, 그리고 바실로사우루스과를 포함한 다른 고래들과 달리, 골반에 꽉 물리는 관절부를 가진, 네 개의 융합된 척추뼈를 가지고 있다. 넙다리뒤근육이 붙는 골반의 뒷부분도 크다. 같은 골반을 가진 물범에서, 그러한 근육은 다리를 뒤로 차는 데에 사용된다.

앞다리는 많은 육상 포유류에 비해 덜 유연했다. 즉 (팔꿈치와 손목 사이에 있는) 노뼈와 자뼈가 서로에 대해 꼼짝없이 물려 있었다. 이는 이 동물이 손바닥을 위로 향할 수 없었음을 가리킨다. 손가락 다섯 개에 손바닥뼈와 손가락뼈가 정상적으로 딸려 있었다(《그림 24》). 손가락과 발가락 모두, 사슴의 발굽을 닮은 낮고 긴 굽으로 끝났다. 이는 고래목이 발굽 달린 포유류와 관계가 있었음을 시사한다. 암불로케투스의 발가락뼈 옆쪽의 테두리들은 발에 물갈퀴 달린 발가락이 있었을 것임을 암시한다.

서식지와 생활사. 비교적 완전한 표본 하나만을 가지고 이 종의 생활사에 관해 많은 것을 말할 수는 없다. 하지만 이것이 어린 개체였음에도 불구하고 이빨이 유별나게 극도로 마모되어 있었다는 사실은 이들이 이빨을 심하게 사용했음을 시사한다. 이빨마다 앞뒤 사이에 기복이 많다는 점, 그리고 큰어금니들의 끝(첨두)이 높다는 점을 고려하면, 매우 거친 음식물이 마모를 일으켰을 법하지는 않다. 암불로케투스가 매우 특수한 방식으로 씹었을 가능성이 더 높지만, 어떻게 씹었는지는 모른다.

바다 달팽이의 껍데기와 바다소목의 갈비뼈들이 암불로케투스가 발견된 현장 근처에서 눈에 띈다는 사실은 근처에 대양이 있었음을 암시한다. 암불로케투스는 뜨거운 기후에서, 다양한 염도의 물속에서 살았다.[32] 그러나 부근의 암석에 들어 있는 육상 포유류의 화석들이 입증했듯이, 민물도 멀리 떨어져 있지 않았다. 암불로케투스는 십중팔구 육지와 바다의 경계에서, 뿐

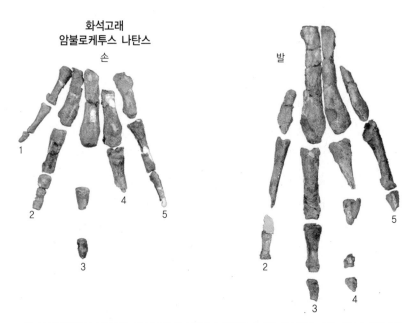

화석고래
암불로케투스 나탄스

손

발

1

2

4

5

3

2

5

3

4

그림 24 암불로케투스 나탄스(H-GSP 18507)의 손(앞발)과 발(뒷발)의 뼈들. 이 동물은 다섯 개의 손가락(1번이 엄지)을 가지고 있었지만 발가락은 (2~5번으로 표지된) 네 개뿐이었고, 엄지발가락은 없었다. 빈 간격은 발견되지 않은 뼈들을 가리킨다.

만 아니라 민물과 소금물의 경계에서 살았을 것이다. 이들은 한 가지보다 많은 면에서 전이형태였다.

암불로케투스와 진화

암불로케투스는 흔히 잃어버린 고리로 일컬어진다. 관련된 두 집단의 특징들을 겸비하는 반면, 그 밖에는 그 두 집단을 한데 묶는 게 별로 없는 결정적 화석 말이다. 창조론자의 관점에서는 잃어버린 고리란 존재하지 않는다. 듀안 기시는 『크리에이션』의 한 호를 이 짐승에게 바치며, 그것은 "아마도 물범과 친척인 동물"일 거라고 말했다.[33] 이와 함께 그것의 양서兩棲적 성격을 인정했지만, 넘쳐나는 고래목의 특징은 무시했다. 기시는 잃어버린 고리란 존재할 수 없다고, 왜냐하면 그런 동물은 두 가지 다른 환경 사이에서 생존할 가망이 없을 것이기 때문이라고 주장했다. 처음 기재된 순간, 암불로케투스는 그 논쟁을 잠재우며 진화의 충실한 지지자들을 기쁘게 했다.[34] 그러한 승리와는 별개로, 모든 진화적 전이에 대한 우리의 이해에 관해서는 겸손을 유지하는 게 중요하다. 한 동료의 말대로, "발견되는 모든 잃어버린 고리에는 발견물의 양쪽에 하나씩, 두 개의 새로운 고리가 생겨난다".

암불로케투스는 고래목의 기원이라는 조각그림 맞추기에서 결정적인 한 조각이지만, 전체 그림의 대부분은 알아볼 수 없다. 이 새로운 화석의 경우는 몸의 많은 부분이 육상 포유류와 충분히 비슷하니, 자세히 비교하면 고래목이 어떤 육상 포유류와 가장 가까운 관계인지 알아낼 수 있을 것이다. 이는 과학계에서 태동하고 있는 한 논란에 기여할지도 모른다. 고생물학자들은 고래목이 메소닉스목이라 불리는 발굽이 달린 식육 포유류의 멸종한 집단과 가까운 관계라고 가정하지만,[35] 분자생물학자들은 고래목의 DNA 및 단백질과 우제목, 특히 하마과의 DNA 및 단백질 사이의 많은 유사성에 주목한다.[36] 하지만 암불로케투스는 이 문제를 해결하지 못한다. 최초의 고래들의 화석, 이를테면 수수께끼 같은 파키케투스의 화석들이 더 많이 필요하다. 파키스탄은 두 화석이 모두 발견된 곳이므로, 나는 고래목이 기원한 장소가 그 지역에 있다고 생각한다. 그곳에 돌아가서 이 질문들에 답하는 화석들을 찾고 싶다. 다시 말해, 만일 내게 자금이 생긴다면, 그리고 만일 거기서 돌아다녀도 안전이 유지된다면. 그 둘이 중대한 '만일'이다.

5

산들이 자라던 때

히말라야 고지

1994년 5월 23일, 파키스탄 상공의 비행기. 인도 아_亞대륙* 방문은 대륙이 가을에 억수같이 쏟아지는 장맛비에서 회복된 후, 하지만 여름 땡볕에 바싹 마르기 전인 12월에서 4월 사이에 하는 것이 가장 좋다. 올해, 나는 그 권고에 따르지 않는다. 망고 철—5월 여행의 한 가지 장점—에 펀자브의 평원에 도착한다. 내가 이 시기에 여행해야 하는 이유는 우리가 히말라야 고지, 즉 눈, 눈사태, 진흙사태, 혹독한 추위 때문에 겨울에는 화석 채집이 거의 불가능한 곳에 가고 싶기 때문이다. 하지만 인더스 평원, 우리가 곧 착륙할 곳은 지금 비참하다. 영국이 인도를 통치하던 때, 영국은 여름 내내 정부의 최고위층을 산속으로 옮기고 발진티푸스와 이질이 평원을 통치하도록 내버려두었다. 군대와 최고위층에 속하지 않은 공무원들은 힐 스테이션이라 불리는 작은 산촌으로 가족들을 보내놓고, 그동안 토착민을 관리하기 위해 뒤에 남

---

* 아대륙이란 더 큰 대륙의 일부이지만 지질학적으로 다른 대륙판에 속하는 지역을 가리킨다. 영어에서는 흔히 '아대륙' 자체가 인도, 파키스탄, 방글라데시를 포함하는 '인도 아대륙'을 가리킨다.

곤 했다. 힐 스테이션들은 숲으로 뒤덮인 비탈에 교회와 영국식 방갈로들이 서 있는, 색다른 영국의 시골 정취를 풍기게 되었다. 이러한 마을에서 사회생활은 부녀자와 아이들 위주로, 빅토리아 여왕 시대의 차茶와 공을 중심으로 돌아갔다. 열기 속의 직장을 떠나 휴가를 왔거나 힐 스테이션에 임시로 배속된 젊은 남자들은 따분함과 싸우고, 소문을 퍼뜨리고, 금지된 열정을 만족시키기 위한 파티에서 인기가 많았다. 지금은 모든 주민이 샬와르와 카미즈를 입고 있지만, 많은 힐 스테이션에는 아직도 영국적 특색을 지닌 건물들이 늘어서 있다.

동트기 전에 이슬라마바드에 착륙해 비행기 문이 열리자마자, 비행기의 배기가스와 열대 열기의 칵테일이 나를 압도한다. 해가 지평선을 깨뜨리지도 않았는데, 순식간에 땀이 셔츠를 흠뻑 적신다. 이슬라마바드에서는 며칠만, 딱 화석을 채집할 장비와 사람들을 모을 만큼만 보내기를 바란다. 동료인 타시르 후사인이 이미 여기에 있고 운송수단으로 쓸 빨간 지프와 낙탯빛의 낡은 랜드로버를 마련해두었다. 타시르는 모든 것을 줄잡아 말한다. 그는 냉소적인 미소와 파키스탄 사람의 경쾌한 억양을 지닌 신사다.

"이놈의 랜드로버는 늙어서 돌아오지 못할 수도 있어요. 그래서 지프가 있는 거예요."

나는 랜드로버를 좋아한다. 랜드로버를 보면 내가 아이 적에 시청하곤 했던 영국의 자연 프로그램이 떠오른다. 이 차는 기어이 험난한 산악 지형과 싸우며 내려갈 거라고 생각한다.

"잘하셨어요. 다 해서 누구누구가 스카르두로 가나요?"

"운전사 둘, 무니르와 라자는 당신도 알 걸요. 거기다 주방장 루쿤, 보조 요리사, 아리프 씨가 가요."

"사람이 많은 것 같군요."

"그래요. 모두들 스카르두를 구경하고 산속에서 땀을 식히고 싶대요."

나는 속으로, 내가 참여하고 싶은 것은 관광이 아니라 화석을 채집하는 탐사라고 생각하지만, 입을 꾹 다문다.

"같이 가시는 거 아닙니까?"

"아뇨. 카라코룸 고속도로는 당신 같은 젊은이들 전용이에요. 나는 당신이 도착한 뒤에 스카르두로 날아갈 겁니다. 당신이 거기서 공항으로 날 데리러 나오면 돼요."

'젊은이들 전용'이라니, 무슨 뜻인지 궁금하지만, 물어보지 않기로 한다. 게다가 나는 그리로 날아서 가는 데에는 관심이 없다. 드라이브 풍경이 장관일 것이다.

"스카르두로 날아갈 수도 있는지는 몰랐습니다."

"오, 가능해요. 비행기 편이 몹시 불규칙하고, 날씨가 좋을 때에만 이륙해서 그렇지. 거기는 착륙하기도 무척 까다로워요. 조종사가 빙빙 돌면서 땅으로 내려가야 해요. 곧장 접근하기에는 골짜기가 너무 작거든요."

좋아, 그렇다면 이제는 날아가지 않아서 다행이다. 스카르두는 인더스 강 계곡에 있는 작은 마을이다(《그림 1》). 인더스 강은 대부분 산속의 좁은 골짜기를 흐르지만, 스카르두에서는 계곡이 넓어져서 약간의 농사를 지을 수 있다. 차를 타고 스카르두까지 가는 일은 산들이 선생인, 길고 굉장한 지질학 수업이 될 것이다. 우리는 남에서 북으로 약 600킬로미터를 뒤덮고 있고 통틀어 히말라야라 불리는 여러 개의 연이은 산을 가로질러 갈 것이다.[1] 지대마다 판이한 지질학적 역사를 지니고 있지만, 모두 다 아마도 최근 지구사에서 최대의 지질 사건일 인도 대륙과 아시아의 충돌 및 두 대륙 사이 바다의 소멸과 연관된다. 이 바다에서 고래들이 기원했고, 그 바다 밑바닥에서 히말라야가 솟아올랐다. 가는 길을 따라 줄곧, 이 과정의 결과가 전시될 것이다. 더욱더 근사한 것은, 이 과정이 아직도 진행 중이라는 사실이다. 히말라야는 아직도 솟아오르고 있다.

거대한 칼로 대륙을 가를 수 있다면, 우리가 딛고 서는 부분은 지구의 얇은 껍질인 지각에 불과하다는 사실이 보일 것이다(《그림 25》). 지각에는 육지

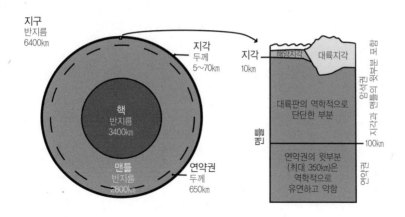

지구
반지름
6400km

지각
두께
5~70km

지각
10km

해양지각   대륙지각

대륙판의 역학적으로
단단한 부분

핵
반지름
3400km

연약권의 윗부분
(최대 350km)은
역학적으로
유연하고 약함

맨틀
반지름
2800km

연약권
두께
650km

그림 25 지구의 단면과, 서로 다른 층들을 보여주기 위해 확대한 표면 근처의 아주 작은 부분. 모든 숫자는 반올림한 근사치다.

의 대부분을 형성하고 해안 근처의 얕은 대양 밑까지 이어져 있는 대륙지각, 그리고 더 깊은 대양저의 대부분을 이루는 해양지각, 이렇게 두 종류가 있다. 대륙지각은 두께가 25~70킬로미터인 반면, 해양지각은 고작 5~10킬로미터다. 지구상에는 대륙지각보다 해양지각이 훨씬 더 많다. 두 유형의 지각은 다르게 행동하며, 서로에 대해 움직이는 커다란 덩어리들의 일부다. 지질학자들은 이 덩어리를 판이라 부르고, 판이 움직이는 과정을 판구조론이라 부른다. 지각이란 수영장을 뒤덮은 얼음과 같다고 상상하라. 얼음이 깨지면, 깨진 얼음판들이 서로에 대해 움직일 것이다. 두 판이 충돌하면 한 판이 다른 판 밑으로 들어갈 것이고, 그러면 위판은 물 밖으로 올라올 것이다. 지구상에서는, 만일 그러한 얼음판 중 하나가 대륙지각이고 다른 하나가 해양지각이라면, 더 무거운 해양지각이 대륙지각 밑으로 들어갈 테고, 이 과정을 섭입攝入이라 부른다. 섭입된 판은 지각 밑으로 더 깊이 내려가면서 서서히 녹을 것이다. 용융되고 팽창되어서 이제 주위보다 더 가벼워진 암석들이 그 위의 층들을 뚫고 올라와, 섭입이 일어나고 있는 가장자리를 따라 죽 늘어선 화산들을 형성할 것이다. 두 개의 대륙지각판이 충돌할 때는, 어느 한쪽도

질서 있게 내려가지 않는다. 대신에 가장자리가 문드러지고, 부서지고, 서로의 꼭대기가 엉망진창으로 충돌한다. 이것이 조산운동이다.

판들이 어쨌거나 움직이는 이유는 표면 아래 훨씬 더 깊은 곳에 있다. 지구 표면에서 100여 킬로미터 아래에는 암석들이 반은 고체 상태이고 반은 액체 상태인 지대가 있다. 지구를 빙 둘러싸고 있는 그 지대를 연약권이라 부른다. 연약권이 흐르므로, 판들도 그것의 대륙 및 해양지각과 함께 이 층 위를 떠다닌다. 우리의 수영장에 빗대자면, 얼음판이 움직이는 이유는 실은 얼음판을 띄우고 있는 물이 흘러서다.

지구의 지각이 고정불변의 것이 아니라 서로에 대해 움직일 수 있는 판들로 이루어져 있다는 개념은 혁명적이었고, 1960년대에 지질학에서 통찰의 해일을 일으켰다. 그러나 그 모두는 독일의 과학자 알프레트 베게너와 함께 시작되었다. 베게너는 천문학자로 훈련되었지만, 생애 대부분 동안 한 일은 날씨를 연구하는 것이었다. 1911년에 대학 도서관에 있던 베게너는 대서양의 양편에서 발견되는 화석 동식물의 목록을 발견했다. 중요한 단서는 개 크기의 파충류인 메소사우루스*Mesosaurus*(더 유명하지만 아무 상관 없는 모사사우루스*Mosasaurus*와 혼동하지 말라)였다. 메소사우루스의 화석들은 남아프리카 서쪽과 남아메리카 남부 동쪽에서만 발견된다. 메소사우루스는 민물에서만 살았으므로, 그것이 어떻게 대서양을 건널 수 있었는지가 불분명했다. 베게너는 다른 과학 분야에서 증거를 뒤졌고, 지질구조에서 그것을 발견했다. 예컨대 스코틀랜드 고지는 애팔래치아 산맥과 구조가 비슷했다. 다음엔 화석의 기록들이 현재의 기후가 부양하지 못할 게 분명한 장소들에서—예컨대 양치류 화석이 스피츠베르겐에서—나온다는 사실을 찾아냈다. 이러한 종류의 증거에 이끌린 그는 결국 대륙들이 움직였다고 믿게 되었다. 그리고 자신의 이론을 **대륙이동**이라고 명명한 다음 1915년에 발표했다. 베게너는 그의 발상 때문에 다른 과학자들에게서 비난을 받았다. 시카고 대학교의 롤린 T. 체임벌린은 이렇게 평했다. "베게너의 가설은 우리의 지구를 제멋대로 뜯어고치고, 필적하는 대부분 이론들보다 구속을 덜 받거나 거북하고 보기 싫은 사실들에 덜 얽매인다는 점에서, 전반적으로 자유분방한 유형이다."[2]

베게너의 이론은 자체의 문제들을, 특히 어떤 원리로 판들이 움직이는지 모른다는 문제를 안고 있었다. 당시에, 대륙처럼 거대한 물체가 떠다닐 수 있다는 생각은 터무니없어 보였다. 하지만 판구조론은 이제 과학자에 의해서건 일반인에 의해서건 똑같이 일반적으로 받아들여진다. 내가 베게너의 이야기에 흥미를 느끼는 이유는 지질학 안에서 모순되는 큰 몸집의 사실들을 한데 묶는 위대한 통찰을 얻기 위해서는 지질학의 바깥 분야에 몸담던 누군가가 필요했다는 점이다. 당시의 지질학자들은 나무들 때문에 숲을 보지 못한 듯하다. 물러나 숲을 보려면 외부인이 필요했다.

인도로 말하자면, 1억 4000만 년 전, 공룡이 지구상의 주된 동물이던 때에 모든 것이 시작되었다. 아프리카 대륙 아래의 반쯤 용융된 심층에서 일어나는 흐름이 그 위의 고체 상태 암석을 잡아당김으로써 두 군데에 거대한 금을 내 아프리카판을 쪼개놓았다. 아프리카판은 셋으로, 서에서 동 순서로 말하자면 아프리카, 마다가스카르, 인도로 갈라졌다. 균열부가 벌어졌고, 대양이 그리로 흘러 넘쳤다. 대륙들이 멀어져가는 동안 대륙들 사이에서 자라나던 균열부는 새로운 해양지각, 즉 용융된 채 밑에서 솟아올라 물에 닿았을 때 굳으면서 새로운 대양저를 만들고 있던 암석들로 채워졌다. 이 일대가 중앙해령이다.

아프리카와 마다가스카르 사이의 첫 번째 열곡裂谷은 단명했다. 그것은 성장을 멈추었고 그 결과로 마다가스카르와 아프리카 사이에는 좁은 해협이 생겼다. 반면에 두 번째 열곡은 계속해서 벌어졌고, 아직도 자라고 있다. 인도판의 한쪽은 북으로 움직이고 있고, 반대쪽은 아프리카와 마다가스카르에서 멀어지고 있다.

우리가 차를 타고 북으로, 즉 이슬라마바드를 떠나 인도판의 가장자리를 향해 가는 동안《《그림 1》》판구조론이 머리를 떠나지 않는다. 카라코룸 고속도로가 높은 산들의 앞자락으로 들어서자 날씨가 시원해진다. 인더스 강은 여기서 사나워져, 강을 따라 우뚝 선 산들을 찢고 들어간다. 굼뜨고, 드넓고, 의젓한, 내가 아는 평원의 강과는 다른 강이다.

차를 탄 지 이틀째 되는 날, 힌두쿠시 산맥의 코히스탄 지역에 들어서자, 인더스 협곡이 넓어져 너른 골짜기가 된다. 이곳은 황량한 지역이다. 여기서 이방의 도보 여행자들이 납치되어왔고, 모두 다 펀자브 주 출신인 우리 무리의 파키스탄 사람들은 코히스탄 사람들을 신뢰하면 안 된다고 말한다. 풍경은 단조롭고, 개성이라곤 없다. 이 산들의 이름은 '힌두교도 살인자'라는 뜻이고, 이는 몇 세대 전에 이슬람교도가 아닌 사람은 아무도 이곳을 살아서 지나갈 수 없었다는 사실을 가리킨다. 산들은 흙빛과 낙탓빛의 드넓은 불모지다. 나는 이 산들이 이곳에 선 채로 매장된 거인 군단의 거대한 어깨와 머리들이라고 상상한다. 거인들의 어깨 사이 작은 곁 골짜기들에서, 현지의 암석으로 지어져 건물들도 온통 흙빛과 낙탓빛인 작은 마을이 보이기 시작한다. 산의 냇물들이 거인의 머리에서 인더스 강으로 돌진한다. 거인들의 이마를 침식시키고 있는 냇물들도 흙빛이다. 그런 냇물들이 있는데도 땅은 메말라서 식물이라곤 없고, 빛바랜 낡은 엽서처럼 낙탓빛 먼지가 건물, 사람, 짐승 들을 뒤덮고 있다. 모든 것이 흙빛을 띠고 있다. 빨간 지프도 더 이상 빨갛지 않다. 먼지가 덕지덕지 말라붙은 아스팔트 위를 달리는 랜드로버는 원래보다도 더 확실한 낙탓빛이다.

코히스탄은 인도-아시아 충돌 이전에는 섬이었다. 다시 말해, 두 대륙을 분리시키는 바다에 자리잡고 있었다. 충돌이 일어나자 코히스탄은 인도 북단과 아시아 남단으로 만들어진 바이스에 의해 꽉 물렸다. 코히스탄은 크다. 이곳을 건너기 위해 우리는 거의 온종일 차를 몬다. 멀리 아래로 길고 곧은 계곡이 눈에 들어오지만, 양옆의 산들이 시야를 둘러싼다. 눈이 그 풍광에 익숙해진다. 평화롭고 느린 느낌이다.

그러다 퍼뜩, 충격을 받고는 몸을 세우고 앉아 눈을 깜박이며 응시한다. 골짜기를 따라 저 멀리, 흙빛 산들이 지평선과 만나는 곳에, 다른 물체가 나타난다. 흙빛이 아닌, 검은 암석으로 이루어지고 꼭대기에는 흰 눈이 덮인, 익숙한 힌두쿠시보다 훨씬 더 멀리 떨어져 있지만 그럼에도 힌두쿠시를 쉽사리 압도하며 우뚝 서 있는, 새롭고 육중한 산이 있다. 색채의 배합이 마음을 뒤흔들며 불협화음을 자아낸다.

그것은 장엄하게 자신의 우위를 과시하는 낭가파르바트, 근처의 산들보다 거의 두 배나 높은, 세계에서 아홉 번째로 높은 산이다. 오르는 사람은 거의 없다. 그곳의 날씨는 믿을 수 없다. 폭풍이 순식간에 모습을 드러내 등반가들에게 피난처를 찾을 시간을 주지 않는다. 낭가파르바트의 지질은 매혹적이다. 이 산은 힌두쿠시 산맥이 아닌 히말라야 산맥의 일부다. 엄밀한 의미에서, 히말라야란 인도판의 북쪽, 힌두쿠시 섬의 남쪽에 있는 산들이다. 약 5000만 년 전 대륙 충돌이 시작되었을 때 전진하고 있던 인도판이 자신과 아시아 사이에 있던 섬 덩어리들을 사로잡아 하나의 땅덩어리로 꿰매버렸다. 그 과정에서 인도판의 북쪽 가장자리도 들이받으며 히말라야 산맥을 만들었다. 이 대륙 덩어리들은 모두, 즉 인도와 아시아뿐 아니라 섬들도 대륙붕—땅덩어리를 둘러싸는, 지질학적으로 대양보다 대륙에 가까운 얕은 바다—을 가지고 있었다. 충돌이 시작되어 대륙붕들이 봉합되는 동안에도, 얕은 바다가 여전히 땅덩어리들을 갈라놓고 있었다. 충돌이 진행될수록 그 양상은 서로 구겨지고 찌그러지는 두 소형차의 충돌보다 한 차의 대부분이 다른 차 밑에 깔리는 소형차와 대형 트럭의 충돌을 닮아갔다. 인도는 소형차였으므로, 인도 북단의 약 2000킬로미터가 대형 트럭인 아시아판 밑에 깔렸다. 그러나 소형차의 한 부분은 내려가기를 고집스럽게 거부했고, 용케 트럭을 타고 넘었다. 그 부분이 낭가파르바트다. 저기에 주위의 산들과는 다르고 그 사실을 자랑스러워하는 그것이 서 있다. 나는 무엇을 보고 겸손해지는 일이 흔치 않지만 여기서는, 겸손해진다.

지질은 매우 직접적으로 화석과 연관된다. 고래들은 인도판의 가장자리를 따라 얕은 대륙붕과 그 주위에서 살고 있었다. 그들이 알던 바다 테티스는 수백만 년 안에 사라질 것이었지만, 그 전에 그들이 멸종할 것이었고, 그들의 자리를 대신한 고래들이 지구의 온 대양을 정복할 것이었다.

코히스탄은 거친 지방이고, 그것이 우리 패거리의 성미를 건드린다. 나는 빨간 지프를 타고 간다. 빨간 지프를 모는 운전사는 무니르, 껑충한 30대의 수니파 이슬람교도다. 그가 작은 마을에서 멈춘다. 우리 뒤에는 랜드로버가 있다. 랜드로버를 운전하는 라자는 나이가 더 많고, 키는 더 작고, 시아파다. 그도 멈춘다. 그는 길거리 싸움꾼의 체격을 가지고 있다. 그가 무니르에게 달려와 소리를 지르기 시작한다. 무니르도 질세라 고함을 지른다, 다음은 밀치기. 라자가 주먹을 날린다. 무니르가 슬쩍 피한 뒤 거꾸로 주먹을 날린다. 왜소한 아리프 씨, 나이도 훨씬 많고 키도 작고 가냘픈 남자가 싸움꾼들 사이로 뛰어든다. 둘이 주먹을 떨어뜨린다. 무니르가 큰소리로 **보티**라는 낱말을 외치고 또 외치면서 그의 차로 달려간다. 무니르의 뒤에 남겨지고 싶지 않은 그의 승객, 루쿤과 나도 덩달아 달린다. 우리는 흙빛 먼지를 자욱하게 피어올리며, 도로에 난 구덩이들을 피하기에는 너무 빠른 속도로 멀어져간다. 무니르가 화를 내며 루쿤에게 뭐라 하지만 결국은 잠잠해진다. 나는 무니르가 하는 말을 한 마디도 이해하지 못하지만, 그는 체념한 것으로 보인다. 몇 시간 뒤, 차를 세우고 나서 우리가 멈췄던 마을이 파키스탄의 다른 지역들에서는 사람을 물어서 병을 옮기는 흑파리들로 유명하다고, 무니르는 배가 고팠지만—보티는 '고깃덩이'를 가리키는 펀자브 말이다—라자가 파리에 물려서 병이 날까 봐 겁을 냈다고 아리프가 설명할 때까지, 나는 자초지종을 이해하지 못한다. 서로에 대한 무언의 반감이 코히스탄에서 주먹다짐으로 치닫고 말았던 것이다.

낭가파르바트가 이제 가까이에서 우리를 굽어본다. 우리는 그것이 암석들을 누르고 미끄러져 올라간 장소에 가까워지고 있다. 지질학적으로 말하자면, 여기에는 혼돈이 있다. 누가 섭입되고 누가 부상할 것이냐를 놓고 거인들 사이에서 맹렬한 전투가 벌어지는 동안, 온갖 유형의 서로 다른 암석으로 이루어진 집채만 한 덩어리들이 사방에 흩뿌려져왔다. 싸움은 지금도 계속되고, 낭가파르바트가 하늘을 찌르며 더 높이 도달할 때마다 암석 덩어리들이 인더스 계곡으로 굴러떨어진다. 흙빛 인더스 강은 장애물을 둘러갈 길을 찾으며 화가 나서 씩씩댄다. 비현실적일 만큼 거칠고 넓은 붓자국들이 저마다 주목해달라고 소리치면서 당신이 한참 뒤로 물러나 눈을 가늘게 뜰 때까지 큰 패턴을 떠내려 보낸다. 그것은 반 고흐가 생애 후반에 그린 그림을 연상시킨다.

낭가파르바트는 인더스 강을 원래 흐름에서 계속 밀어내왔다. 강은 동서로 흐르고 있었지만, 산이 북쪽으로 미는 바람에 지금은 산 둘레의 3면으로 굽이지다가 마침내 서쪽으로 계속 흐른다. 우리는 카라코룸 고속도로를 벗어나 강을 따라 상류로 간다. 강은 이제 우리를 스카르두로 데려다 줄 더 좁은 골짜기를 흐른다. 우리는 세 번째 산들의 집합, 원래 아시아판의 일부였던, 높고 뾰족한 봉우리들이 솟아 있는, 그리고 세계에서 두 번째로 높은 산 K2의 고향인 카라코룸 산맥으로 들어선다. 좁은 골짜기로 떠밀려 들어온 인더스 강은 이제 끊임없이 길길이 뛴다. 작은 곁 계곡들에서 굴러떨어지는 암석 부스러기가 부채꼴 모양으로 쌓인 작은 땅에 코딱지만 한 마을들이 자리잡고 있다. 그들의 집은 서로의 꼭대기에 지어져 있다. 다시 말해, 한 집의 지붕이 곧 계단의 발판처럼 약간 치우쳐 놓인 다른 집의 바닥이다. 골짜기의 남쪽 벽에 붙은 마을들은 항상 절벽의 그늘에 들어 있다. 마을마다 그 마을에서 깎아 만든 계단식 논밭이 있고, 좁고 가파른 오솔길들이 논밭을 잇고 있다. 우리가 멈추자 아이들이 둘러싼다. 지형이 지질학적 지형들의 혼합물인 것처럼, 아이들도 온갖 인종의 혼합물이다. 남아시아의 고동빛 피부를 가진 아이들도 있고, 중국 사람 같은 아이들도 있고, 아프가니스탄 사람처럼 황토빛이나 초록빛 눈을 가진 더 창백한 아이들도 있다. 모두

다 파키스탄 국민이지만, 이 땅을 정복하고 통치한 사람들, 즉 북에서 온 몽골 사람, 서에서 온 아프가니스탄 사람, 남에서 온 시크교도와 무굴 사람의 특성들을 각각 보여준다. 이 도로는 스카르두와 인근 마을들로 가는 유일한 육로라서, 트럭이 많다. 우리가 쉬는 자리는 그들의 휴게소이기도 하다. 마을에서 나온 남자들이 윤활유를 교환하라고 손님을 부르며 돌아다닌다. 운전사가 동의하면 그들이 엔진 밑으로 기어들어가 밸브를 열고, 검은 기름을 모래 위로 쏟아낸다. 밸브를 닫고 새 기름을 채운다. 사용된 기름은 모래 속 웅덩이, 반짝이는 검은 호수 수십 곳에 고였다가, 마침내 저 밑에서 미친 듯 날뛰는 인더스 강에 번들거리는 광택을 보탠다. 환경에 대한 의식의 부재가 나를 우울하게 한다.

골짜기는 좁고, 도로는 오르락내리락하고, 반대편에서 차량이 오면 우리는 그들이 지나가도록 차를 빼야 한다. 누군가가 고팽이를 질러오면 급브레이크를 밟으면서 말이다. 길이 격렬한 인더스 강과 그 격류의 귀청이 터질 것 같은 콘서트 속으로 곧장 처박을 듯 아래로 내려간다. 차 안의 내 자리에서는 하늘을 볼 수 없다. 산들이 너무 높고, 골짜기는 너무 좁다. 내 주위는 어둡다. 우리는 골짜기의 바닥 가까이에 있다. 나는 극심한 공포를 느낀다. 지하세계로 통하는 스틱스 강이 이러하리라고 상상한다.

스카르두는 쾌적한 계곡에 있고, 사람이 갈 만한 세계의 끝에 가장 가깝다. 이곳에서 길 하나가 북쪽으로 나서 K2의 산자락에서 끝난다. 또 다른 길은 동쪽으로 나서 인도와 맞닿은 폐쇄된 국경까지 간다. 국경의 위치는 논란이 되므로 파키스탄의 실제 경계는 통제선LOC, 즉 인도와 벌인 전쟁에서 비롯된, 국제연합UN의 참관자들이 감시하는 휴전선이다.

탐사작업은 대부분 실패작이다. 도로들이 깎여나가 있다. 당일치기로 많은 지형을 훑기는 불가능하고, 지도상에 보이는 위치들까지 걸으려면 나에게 없는 등반 기술이 필요하다. 민감한 영역에서는 군대가 우리를 세워서 돌려보낸다. 그래도 나는 산들과 그곳의 지질에 관해 배우며, 경치와 사람들을 구경한다. 화석에 관한 한, 이 탐사 일정은 우리가 저 아래 칼라치타 구릉에서, 그러니까 저 아래 뜨거운 인더스 평원 위에서 보내게 될 며칠 동안 펼쳐져야 할 것이다. 우리는 암불로케투스 산지를 다시 찾아가 더 깊이 파서, 아직 묻혀 있는 게 있다면, 우리의 소중한 나머지 골격을 얻고 싶다. 차를 타고 다시 평원을 향해 카라코룸 고속도로를 달리는 동안에 나는, 높은 산들을 바라보며 판구조론에 관해 배웠던 교훈을 되새긴다. 한편으로 맨 처음 이 지역의 지질을 탐사한 사람들, 내가 여기서 하고 있는 일을 위한 기초를 제공했지만 판구조론에 관해서는 아무것도 몰랐던 사람들에 대해서도 생각한다.

구릉에서 일어난 납치 사건

판구조론이 세계에 관해 일반적으로 인정받는 사고방식이 되기 오래전, 고래의 기원과 관련된 최초의 남아시아 화석들은 T. G. B. 데이비스에 의해 칼라치타에서 채집되었다. 당시에 그 영역은 영국령 인도의 일부였고 데이비스는 아톡 정유회사에 고용된 지질조사원이었다. 그가 거기에 보내진 것은 기름 삼출지, 즉 암석에서 기름이 배어나오는 곳에 대한 보고들을 조사하기 위해서였다. 1935년, 데이비스는 유전 탐사가 가능할지를 판정하기 위해 지질도를 그렸다. 현장에서 지도를 그리는 동안, 데이비스는 한편으로 화석을 약간 채집했고, 이것들이 결국 과거에 인도지질조사소에 있었던 런던 영국 자연사박물관의 척추고생물학자 가이 필그림의 책상 위에 놓였다.[3] 제2차 세계대전이 다가오던 1938년에는 독일 뮌헨의 리하르트 뎀 교수가 영국령 인도로 떠나 직접 화석을 채집할 생각으로, 필그림이 수집한 인도 마이오세 화석들(3500만 년 전 이후)을 보러 그를 찾아갔다.

내가 1990년대 중반에 뎀을 만나러 갔을 때, 그는 뮌헨에 있는 퇴직자 전용 아파트에서 살고 있었다. 뎀은 그가 반세기 전에 채집하던 영역에서 이

제 내가 일하고 있음을 알고는 신이 나서 자신의 이야기를 들려주었다. 그가 런던을 방문했을 때, 필그림은 그에게 데이비스가 칼라치타 구릉에서 채집한 에오세 화석들도 보여주었다. 필그림은 뎀에게 칼라치타에도 가보라고 권했다. 뎀은 1939년에 배를 타고 희망봉을 지나, 인도의 많은 곳에서 채집을 한 다음, 계속해서 오스트레일리아로 가는 긴 여행을 떠났다. 그가 오스트레일리아에 있을 때 전쟁이 그의 발목을 잡았다. 독일인인 그는 투옥되었지만, 결국 풀려나 독일로 돌아왔다. 그의 화석들은 프랑스 사람들에 의해 압류된 뒤, 전쟁의 최전선이 프랑스를 가로지르는 동안 프랑스의 한 항구에 계류되어 있던, 그와 함께 여행해온 배 위에 남아 있었다. 마침내 독일인들이 프랑스의 서해안을 정복하고 배를 발견한 덕에, 뎀은 자신의 화석들과 재상봉했다. 뎀은 나치가 아니었다. 사실은 나치가 그를 싫어해서, 바이에른 사람들과 나치의 중심지인 뮌헨의 박물관에서 중요한 지위에 있던 그를 프랑스 사람들에게서 갓 빼앗은 스트라스부르의 소도시로 옮겨버렸다. 그는 전쟁 내내 거기 있었다.

뎀은 전쟁이 끝난 뒤 뮌헨으로 돌아와, 화석을 더 채집하러 영국령 인도로 되돌아갈 계획을 세웠다. 전쟁은 유럽에만 상처를 남긴 것이 아니었다. 영국령 인도도 1947년에 힌두교가 우세한 인도와 이슬람교가 우세한 파키스탄으로 쪼개졌다. 칼라치타 구릉은 그때 파키스탄에 속하게 되었고, 뎀은 1955년에 이 신생 국가에 속한 그의 옛 현장들을 방문했다. 그의 수집물은 늘어났고, 그는 그것을 1958년에 발표했다.[4] 뎀이 찾은 것 중에는 이빨이 두 개 달린 작은 턱 조각이 있었다. 그것은 고래의 것이었지만, 그는 그 사실을 알지 못했다. 바실로사우루스보다 오래된 고래는 알려져 있지 않았고, 뎀의 고래는 너무나 달랐을 뿐만 아니라 너무나 단편적이어서 알아볼 수가 없었다. 그럼에도 그는 그 동물이 고래목에 걸맞은 식습관을 가지고 있었을 거라는 놀랄 만한 추론을 했다. 그리고 그 동물을 이크티올레스테스*Ichthyolestes*라고 불렀다. 그리스어로 이크투스*ichthus*는 물고기를, 레스테스*lestes*는 도

둑을 뜻한다. 그것은 이름이 붙은 최초의 인도-파키스탄 고래였고, 지금도 여전히 세계에서 가장 오래된 고래들 중 하나다. 그 표본이 나온 암석으로부터 200~300미터 떨어진 암석에서, 30년 뒤에 로버트 웨스트가 고래로 동정한 턱뼈가 나왔다.[5] 뎀은 데이비스가 만들었던 지도를 손으로 베낀 복사본 위에 그의 현장을 표시했다. 그는 내가 거기에서 작업하고 있다는 말을 듣고 나에게 그의 지도를 주었다.

차를 타고 아톡을 향해 가면서 뎀과 웨스트를 떠올린다. 1987년에, 나는 애리조나 주 투손에서 열린 세계척추고생물학회의 학술대회에 가기 위해 비행기를 탔다. 비행기에서 어쩌다 웨스트 옆에 앉게 된 덕분에 그에게 내가 파키스탄의 에오세 지층에서 작업하는 데에 관심이 있다고 말하고, 그의 옛 현장들을 방문해도 되겠느냐고 물었다. 많은 고생물학자들이 지키지만 종종 깨기도 하는 불문율이 있는데, 다른 누군가가 작업 중인 산지는 그의 허락 없이 방문하지 않는다는 것이다. 웨스트는 오랜 세월 동안 그 현장들을 건드리지 않고 있었지만, 나는 확실히 해두고 싶었다. 자비롭게도, 그는 나더러 그렇게 하라고, 자신은 그 영역들에 대해 아무 권리도 없다고 말해주었다.

우리는 히말라야를 떠나 프라이팬 그 자체인 펀자브의 평원으로 들어선다. 기온이 섭씨 40도를 넘나들고, 습도도 높다. 우리는 아톡에서 기찻길과 기차역 옆에 있는 철도 여행자 숙소에 머문다. 시내는 땡볕에 시들고 먼지가 자욱하고 초라한 곳으로, 썩고 있는 쓰레기와 디젤 연료의 냄새가 공기를 가득 채우고 있다. 하지만 숙소에는 향기로운 냄새가 나는 안마당이 있다. 그곳은 선명한 빛깔들로 가득하고, 사방에 꽃이 있다. 숙소에는 관리인이 상근하고, 그의 주된 업무는 이 시각적 천국에 물을 주는 일이다. 하지만 그것이 열기를 덜어주지는 않는다. 나는 선글라스와 모자를 쓰지만 여전히 머리가 지끈거리고, 땀이 나서 탈수 상태가 된다. 전기도 나가 있다. 아리프와 내가 한 방을 쓰는데, 그가 맨 먼저 하는 일은 자기 침대를 방의 한가운데로 가져다놓는 것이다. 나에게는 그게 이상해 보여서, 내 침대는 벽을 따라 그대로 놓아둔다. 나중에 전기가 다시 들어오자, 천장의 선풍기가 살아난다. 그것이 아리프의 침대 바로 위에 있다.

다음날 아침, 우리는 새벽 네 시에 숙소를 떠난다. 해가 뜰 때 탐사 영역에 도착해서 하루 중 가장 뜨거운 때가 되기 전에 떠날 심산이다. 날이 캄캄하고 사람들이 아직 잠들어 있어서 아침을 먹을 방법이 없고, 사람도 짐승도 보이지 않는다. 무니르가 빨간 지프를 몬다. 우리는 피곤하다. 이 열기 속에서 푹 자기는 불가능하다. 이제 칼라치타 구릉의 높다란 곳들을 건너가는데, 아직까지 한 사람도 보지 못했다. 이곳의 야산들은 우리가 며칠 전에 떠난 산들의 꼬맹이 사촌들이다. 북을 향한 대륙적 소요의 마지막 잔물결들인 것이다. 여기에는 고래가 기원하기 오래전, 어룡과 수장룡을 품고 있던 대양에서 형성된 잿빛 쥐라기 석회암들이 있다. 길게 이어지는 도로가, 관목으로 뒤덮이고 지도상에 '밀림'이라 적힌 구역을 가로지른다. 2킬로미터만 더 가면 암불로케투스가 있다. 이곳에서는 관목들이 사람보다 더 크고, 무리지어 자란다. 쉽게 에둘러 갈 수는 있지만, 그 때문에 결코 멀리 볼 수가 없다. 이곳은 거대한 풀빛 미로와 같다. 급커브를 도는 순간, 우리 모두 정신이 번쩍 들며 충격에 빠진다. 이 장소에 군인 같은 복장을 한 경찰들이 우글우글하다. 반자동 총을 든 지상군을 태우고 온 버스들, 위장한 지프들, 장갑차들이 서 있다. 그들이 우리를 세우고, 뭘 하려는 거냐고 묻는다. 아리프가 초조한 목소리로 설명한다. 그들이 우리더러 차를 몰고 계속 가라고, 멈추지 말고 이 야산을 건너가 야산의 남쪽 바살에 있는 경찰서까지 이르러야 한다고 말한다. 한 남자가 납치되었는데, 납치범들이 이 정글에 숨어 있다고. 오늘, 경찰이 그들을 색출할 거라고. 나는 당혹스럽고 아뜩해져 바살로 가는 길에 생각을 정리하려 애쓴다. 그들은 우리에게 이럴 수 없다. 나는 여기 돌아오기 위해 2년을 기다렸다. 우리는 그냥 포기할 수 없다. 바살에 있는 경찰은 우리를 접근하게 **해줘야** 한다. 나는 내 의견을 강변할 용의가 있다.

바살에 있는 경찰서는 안마당을 둘러싸고 지어져 있다. 우리는 바깥에 차를 세운다. 아리프 혼자서 보초들을 통과한다. 그는 나를 안으로 데려가고 싶어하지 않는다. 외국인이 있으면 문제가 더 복잡해질까 봐 걱정하는 것이겠지. 그가 새로운 소식은 전혀 없이 돌아온다. 그에게 질문을 퍼붓지만, 그는 묵묵부답이다. 그가 의견을 내세우긴 했을까, 아니면 그저 내가 우기니까 들어간 것일까? 이슬라마바드의 호텔에 있는 타시르에게 전화를 건다. 그가 이슬라마바드로 돌아오라고 말한다. 다음날, 이슬라마바드의 한 신문이 작전에서 경찰이 네 명이나 살해되었으며 납치범들은 잡히지 않았다고 보도한다. 타시르가 나더러 집으로 돌아가고 그에 관해서는 잊으라고, 화석들은 앞으로도 1년 동안 땅속에서 안전하게 있을 거라고 말한다. 나는 억장이 무너진다.

삶은 계속된다. 아직 땅 밑에 있는 암불로케투스의 골격들은 그것들이 4800만 년 동안 있던 자리에 그대로 머물러 있다.[6] 하지만 납치 사건은 파키스탄이 지닌 더 큰 문제의 일부일 뿐이다. 내가 지도상의 한 장소를 가리키면 아리프가 그 장소는 보안상의 이유로 출입금지라고 말하는 일이 너무나 잦다. 파키스탄은 연구 재료의 유일한 조달업자가 되기에는 너무 위험한 장소다. 그래서 나는 다른 곳에 눈독을 들인다. 인도에도 화석 고래들이 있잖아. 게다가 인도는 정치적으로 활짝 열려 있고 말이야.

인도의 고래들

인도 고생물학계의 그 남자가 어렴풋이 실물보다 더 크게 눈앞에 나타난다. 아쇽 사니, 그 나라에서 척추동물고생물학의 아버지로 통하는 사람. 몇 년 전, 그에게 그가 하는 에오세 인도 고래들의 이빨 법랑질 연구에 관해 묻는 편지를 보냈다. 돌아온 답장에는 법랑질에 관한 말은 거의 없는 대신에 그의 실험실에 들러달라는 초대의 말이 적혀 있었다. 기분 좋은 깜짝 선물이었다. 그때가 새삼스레 떠오른다.

고래 이빨의 법랑질을 연구해보는 것도 정말 재미있을 거야. 암불로케투스과와 바실로사우루스과에서 보이는 야릇한 이빨 마모에 대한 단서를 얻을지도 모르잖아. 그러면 자동으로 이 동물들이 무엇을 먹고 살았는지 이해하는 데에도 도움이 될 테고. 물론 법랑질을 연구하려면 다이아몬드 날이 달린 톱으로 이빨을 썰어 전자현미경으로 단면을 봐야겠지. 그러면 귀중한 표본이 망가질 테고. 하지만 화석이 더 많이 있다면 거기서 얼마쯤 썰어버려도 마음이 덜 아플 거야. 인도 고래의 이빨을 파키스탄 고래의 이빨에 보탤 수 있다면 환영할 일이고말고. 사니 박사의 초대를 받아들이기로 하자.

6
인도로 가는 길

델리에서 발이 묶이다

1992년 2월, 파키스탄의 이슬라마바드. 한 달에 걸쳐 파키스탄에서 탐사작업을 마친 뒤, 인도의 수도 뉴델리로 나를 데려다 줄 비행기에 탑승하고 있다. 두 나라 사이의 항공편은 일주일에 두 번뿐이다. 서로를 향해 적대적 자세를 견지한 결과다. 군인들이 걸핏하면 스카르두 근처 통제선 건너편에 있는 서로를 향해 총을 쏜다. 나는 이 새로운 나라에 간다는 것, 아쇽 사니와 그의 동료들을 만난다는 것, 그리고 그들이 인도양과 맞닿은 인도 서부의 구자라트 주에서 채집한 고래들을 연구한다는 것에 들떠 있다. 애초의 채비는 모두, 답신을 주고받는 데에 몇 주씩 걸리는 항공우편을 통해 갖추었다. 파키스탄에서 아쇽에게 전화를 걸었지만 결코 받지 않았으므로, 그저 최선을 바랄 뿐이다. 인도항공의 인도행 비행기는 파키스탄의 친척을 방문하고 돌아가는 인도의 이슬람교도들로 **빽빽**하다. 우리가 착륙하자마자 기도 시간이라, 그 가운데 많은 사람들이 기도를 하기 위해 공항 복도에 깔개를 펼쳐 통행을 방해한다. 카키빛의 군복 같은 제복을 입은 공항 직원들은 주로 힌두교도나 시크교도라서 그들에게 업신여기는 눈길을 보내지만, 상관하지는 않는다. 에스컬레이터를 타고 델리로 내려가는데, 커다란 가네샤의 목상이 보인다. 환영받기를 원하는 모든 사람을 환영하고 있는, 코끼리 머리를 한 힌두교의 신으로 여행자와 상인을 수호한다. 신을 묘사하는 것이 모독인 이슬람교도의 나라 파키스탄에서 오는 중인 나는 그토록 노골적인 우상숭배에 깜짝 놀라지만, 한편으로 이 낯선 신세계에 들어선다는 사실에 고무된다. 미국에서는 델리에서 찬디가르로 가는 비행기표를 살 수 없었으므로, 여기 공항에서 내일 아침에 떠나는 비행기표를 살 것이다. 인도항공 탑승 수속대에서 찬디가르행 표를 사고 싶다고 말한다.

"찬디가르행은 운항하지 않습니다."

당황스럽다. 나는 운항한다고 생각했다. 그녀를 반신반의한다. "그러면 어디에서 표를 살 수 있나요?"

"밖으로 나가세요."

계속 걸어서 터미널 건물을 떠난다. 그 순간 내 실수를, 찬디가르행 비행기는 인도항공이 아니라 인디언항공에 있음을 깨닫는다.* 돌아서서 다시 터미널 건물로 들어간다. 한 남자가 나를 가로막는다. "환전하시겠어요, 손님?" 여기서는 환전 암시장이 성행하므로, 나는 깍듯하게 제의를 거절한다.

경찰이 나를 막고 표를 요구한다.

"아직 없어요. 안에서 살 거예요."

"유효한 표가 없으면 입장할 수 없습니다."

"표 파는 곳이 안에 있는데, 어떻게 표를 삽니까? 안에 들어가야 해요."

"유효한 표가 없으면 입장할 수 없습니다."

그의 얼굴에 그가 진지하다는 게 보여서, 나는 다소 황망해져 돌아선다.

"호텔이요, 손님?" 한 남자가 실은 벌써 내 가방을 움켜쥐고 있다. 그가

---

* 국제선인 인도항공과 국내선인 인디언항공은 분리되어 있다가, 2011년에 인도항공으로 합병되었다.

가방을 잡아당긴다. 나는 가방을 휙 잡아채면서 으르렁거린다. "아니요."

다른 남자에게 인디언항공의 표를 사려면 어디로 가야 하느냐고 묻는다. 그가 터미널 밖에 있는 작은 사무실 쪽을 가리킨다. 가는 길에 다른 남자가 네 명이나 끈질기게 택시, 호텔, 환전을 권한다. 사무실에 이르니, 문이 닫혀 있다. 도대체 왜? 겨우 오후 세 시인데.

"택시요, 손님?" 터번을 두른 시크교도가 기대에 찬 표정을 짓는다. 나는 고개를 젓지만, 그는 설득되지 않는다. "좋아요, 손님, 호텔이 필요하시군요. 제가 제일 좋은 데로 모실게요." 행상인에게 떠밀려 택시를 타고 델리에 있는 아무 데로나 수동적으로 실려간다는 것은 생각만 해도 불안하다. "됐어요."

다른 남자에게로 다가간다. "인디언항공의 표를 어디서 살 수 있나요?" 그가 방금 내가 갔다 온 사무실을 가리킨다.

"닫혀 있던데요." 내가 말한다.

"네, 닫혀 있어요." 그가 말하더니, 가던 길을 간다.

당황스럽다. 이제 어쩌면 좋을지 모르겠다. 경찰이 내게로 다가온다.

"환전하시려고요?"

이건 무섭다. 내가 그렇다고 말하면, 그는 암시장에서 환전한 혐의로 나를 체포할 수 있을 것이다. 내가 아니라고 말하면, 그는 다른 무언가로, 그저 내가 못마땅하다는 이유로 나를 체포할 수도 있을 것이다. 나는 도움을 사양하지만, 눈에는 두려움이 역력하다.

이 지역의 모든 하층민이 이제 내가 어쩔 줄 모른다는 것을 알아냈고, 그들 모두 내가 어쩌면 좋을지 정말 좋은 생각들을 갖고 있다.

"손님, 택시요?"

"이리 오세요."

"호텔이 정말 좋아요. 손님, 제발 이리 오세요."

신경이 곤두선다. 모든 게 잘못되고 있는데, 피해 갈 길이 보이지 않는다. 표에 관해서는 패배를 인정하고 목숨과 제정신을 구하는 데에만 힘을 쏟기로 작정한다. 떼거리를 제거하려면 단호해 보일 필요가 있으므로, 사람들이 서 있는 줄로 걸어가 대열에 합류한다. 그들이 무엇 때문에 줄을 서 있는지는 모르지만 합법적이고 그럴싸한 뭔가가 틀림없으니, 그것이 이 떼거리에게는 내가 마음을 정했으며 그들과 무관한 뭔가를 하려 한다는 뜻으로 비치기를 바란다. 그렇게 시간을 번다. 신경이 조금 가라앉는다. 다가와 말을 거는 사람 없이 생각할 수 있다. 호텔로 가서 접수원이 비행기 찾는 것을 도와줄 수 있는지 알아보는 게 최선이야. 하지만 어느 호텔? 내 돈을 뒤쫓지 않는 누군가의 도움이 필요해. 내 앞의 남자는 옷도 잘 입었고 나를 완전히 무시하고 있어. 좋은 신호야.

"선생님, 근처에 좋은 호텔 이름 좀 알려주시겠어요?"

그가 나를 훑어보더니 미소를 짓는다. 내 얼굴에서 스트레스 받은 표정을 알아차린 게 틀림없다. "아쇼카 팰리스에는 가셔도 됩니다. 아주 좋아요."

낱말들이 음악처럼 들린다. 아쇼카 팰리스, 게다가 "제발 이리로 가세요"가 아니라 "가셔도 됩니다"라니. 그 말이 내게 주도권을 허락하고 용기를 준다.

"정말 고맙습니다. 인디언항공의 사무실이 몇 시에 다시 여는지도 알려주시겠어요?"

"열지 않을 겁니다."

"왜요?"

"내일 열 겁니다. 오늘은 공화국 창건일이거든요."

이로써 이 문제는 깨끗이 해결된다. 공화국 창건일은 독립 기념일과 비슷한 국경일이다. 모든 게 닫혀 있어도 이상할 게 없다. 내가 물어본 인도 사람들에게는, 오늘은 사무실이 닫혀 있으리라는 것, 그러니 내 질문은 오늘 말고 나중에 필요할 때에 참고하기 위한 것이라는 게 자명했던 것이다. 그들은 전혀 나를 오도하려던 게 아니었다. 그래서 실제로, 호텔에 가서 아침이

되기를 기다리는 것 말고는 할 일이 아무것도 남지 않는다.

좀 전에 나에게 몰려드는 데에 끼지 않았던 한 택시기사에게 걸어간다. 요금을 놓고 잠시 실랑이를 벌인 뒤(델리의 택시에는 요금미터기가 없다), 그가 나를 '궁전(팰리스)'으로 데려간다. 힌두교 사원을 지날 때마다 운전대를 놓고 손으로 기도하는 자세를 취하는 기사의 습관을 내가 당연한 일로 받아들인 뒤에는 별다른 분규 없이 아쇼카 팰리스에 도달한다. 서른다섯 명의 서로 다른 낯선 사람들(정말로, 나는 숫자를 세었다)과 옥신각신한 끝에, 내 생애에서 정신적으로 가장 끔찍한 45분을 살아서 헤쳐 나온 것을 남몰래 축하한다. 거의 매 순간이 긴장과 혼란의 연속이었다. 방에 들어가 바닥에 배낭을 떨어뜨리고, 침대에 눕자마자 곯아떨어진다. 결국은 몇 분 뒤, 접수대의 남자 때문에 잠이 깨지만 말이다. 좋은 환율로 환전을 하지 않겠느냐고 묻는 그에게 안 한다고 거칠게 말하고는 수화기를 쾅 내려놓는다.

다음날 공항으로 돌아가 더는 아무런 사건 없이 표를 산다. 찬디가르, 즉 나라가 갈리기 전, 한때 철자가 다른 파키스탄의 펀자브Punjab 주와 통합되어 있던 펀자브Panjab 주의 주도로 날아간다.[1] 사니가 공항에 나와 나를 차에 태우고 펀자브 대학교로 간다. 그는 델리에서 내가 겪은 일을 듣고 껄껄 웃더니, 인디언항공보다 기차로 다니는 편이 훨씬 낫다고 말한다. 드라이브가 나를 즐겁게 한다. 살아 있는 존재들만 무시한다면, 찬디가르는 곧게 뻗은 큰길들, 정연하게 줄 맞춰 짓고 하얗게 칠한 집들, 수많은 원형 교차로가 있는 현대적 도시다. 그러나 이 정돈의 시도도 인도를 통치하는 혼돈의 여신을 제압하기에는 전적으로 힘이 부쳐서, 인도의 다른 모든 소도시와 마찬가지로 소들, 개들, 연 날리는 사내아이들, 동생들을 지키는 누나들이 거리를 차지한다. 음료를 파는 노점상들이 나무 궤짝 안에 가게를 차리고, 과일 장사꾼들이 다 쓰러져 가는 손수레 위에 팔 물건을 높이 쌓으며 한 차선을 완전히 가로막고, 다 큰 사내들이 마치 십대처럼 쇼핑몰에서 그저 몰려다니며 담배를 피우고 재잘거리면서, 사람들이 개미탑을 구경할 때 느끼는 무의식적 해방감을 맛보며 세상을 구경한다.

찬디가르는 펀자브의 주도이고, 인도 아대륙에서 더 눈에 띄는 거주자들 중 일부인 시크교도들의 고향이다. 남자들이 턱수염으로 완전히 뒤덮인 얼굴과 그들의 종교 계율에 따라 평생 잘라서는 안 되는 긴 머리를 단단히 말아 붙들고 있는 울긋불긋한 터번을 뽐낸다. 시크교도들이 일으킨 소규모 내란이 진행 중이다. 일부 시크교도들이 인도의 지배에서 벗어나 독립을 얻어내려 하고 있다. 인도 정부는 이들을 강력히 탄압하며 엎치락뒤치락하고 있다. 교내에 모래주머니를 쌓고 저항하는 사람들이 있고, 기관총을 휘두르는 전투복 차림의 남자들이 가득하다. 교정 근처의 적십자 표지판이 '피를 흘리지 말고, 기부하라!'라고 부르짖는다. 교정을 걷다가 시위대를, 내가 읽을 수 없는 팻말을 들고 성난 목소리로 구호를 외치는 사람들을 마주치지만, 그들은 단지 더 높은 급료를 요구하는 직원들이라는 사니의 설명에 걱정이 가신다. 내란이건 아니건, 임금 인상도 중요하지.

사니가 자신의 학생들을 소개한다. 그들 중에 수닐 바즈파이, 콧수염을 기르고 벌써 머리가 벗겨지고 있는 내 연배의 조용한 친구가 있다. 고래 화석들은 파키스탄의 것보다 약 500~1000만 년 후의 것이고, 그 화석들이 수닐이 쓸 논문의 주제다. 화석들이 여기서 처음 발견된 것은 인도지질조사소의 지질조사 작업 도중,[2] 그러니까 인도는 아직 영국의 식민지였지만 사니의 실험실이 화석 고래들을 진지하게 찾기 시작한 첫 번째 곳이던 때였다.[3] 가장 중요한 출판물은 미국에는 복사본 몇 부밖에 없는, 사니와 미시라의 1975년 논문이다.[4] 원본으로는 지금 처음 보는데, 침침하고 휑뎅그렁한 실험실에서—가장자리가 너덜너덜하고 곰팡내 나는 황토빛 종이에 인쇄되고 더러운 엄지손가락 지문과 흰곰팡이 얼룩으로 뒤덮인, 두께가 60센티미터에 가까운—그것을 펼치는 순간, 논문이라기보다는 차라리 해적의 보물지도처럼 느껴진다. 화석을 찍은 사진들이 있지만 모조리 초점이 맞지 않고 명암이 너무 강하게 인쇄되어 있다. 화석은 검은 대양에 떠 있는 흰 섬

같고, 해부학적 특징을 표시하는 점선은 묻혀 있는 보물로 인도하는 비밀의 오솔길 같다. 여기 오길 잘했다. 이 화석들은 해적의 황금이라고 해도 과언이 아니다.

사니와 미시라는 놀라웠다. 미시라는 심지어 차도 없이 많은 화석을 채집하고 지리를 묘사했고, 사니와 함께 이 화석들이 초기 고래에 해당한다는 것을, 파키스탄의 화석들이 그러한 것으로 인식되기 한참 전에 알아보았다. 참말이지, 이 고래들은 현대의 고래처럼 생기지 않았고, 화석들은 한낱 파편들이었다. 그것들을 고래로 동정한 것은 업적의 하나였고, 유명한 스미스소니언의 고생물학자 레밍턴 켈로그가 초기 고래들은 "명백히 에오세 동안 인도양에 도달하지 않았다"라고 쓴 다음이라 더더욱 그러했다.[5]

사니가 나에게 화석들도 보여준다. 대부분 누렇게 변한 신문지에 싸여 화석 코끼리의 엄니와 영양의 머리뼈들 뒤에 숨겨져 있던 인도의 고래들이 지금 나를 위해 되살아난다. 검게 변한 머리뼈에 긴 주둥이와 공깃돌 크기의 눈이 달려 있다. 귀는 암불로케투스나 파키케투스와 달리, 큼직한 게 멀리 떨어져 있다. 사니와 미시라는 스미스소니언의 동료 이름을 따서 이 고래에게 레밍토노케투스*Remingtonocetus*라는 이름을 지어주었다.

수닐과 나는 이런 고래들이 나오는 장소, 즉 구자라트 주에 있는, 인도양 근처의 쿠치라는 지역에서 함께 작업하기 위한 시안을 짠다. 인도의 고래들을 파키케투스 및 암불로케투스와 조합하면 급속히 진화하고 있는 고래들을 불과 수백만 년 간격으로 촬영한 세 가지 스냅사진을 연구할 수 있을 테고, 이는 유례없는 기회다.

쿠치는 찬디가르에서 약 900킬로미터 떨어져 있는 곳으로, 인도에 왔다만 가는 이 여행으로 후딱 돌아보기에는 너무 먼 거리에 있다. 그러나 인도의 히말라야 고지 안에는 차로 갈 수 있는 거리에 에오세 고래가 나오는 산지들이 있고, 또 다른 고래인 암불로케투스과의 히말라야케투스가 거기에서 발견되었다. 그래서 다음날, 사니가 나와 세 학생을 자신의 코딱지만 한

밴에 태우고 세 시간을 운전해서 산속으로 데려간다.

히말라야의 화석현장은 파키스탄의 화석현장들과 다르다. 여기는 비가 많이 내린다. 아름답고 평화로운 솔숲이 비탈을 뒤덮어 소리와 빛의 기세를 꺾지만, 화석을 채집하기에는 나쁘다. 암석들이 솔잎이나 덤불로 덮여 있다. 유일한 노두, 즉 드러난 암석과 화석들을 볼 수 있는 곳은 작은 냇물들 속이다. 하지만 노출된 곳들은 가파르고 미끄러운 데다, 물풀들이 발 디딜 곳을 차지하려고 내 발과 경쟁한다. 이곳의 화석들은 셰일—실제로는, 다져진 진흙—에서 발견된다. 셰일은 푸석해서, 헐렁하게 박혀 있는 돌 천지인 표면을 잘못 밟으면 허물어지면서 발이 미끄러진다. 나는 최소한 화석을 찾으며 보내는 시간과 같은 시간을 어디에 발을 디딜지 보는 데에 소모한다. 설상가상으로 비가 내리기 시작하는데, 이 마을 사람들은 이 골짜기를 공용 화장실로 사용한다. 사니와 내게는 비옷이 있지만, 세 학생은 스웨터를 입어서 몰골이 비참하다. 사니는 조금도 인정을 보이지 않고 그들에게 비옷을 가져왔어야 했다고 말한다. 이 지역 출신이어서 왕년에 이 비탈들에 기어오르곤 했다는 학생 한 명이 이빨 한 조각을 찾는다. 고래의 이빨인데, 한쪽에 깔끔하게 부러진 부분이 눈에 뜨인다. 이빨의 나머지는 아직 암석 안에 있다. 나는 화석이 발견될 거라 생각하지 않아서, 그것을 캐낼 도구도 조각들을 붙일 접착제도 가져오지 않았다. 내 주머니칼로, 이빨을 둘러싼 셰일을 톡톡 쳐낸다. 이빨이 한 조각 더 떨어져 나와, 두 조각 모두를 손수건에 싸서 셔츠 주머니에 넣는다. 굉장하다. 이렇게 열악한 조건 아래 이렇게 어려운 장소에서 고래의 이빨을 채집하다니.

그 학생이 우리더러 자기 마을과 집에 들러달라고 부탁한다. 사니는 마지못해 응낙한다. 거절하면 다소 결례가 될 테고, 그의 가족에게는 찬디가르에서 온 교수를 영접하는 게 영광일 것이다. 집들이 가파른 언덕을 따라 지어져 있고, 파키스탄의 산들에서와 마찬가지로, 한 집의 지붕이 그 위에 있는 이웃집의 바닥이다. 집들은 대부분 천연 건조된 잿빛 그대로 칠을 하지 않은 목조이고, 작은 유리창에 나무 창살이 덮인 모습이 마치 그림 같다. 우리는 가파른 오솔길을 기어올라 예고도 없이 그의 가족에게 들른다. 그의 모친과 누이가 집에 있다가 먹을 것을 내놓는다. 사니는 다시 주저한다. 여기는 가난한 마을이다. 그는 폐를 끼치고 싶지 않다. 누이가 가지고 나오는 요리 한 접시를 장정 세 명, 그들의 교수, 교수의 외국인 손님이 순식간에 먹어치운다. 또 한 접시가 나오고, 또 다 먹고, 또 한 접시, 또 한 접시. 접시들이 계속 나온다. 누군가를 위해 마련되었던 푸짐한 식사가 이제 모두 사라졌다. 사니는 극도로 겸연쩍어한다. 그의 무리가 분명 그들에게 대접하려던 게 아닌 성찬을 게걸스럽게 먹어치웠다. 하지만 어쩔 도리가 없다. 손님을 극진히 존중하는 이 문화에서 먹기를 거절하는 것은 매우 무례한 일이었을 터이다.

차로 돌아가는 길에 마을의 아래쪽으로 걸어가는데, 뭔가를 먹고 있는 떠돌이 개 한 마리가 눈에 띈다. 나는 직업적 관심에서 차에 치어 죽은 동물을 거두곤 한다. 죽은 동물의 뼈는 화석과 비교하는 데에 유용하기 때문이다. 개를 쫓아내고 녀석이 떨어뜨린 먹이 조각으로 건너간다. 그게 뭔지 보는 순간 심장이 멎는다. **그 개는 잘린 손을 먹고 있었다.** 충격이 겨우 1초 지속되었을 때, 그 손은 털이 나 있고 사람의 손보다 훨씬 더 가늘다는 것을 깨닫는다. 그것은 원숭이의 손이다. 심장이 아직도 쿵쾅거리는 채로, 얼른 자리를 떠난다. 나중에 도로로 돌아와서 보니 길가에 마카크원숭이들이 앉아 있다. 우리가 수많은 급커브를 통과해 히말라야에서 내려오는 동안 비가 심해진다. 바람막이 창이 비로 불투명한데, 사니는 아무것도 볼 수 없게 된 다음에만 겨우 한두 번 와이퍼를 켰다가 다시 꺼버리는 납득할 수 없는 습관을 가지고 있다. 나는 입술을 깨물고 조수석에 앉아 있지만, 모든 것이 무사히 끝난다. 교통이야말로 인도를 방문할 때 가장 위험한 것이다.

찬디가르로 돌아와, 바느질용 바늘을 써서 가져온 이빨을 청소한다. 사니가 인도산 모형 항공기 접착제라는 모종의 미봉책을 제시한다. 상자에 붙은 광고 문구에 '부서진 심장(실연의 상처)만 빼고 뭐든지 붙여줍니다'라고 쓰여 있다. 하지만 접착제의 실오라기들만 걷잡을 수 없이 날아다니고, 도통 붙지를 않는다. 다음에는 내 접착제를 가져오리라 굳게 다짐한다. 설상가상으로, 접착제를 바르는 데에 쓸 수 있는 유일한 작은 붓에는 금속성의 은빛 페인트가 묻어 있다. 내가 붙인 그 이빨은 이 잊지 못할 여행을 영원히 상기시키는 은빛 광택을 지니고 있다.[6]

사막 안의 고래

수닐과 나는 그 첫 번째 인도 방문의 뒤를 이어, 1996년에 쿠치에 가서 채집을 하기로 계획을 세운다. 경험에서 배운 바가 있어, 이제는 미국에서 인도로 직접 날아가 구자라트에서 그를 만난다. 과거에 수닐은 여기에 자주 와서, 쥐꼬리만 한 돈으로 작업을 했다. 아침이면 사막에 있는 마을로 가는 버스를 타면서, 기사에게 버스 노선상에 있는 산지들에 자기를 떨어뜨려달라고 말하곤 했다. 버스가 마을 사람들의 주된 운송수단이다. 사람들이 자가용을 몰기에는 너무 가난해서, 이곳 도로들에는 버스와 트럭 말고는 차가 드물다. 버스는 하루에 두 번밖에 마을에 닿지 않고, 시간표는 화석 채집자의 필요를 감안하지 않는다. 그 결과로, 수닐의 산지들은 대부분 버스노선 가까이에 있다. 그는 흔히 해가 뜨기 전에 현장에 도착해 날이 새기를 기다렸다가, 이른 오후에 버스가 돌아가는 길에 들를 때 떠나곤 했다. 그래서 그에게는 채집할 시간이 거의 없었고, 가져갈 수 있는 도구의 양과 채집할 수 있는 화석의 수도 한정되어 있었다. 그가 모은 채집물은 놀랍도록 많은 것이다.

지금은 우리에게 국립지리학회에서 받은 연구비가 조금 있어서, 차를 빌릴 수 있다. 인도에서는 차만 빌릴 수가 없고, 항상 기사와 함께 차를 빌린다. 나빔은 조용하고 온화한 남자이고, 나에게는 중요하게도, 신중한 운전자이기도 하다. 차는 인도에서 제작된, 사륜구동이 아닌 앰배서더다. 나빔은 포장된 도로를 벗어나 냇물과 깎아지른 산등성이를 운전해서 통과하는 데에 자부심을 가지고 있다. 딱 한 번 이 험로들이 그를 이겨 결국 우리는 도랑을 건너기 위해 기를 쓰고 범퍼에 매달린다. 그가 억지로 미소를 지으며, 우리에게 다시는 그 경로를 이용하지 않겠다고 말한다.

나빔이 우리를 바비아 구릉, 꼭대기가 평평하고 비탈이 심하게 풍화하고 있는 야산에 떨어뜨린다. 날라(마른 강바닥)들은 연초에는 바싹 말라 있고, 가을 장마철에만 물을 나른다. 수닐이 그런 날라의 벽에서 풍화해 나오고 있는 갈비뼈들을 발견한다. 한 줄로 늘어서 있고 빗자루만큼 굵다. 커다란 가시덤불이 그 위로 여기저기 그늘을 드리운다. 통통한 갈비뼈들을 보자마자 그 화석을 바다소목으로 동정하고, 나는 가시덤불의 반대쪽에 역시 가지런하게 늘어서 있는 또 한 줄의 갈비뼈에 주목한다. 이것은 가슴이었는데, 통째로 묻혔군. 가시덤불 밑, 갈비뼈들 사이의 척추뼈가 보고 싶어 안달이 난다. 칼로 덤불을 난도질한 뒤, 발굴을 시작한다. 척추뼈가 그 짐승의 머리 쪽이 날라 안을 가리키고 있음을 보여주므로, 머리뼈는 아마도 어느 장마철에 강이 범람하는 동안 하류로 씻겨 갔을 것이다. 그것은 작년이었을 수도 있고, 천 년 전이었을 수도 있다. 혹시 그것이 최근이었을지도 몰라서, 배낭을 바다소목의 가슴과 함께 남겨두고 날라를 걸어 내려간다. 잠깐 걸어 내려가자, 뼈 하나가 둑에서 튀어나와 있다. 망치의 등으로 둑을 파 들어간다. 이것은 턱이다. 다시 말해 이빨이 꽂혔던 구멍들이 보이고, 다음엔 더 깊은 곳에, 이빨이 있다! 그러나 이것은 바다소목의 이빨이 아니라 아름다운 고래의 이빨이다. 주머니칼로 두 번째 이빨을 노출시킨다. 적당한 도구들은 배낭에 있기 때문에, 진행이 더디다. 턱은 아직도 더 깊이, 둑 속으로 들어간다. 이것을 꺼내려면 처리 도구들을 가져와야 하지만, 실은 먼저 바다소목의 가슴을 마무리하고 그것의 머리 찾기도 끝내야 한다. 내가 우선순위를 고민하고 있는데, 수닐이 와서 자기가 뭔가 다른 것을 찾았다고 말한다. 나는 꼬불꼬불한 날라에서 턱이 있는 장소를 쉽게 찾을 수 있도록 표식으로 망치를 턱과 함께 놓아두고, 수닐의 뒤를 따른다. 잠시 더 걷자, 그가 날라의 옆구리 틈새에서 튀어나와 있는 흰 물체를 가리킨다. 이제 내가 가진 도구는 주머니칼뿐이다. 붉은 밤빛의 진흙을 걷어내본다. 화석은 밝은 하얀빛, 여기에 석고가 있음을 암시하는 색깔이다. 석고는 물에 녹는 광물인데, 주위에 석고가 풍부하면 흔히 화석 뼈나 이빨이 한 분자씩 석고로 치환된다. 이 일이 일어나는 환경은 흔히 바닷물이 채워졌다가 완전히 말라버리는 곳으로, 3면이 육지로 에워싸인 만이다. 물이 증발하면서 석고의 농도가 짙어지다가, 마침내 석고가 결정을 형성해 동물의 뼈와 이빨이 있던 자리를 대신한다. 일부 석고화한 화석들은 원래 화석의 모양을 꽤 잘 유지하지만, 일부는 알아볼 수 없도록 변형되므로, 많은 고생물학자가 석고를 싫어한다. 주머니칼을 써서 화석 주위의 퇴적물을 떼어내는데, 드러난 뼈가 괜찮아 보인다. 매우 가느다란 뼈인데, 마치 플루트의 구멍처럼 길이를 따라 두 줄의 작고 둥근 구멍들이 뚫려 있다. 또 하나의 고래 턱이다. 구멍들이 이틀(치조)이라는 말이다!

어리벙벙해진 나는 어떻게 진행해야 할지 몰라 흙 위에 앉아 머리를 손에 묻는다. 도구들과 배낭은 한 발굴지에, 망치는 다른 발굴지에, 나와 칼은 또 다른 발굴지에 있다. 턱 두 개를 꺼내는 데에는 각각 한 시간쯤 걸릴 테고, 가슴을 꺼내는 데에는 반나절이 걸릴 것이다. 화석이 너무 많은 것은 행복한 고민이지만, 그래도 고민은 고민이다.

결국, 화석들을 발견된 순서와 반대 순서로 꺼낸다. 어느 쪽 화석도 내가 너무나 잘 아는 파키스탄의 고래들과 비슷하지 않다. 플루트처럼 생긴 것은 사니의 실험실에 있는 머리뼈의 친척, 즉 (제8장에서 이야기할) 레밍토노케투스과에 속하고, 다른 턱은 (제12장에서 이야기할) 프로토케투스과의 고래에게서 나온 것이다.

암불로케투스가 육상 포유류와 고래 사이의 틈을 잇는다면, 이 인도의 화석들은 파키스탄의 화석들과 바실로사우루스과 사이의 틈을 이을 수 있을 것이다. 고래의 기원이 조각그림 맞추기라면, 앞서 일부 흥미로운 조각들을 발견한 참이지만, 조각들이 이루는 그림을 알아볼 수는 없었다. 인도의 화석들이 추가되는 동시에, 그림이 분명해질 수도 있을 만큼의 조각들을 찾을 수 있다. 이것들을 채집할 시간과 돈만 있다면 말이다.

70킬로그램의 머리뼈

1년 뒤, 쿠치로 돌아와 옛 산지와 새 산지들을 탐색하고 있다. 라토 날라에 있는 도로가 기어오르는 단층절벽에는 하루디층의 노두가 포함되어 있다. 하루디층은 도로의 발밑에 수직으로 쌓여 있는 300미터 너비의 암석지대다. 4200만 년 전에 이곳은 길게 뻗은 해안이었다. 여기서는 카키빛이 다양한 색조로 등장한다. 초록빛을 띠는 카키빛, 밤빛을 띠는 카키빛, 노란빛을 띠는 카키빛, 대부분이 색찰흙이다. 자세히 보면 더 밝은 암맥들, 예컨대 밝은 노란빛의 황을 함유한 얇은 암석층, 유리 같은 하얀빛의 석고층, 검은빛에 가깝고 결코 손가락 굵기를 넘지 않는 석탄 솔기들도 보인다. 석탄은 식물의 풍부한 성장, 즉 물가의 습지를 암시한다. 눈으로 보기에 가장 우세한 유형의 암석은 초콜릿 석회암, 즉 새하얀 달팽이와 조개들이 꽉 들어차 여기가 대양저였음을 암시하는 밤빛 석회암층이다.

북쪽을 바라보면, 하루디 너머는 불모의 달 표면처럼 보인다. 불규칙한 모양으로 침식되어 그 위를 걷기 힘든 벽돌빛, 핏빛, 검은빛 사암 및 이암들이 몇 킬로미터에 걸쳐 펼쳐져 있다(〈그림 26〉). 이것은 에오세의 격렬한 풍화기에 형성된 나레디층이다. 빗물이 토양을 걸러내고, 가장 안 녹는 광물들만 남겨놓았다. 짙은 색은 대부분 산화철, 기본적으로 녹이다. 모든 영양분이 사라졌으므로, 여기서는 현대의 식물들도 살기 힘들어한다. 나레디층은 하루디층 이전에 형성되었다. 남쪽을 바라보면, 하루디층이 단층절벽의 꼭대기에서 끝난다. 여기에 있는 풀라층은 단단한 연노란빛의 석회암 덩어리들로 이루어진 융기된 고원처럼 보이고, 조개와 성게들, 그리고 축구공만

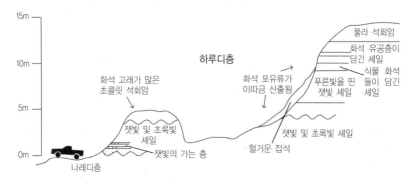

15m

10m

풀라 석회암

화석 유공충이
담긴 셰일

하루디층

식물 화석
들이 담긴
셰일

5m

화석 고래가 많은
초콜릿 석회암

화석 포유류가
이따금 산출됨

푸른빛을 띤
잿빛 셰일

잿빛 및 초록빛
셰일

잿빛 및 초록빛 셰일

0m

잿빛의 가는 층

헐거운 잡석

나레디층

그림 26 서인도에 있는 쿠치의 에오세 암석들의 지질 단면.

한 달팽이들이 잔뜩 발견되지만 척추동물은 없다. 나레디층의 암석들은 육
지가 노출되었을 때 풍화에 의해 형성되었다. 그 후 해수면이 올라갔고, 여
기에 해안선이, 말하자면 개펄, 굴이 쌓인 둑, 해안의 늪, 섬들이 있었을 때
하루디층이 형성되었다. 풀라층의 암초들이 입증하듯이, 대양이 계속 올라
가 더 많은 육지가 물에 잠겼을 때는 얕고, 따뜻하고, 매우 생산적인 바다가
있었다. 지질학자들은 마치 한 장소의 역사를 서술하는 책처럼, 암석들을 읽
는다. 쿠치에 있는 이 책은 대양이 육지로 흘러넘치는 동안 대륙의 가장자리
가 어떻게 서서히 물에 잠겼는지를 서술한다.

초콜릿 석회암은 일련의 낮은 고원, 즉 꼭대기가 평평하고 최대 높이
18미터, 최대 길이 800미터인 언덕들의 꼭대기를 형성한다. 여기가 고래 화
석을 찾기에 좋은 장소다. 우리는 많은 시간을 고원의 가장자리, 즉 침식되
면서 화석들이 보이게 되는 곳을 따라 걸으며 보낸다. 비탈에 얹힌 뼈 한 점
이, 무릎을 꿇고 코를 땅에 박은 채 표면을 샅샅이 뒤지는 치열한 조사의 방
아쇠를 당긴다. 이 영역이 비옥하다 해도, 좋은날이란 게 돌아올 때 배낭에
화석 석 점이 들어 있다는 뜻이다. 화석이 풍부하다는 것은 상대적인 개념
이다.

나는 이곳이 마음에 드는데, 부분적인 이유는 너무나 외져서다. 도로에

서 벗어나면, 몇 킬로미터를 내다볼 수 있음에도, 인간이 만든 어떤 것도 볼 수 없다. 정적 또한 멋지다. 한낮에 아무리 귀를 기울여도 절대로 아무 소리도 들을 수 없다가 몇 분이 지나고서야 멀리서 날아가는 곤충의 희미한 윙윙거림이나 드문 바람의 속삭임이 미묘하게만 정적을 깨뜨린다. 그 분위기에 안기면 저절로 과거를 돌아보며 여기서 고래들이 헤엄치던 때를 상상하게 된다.

갑자기, 수닐이 멀리서 부르는 소리에 상념에서 깨어난다. 그가 어디서부터 달렸는지 기진맥진해서, 벌건 얼굴로, 숨을 헐떡이며 내게로 다가오고 있다.

"한스, 한스, 내가 머리뼈를 찾았어, 내가 찾은 역대 최고의 머리뼈야."

덩달아 허겁지겁 그 장소로 달려간다. 그 표본은 초콜릿 석회암에 완전히 박혀 있다. 볼 수 있는 것은 머리뼈의 꼭대기, 다시 말해 머리뼈의 꼭대기를 장식하고 있는 볏인 시상능선뿐이다. 석회암에 박혀 있는 머리뼈의 좌우 부분이 똑같은 패턴으로 물결치며, 눈이 있는 자리에서 넓어졌다가, 주둥이를 향해 약 90센티미터를 나아간다. 마치 내가 대양에 뜬 배 위에 서 있고, 에오세의 고래가 내 바로 옆에서 수면으로 올라와 머리 꼭대기만 물 밖으로 내밀고 있는 느낌이다. 수닐이 옳다. 이것은 굉장한 머리뼈가 될 것이다. 석회암에서 튀어나와 있는 부분은 완벽하다. 둘이서 달궈진 흙을 망치로 떼어내며, 내 작은 빗자루로 그것을 쓸어낸다. 우리 발밑의 석회암은 거대한 한 층이 아니라, 커다란 덩어리들로 쪼개져 있는 층이다. 고래의 머리뼈가 박힌 조각은 다른 조각들보다 크다. 밀크초콜릿 빛깔이고 흰 달팽이와 조개들이 마시멜로처럼 박혀 있다. 하지만 이것이 초콜릿보다 좋다.

그 둘레를 파헤친 지 몇 시간 뒤, 그 덩어리는 한 사람이 들어서 3킬로미터 떨어진 도로까지 옮기기에는 너무나 무겁다는 게 분명해진다. 덩어리를 깨뜨려서 운반해볼까 생각해본다. 하지만 석회암은 불규칙하게 쪼개지므로, 망치질을 계속하다 여기저기 금이 가면 그 때문에 운반하는 동안 화석

뼈가 쉽게 박살날 수도 있다. 안 돼, 이것은 한 덩어리로 나가야 해. 우리 팀의 세 번째 일원인 B. N. 티와리 박사가 운반 문제를 해결한다. 그가 베어 쓰러뜨린 작은 나무 두 그루에, 밧줄로 덩어리를 매단다. 운전사가 우회로로, 반반한 지점들을 찾으며 들판을 가로질러 우리 쪽으로 차를 가져온다. 이제 화석에서 차까지 남은 거리는 60미터뿐이다. 다 같이 화석이 든 해먹을 둘러맨다. 비탈은 가파르고, 미끄럽고, 돌투성이다. 우리 네 사람은 술 취한 뱃사람처럼 비틀거리며 내려가고, 둘러맨 짐은 누군가 한 걸음을 디딜 때마다 흔들거린다. 그것을 들어서 차 뒤에 싣는 일도 쉽지 않고, 차가 무게에 눌려 그만 위태롭게 주저앉는다. 그래도 어찌어찌 시내에 도달한다. 현지의 목수를 시켜 개조한 헌 상자에 화석을 담은 뒤, 꼭 잠근 빈 생수병들을 덩어리 둘레에 채워 충격 흡수재를 대신한다. 나는 즉흥적 결과물에 흐뭇해하며 표본을 미국으로 발송할 준비를 한다.

견적은 흐뭇하지 않다. 운송하려면 1000달러가 넘는 요금을 물어야 한다. 내게는 그만한 돈이 없으므로, 표본을 수닐에게 맡긴다. 화석은 몇 년 뒤에 마침내 미국에 도착하고, 내 화석처리 담당자가 그 덩어리에서 화석을 추출하기 위해 펜 크기의 공기 드릴을 가지고 화석에서 돌 조각을 눈곱만큼씩 두드려 떼어내며 꼬박 1년을 보낸다. 결과는 굉장하다. 이것은 분명 쿠치가 낳은 고래의 머리뼈 사상 가장 아름다운 머리뼈다(〈그림 27〉, 왼쪽 머리뼈).

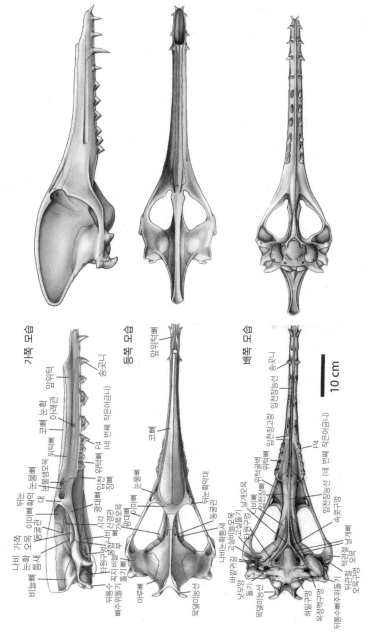

레밍토노케투스 하루디엔시스 *Remingtonocetus Harudiensis*

안드레우시피우스 슬로아니 *Andrewsiphius Sloani*

가쪽 모습

등쪽 모습

배쪽 모습

10 cm

그림 27 서로 다른 각도에서 본, 화석 고래 레밍토노케투스 하루디엔시스와 안드레우시피우스 슬로아니의 머리뼈. 레밍토노케투스의 그림은 단 한 점의 화석(IITR-SB 2770, from S. Bajpai, S., J. G. M. Thewissen, and R.W. Conley, "Cranial Anatomy of middle Eocene *Remingtonocetus* (Cetacea, mammalia)," *Journal of Paleontology* 85(2011): 703–18)을 보고 그린 것이다. 안드레우시피우스는 네 점의 화석(IITR-SB 2517, 2724, 2907, and 3153, from J. G. M. Thewissen and S. Bajpai, "New Skeletal material of *Andrewsiphius* and *Kutchicetus*, Two Eocene Cetaceans from India," *Journal of Paleontology* 83(2009): 635–63)을 보고 그렸다. 둘 다 고생물학회의 허락을 얻어 사용했다.

7

바닷가 나들이

바깥 둑

2002년, 사우스캐롤라이나 해변으로 운전 중. 차를 몰고 가족과 함께 사우스캐롤라이나에 있는 키아와 섬으로 휴가를 떠나며, 오래전에 멸종한 인도의 고래들을 떠올린다. 파키스탄 지도의 '밀림'처럼 잡초가 무성한 숲이 본토를 뒤덮고 있다가 해안에서 느닷없이 평탄한 습지들, 늪들, 구불구불한 강의 물길들에 길을 내준다. 다리가 길지만, 다리를 건너는 동안 섬 건너편에 있는 대양을 볼 수 있다.

　지질학자들은 키아와와 같은 섬을 평행사도平行砂島라 부른다. 그것은 기본적으로 파도와 해류가 가져다주는 모래를 먹고 바다 위로 솟아나 자라는 모래톱이다. 바람이 모래톱을 개조해 모래언덕(사구)을 만들고, 식물들이 자라서 모래에 정박할 기회를 얻으면, 큰 폭풍이 언덕을 다시 찢어놓을 때까지 그 식물들이 모래언덕을 제자리에 붙박아놓는다. 평행사도는 해안을 따라 가늘고 길게 이어진다. 이 평행사도의 육지 쪽에 내륙대수로, 즉 지질학자들이 내만이라 일컫는 저지대가 있다. 내만에 민물을 공급하는 강들은 평행사도에 의해 바다와 차단된다. 그래서 섬과 본토 사이에 습지가 생긴다. 결국은 강이 섬을 가로지르고 갯고랑을 만들어 대양으로 강물을 엎지른다. 대양은 밀물 때 이 섬들의 갯고랑으로 바닷물을 밀어넣어 내만을 압도하며 반격을 가한다. 그런 다음 썰물 때는 흐름이 다시 뒤집힌다. 민물과 바닷물이 섞이고, 갯고랑 근처의 매우 짠물에서부터 고랑에서 먼 곳의 거의 짜지 않은 물까지 물의 염도가 다양해진다. 강은 내만을 때리면서 흐름이 크게 약해지는 동시에 퇴적물을 실어나르는 능력도 잃어버린다. 강이 실어온 진흙이 내만에 버려져 식물이 자라날 비옥한 토양이 생겨난다. 염도, 수심, 식생의 차이가 결국 제각기 매우 다른 동물이 사는 복합적 서식지로 이어진다. 다리 위에서 운전을 하며, 나는 에오세의 고래가 진흙 속에 숨어서 쌩하고 지나가는 내 차를 올려다보고 있는 모습을 상상한다.

섬에 내린 우리는 자전거를 낚아채 대양으로 간다. 섬은 내만과 너무도 다르다. 키아와의 흙에도 바닷가의 모래처럼 조개와 달팽이, 즉 살아 있을 때 해저의 일부였던 동물들의 껍데기가 많은데, 이들의 껍데기는 이제 생전과는 다른 환경에서 발견된다. 섬은 폭이 1마일(약 1.6킬로미터)도 안 되지만, 많은 야생동물을 먹여 살린다. 우리가 바닷가를 향해 걸어가는데, 앨리게이터들이 보인다. 그들은 이 섬을 자기들 것으로 여겨서 사람을 무서워하지 않는다. 섬 위의 작은 연못들 속에서, 때로는 모래언덕 바로 뒤에서 햇볕을 쬔다. 이 연못들은 빗물이 고여 만들어진 것이라 짜지 않다. 이 앨리게이터들은 민물에서 산다는 말이다.

앨리게이터들을 보자 우리가 쿠치에서 발견하는 크로커다일의 뼈들이 떠오른다. 그 뼈들은 흔히 조가비들과 어우러져 있다. 나는 그 뼈들이 조가비와 어우러져 있음을 고려해, 그것은 바다에 사는 크로커다일의 뼈였다고 늘 생각해왔다. 이제야 그렇게 성급히 추론해서는 안 된다는 것을 깨닫는다. 만일 훗날에 어느 고생물학자가 키아와의 흙을 파고 들어간다면, 민물에 사는 앨리게이터의 뼈들이 고대의 해안 가까이에 있는 동시에 대양의 조개들과 어우러져 있을 것이다. 앨리게이터들은 해양 무척추동물과 같이 살지 않았는데도 말이다.

자전거를 끌고 모래언덕을 건너다 회색여우의 뼈를 발견하는데, 회색여우는 낮엔 모래언덕의 식물들 속에 숨어 지내는 포유류다. 여우는 아마도 모래언덕 바로 뒤의 숲이 우거진 지대에서, 이 주행성 관찰자가 놓치는 야행성 동물군의 일부인 설치류와 조류를 사냥할 것이다. 바닷가에는 조가비가 많은데, 모두 반쯤 벌어져 있다. 폭풍이 휘저어 이 바닷가로 내팽개친 죽은 연체동물의 껍데기들이 인도에 있는 우리의 화석산지들 중 하나인 고다타드를 상기시킨다. 이 바닷가에는 성게의 납작한 친척인 연잎성게들도 있다. 성게는 민물을 견디지 못하므로, 인도에서 우리는 항상 성게를 사방이 바다인 환경의 지표로 사용한다. 그러나 이 연잎성게들은 앨리게이터의 연못에서 50미터밖에 떨어져 있지 않다. 이 바닷가는 네모 칸마다 무늬와 빛깔이 매우 다른 조각보이고, 쿠치에 대해서도 같은 식으로 생각할 필요가 있다.

이 평행사도에 온 이유 중 하나는 돌고래를 보기 위해서다. 나는 오래도록 화석 고래를 연구해왔고 죽은 돌고래를 해부한 적도 많지만, 야생 돌고래를 본 적은 한 번도 없다. 우리는 자전거를 타고 바닷가를 따라 섬의 남쪽 끝으로 간다. 여기서 평행사도가 갯고랑에 의해 다음 평행사도와 분리된다. 물이 고랑에서 빠르게 흘러 나간다. 조수가 이 과정을 조종한다. 만조 무렵에 해수면이 높아지면 이 고랑을 통해 물이 쏟아져 들어와 평행사도 뒤의 개펄이 바닷물로 잠긴다. 조수가 낮아지면, 마치 거인이 개펄을 들어올려 바다로 다시 물을 쏟아붓는 것처럼 이 모든 물이 다시 빠져나간다. 돌고래는 영리한 동물이다. 조수에 관해서도 알고, 물이 쏟아져 나올 때 수많은 물고기 역시 개펄에서 쏟아져 나온다는 것도 안다. 돌고래들은 갯고랑에서 대기하고 있다가, 어쩔 수 없이 고랑을 통과하는 물고기들을 잡는다.

즐겁게 해주어야 할 여덟 살짜리를 데리고 있는 나는 돌고래가 거기 없을까 봐 걱정스럽다.

컬러도판 1 도루돈 아트록스. 4100만 년 전에서 3400만 년 전 사이에 대양을 돌아다니던 멸종한 바실로사우루스과의 고래. 바실로사우루스과의 화석들은 다윈의 시대 이전부터 이미 알려져 있었고, 1900년대 말까지도 여전히, 완전한 골격이 알려진 가장 오래된 고래였다.

컬러도판 2 약 4800만 년 전 지금의 파키스탄 북부에 살았던 화석 고래 암불로케투스 나탄스의 복원도. 암불로케투스는 생애의 대부분을 물속에서 보냈지만, 땅 위로도 올라올 수 있었다.

컬러도판 3 약 4200만 년 전에 인도에서 살았던 에오세의 고래 **쿠트키케투스 미니무스**의 복원도. 쿠트키케투스를 비롯한 레밍토노케투스과는 아마 물고기를 잡아먹었을 것이고, 땅 위를 걸어다닐 수 있었다.

컬러도판 4 레밍토노케투스과 고래 쿠트키케투스의 복원도. 이 고래의 경우는 손과 발의 화석이 발견되지 않았고, 이는 이 동물을 복원하는 화가가 창의적일 필요가 있음을 뜻한다.

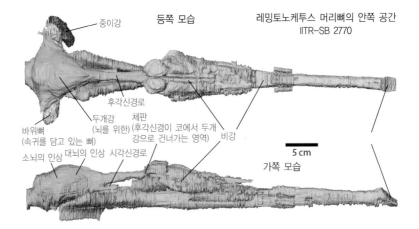

등쪽 모습

레밍토노케투스 머리뼈의 안쪽 공간
IITR-SB 2770

중이강

후각신경로

두개강
(뇌를 위한)

체판
(후각신경이 코에서 두개
강으로 건너가는 영역)

비강

바위뼈
(속귀를 담고 있는 뼈)

소뇌의 인상 대뇌의 인상 시각신경로

5 cm

가쪽 모습

컬러도판 5 CT 스캔을 바탕으로 복원한 레밍토노케투스(IITR-SB 2779)의 머리뼈의 안쪽 해부구조. 두개강(뇌가 있는 곳)이 초록빛, 비강과 비강의 동굴들이 청록빛, 가운데귀의 고실이 붉은빛으로 구분되어 있다. 청각 및 균형의 기관들을 담고 있는 뼈(노란빛)는 바위뼈라 한다(제11장 참조). S. Bajpai, S., J. G. M. Thewissen, and R.W. Conley, "Cranial Anatomy of Middle Eocene *Remingtonocetus* (Cetacea, Mammalia)," *Journal of Paleontology* 85(2011): 703-18에 따름. 고생물학회의 허락을 얻어 사용.

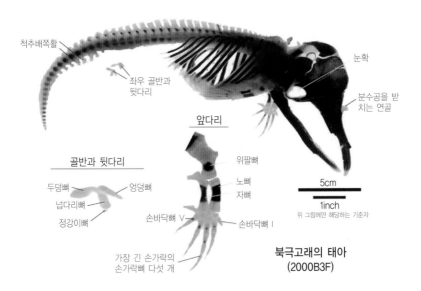

척추배쪽활

눈확

좌우 골반과
뒷다리

앞다리

분수공을 받
치는 연골

골반과 뒷다리

위팔뼈

두덩뼈   엉덩뼈

노뼈
자뼈

넙다리뼈

정강이뼈

손바닥뼈 V   손바닥뼈 I

5cm

1inch
위 그림에만 해당하는 기준자

가장 긴 손가락의
손가락뼈 다섯 개

북극고래의 태아
(2000B3F)

컬러도판 6 무른 조직은 투명해지고, 뼈는 자줏빛을 띠고, 연골은 초록빛을 띠도록 처리한 북극고래의 태아. 이 기법을 투명염색이라 한다. 손의 뼈들을 〈그림 12〉에 있는 성체 고래의 손과 비교해보라. 이 태아는, 실물에서는 뱃속에 심겨 있는 골반과 뒷다리도 보여준다(〈그림 13〉과 〈그림 14〉 참조). 수염은 위턱과 아래턱 사이 틈새에서 형성될 것이다.

컬러도판 7 알려진 최초의 고래 파키케투스의 복원도. 고래목 방산의 기점에 있고 4900만 년 전에 지금의 파키스탄에서 살았다. 겉보기에 현대의 고래와도 돌고래와도 쇠돌고래와도 전혀 다른 이놈은 얕은 개울에 살면서 땅 위와 물속을 걸어다녔다.

컬러도판 8 약 4700만 년 전 지금의 파키스탄에서 살았던 프로토케투스과 고래의 일종인 마이아케투스의 복원도. 프로토케투스과는 세계의 대양을 장악한 최초의 고래였다.

컬러도판 9 고래의 멸종한 친척 중에서 고래와 가장 가까운 에오세의 우제목 인도히우스의 복원도. 인도히우스는 5200만 년 전에서 4600만 년 전 사이에 남아시아에서 살았던 라오일라과에 속한다.

"돌고래들이 항상 나타나나요?" 제복을 입은 섬지기에게 묻는다. "아들이 먼 길을 왔거든요."

"돌고래들은 꼭 올 거예요." 그녀가 자신 있게 말한다. "조수가 뒤집히는 바로 그 순간에요."

쇼를 보기 위해 약간 일찍 도착해 고랑의 가장자리를 따라 걷는다. 큰 달팽이 껍데기 수십 개가 널려 있다. 쇠고둥이다. 우리는 쇠고둥을 모은다. 쇠고둥들은 크고 아름답고 주황, 노랑, 구릿빛에 더 짙은 잿빛 반점들이 찍혀 있고—한동안 묻혀 있었던 듯한 냄새가 난다. 실은, 살아 있을 때에도 쇠고둥은 갯고랑 속에 묻혀 있다. 오로지 그 동물이 죽어서 모든 살이 없어졌을 때에만 노출된다. 바닷가 어디에도 쇠고둥이 보이지 않았는데, 그것이 여기, 갯고랑 근처에만 있다는 사실이 다시 나를 후려친다. 우리는 여러 개를, 들고 다닐 수 있는 것보다 많이 줍는다. 더 크고 더 아름다운 것이 보일 때마다, 먼저 주운 것 중에서 하나를 버린다. 자전거에 실어서 가지고 돌아가야 하기 때문에, 쇠고둥을 많이 가져갈 수 없다.

눈을 땅에 대고, 팔에 쇠고둥을 안고 오락가락하느라 고랑에 주의를 기울이지 않고 있다가 느닷없이 쉬익. 크고 갑작스러운 소리에 깜짝 놀라 쳐다보니, 농구공 크기의 불룩한 잿빛 물체가 사라진다. 그것이 나와 30미터 떨어진 물속에 있었던 것이다. 돌고래가 도착했건만, 내가 본 것은 이마가 다였다. 쇠고둥을 내려놓고 모래에 앉는다. 섬지기가 옳았다. 그들은 고랑을 순찰하며, 숨을 쉬러 올라온다. 물이 너무 흙탕이라 가장 가까이 있는 놈조차도 몸은 볼 수 없다. 하지만 이마에 난 분수공은 볼 수 있다. 그것이—눈과 귀는 수선水線 밑에 있고 그 잿빛 혹만이—물 밖으로 나오는 유일한 것이다. 인도의 고래들도 흙탕물 속에서 쏜살같이 돌아다니는 물고기를 낚아채기 위해, 얕은 물에서 떼 지어 몰려다녔을지도 모른다.

반시간 동안 돌고래들을 구경한다. 해가 지고 있다. 우리가 자전거를 타고 돌아가는 동안 습지들이 내 짐 더미에 들어 있는 쇠고둥들의 주황빛으로,

다음엔 다양한 색조의 잿빛으로 바뀐다.

쿠치를 돌이켜 생각한다. 쿠치라는 한 장소에 있지만, 어떤 언덕에는 석고와 바다소목의 갈비뼈들이 있고, 어떤 언덕에는 깨진 굴 껍데기들이 가득할 수 있다. 모두 서로 다른 화석화 환경을 나타내는데, 서로 엎어지면 코 닿을 거리에 있다. 거기서도 하루디층 너머로 주황빛 해가 진다. 하루디가 해안이었던 4200만 년 전에 그랬던 것처럼.

화석이 된 해안

쿠치의 화석산지들은 에오세에 속하는 노출된 육지를 중심으로, 약 100킬로미터 길이의 C자 모양 띠를 따라 펼쳐져 있다(《그림 28》). 이 띠를 따라 각양각색의 서식지가 있었다. 현대에 그렇듯 인도양이 산지들의 남쪽에 있었고, 반도를 돌아 북서쪽으로 큼직한 만이 연장되어 있었다. 오늘날, 그 만입부는 한 해 내내 거의 말라 있어서 쿠치 사막이라 불리지만, 장마철에는 물이 채워져 질척해진다.

에오세에는 산지들의 남쪽 가장자리가 대양에 가장 가까웠다. 화석산지 라토 날라가 이 영역에 들어 있는데, 연체동물이 담긴 커다란 조류藻類 매트들이 날라를 뒤덮어, 물이 얕고 맑았음을 암시한다. 조류가 탄산칼슘을 침전시켜서 지은 조류 암초가 초콜릿 석회암으로 화석화했다. 조류 안에서 살고 있던 연체동물들이 조류에 묻혀 질식했고, 죽은 고래나 바다소들도 바닥으로 가라앉은 뒤—죽은 포유류에서 방출되는 광물들이 조류의 먹이가 되어—조류에 둘러싸였다. 하지만 이는 라토 날라에서 볼 수 있던 하나의 환경일 뿐이다. 지금은 식물 화석으로 알아볼 수 있는, 작은 수생식물이 가득한 얕은 흙탕물도 있었다. 노란 황의 광맥이 들어 있는 잿빛 진흙들도 있는데, 이는 무산소 환경에서 형성된 게 분명하다.

라토 날라에서 25킬로미터 떨어진 동쪽이자 에오세 육지의 남쪽에는 바

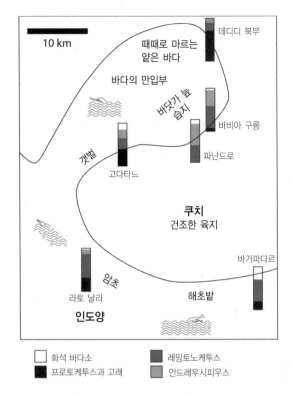

때때로 마르는
얕은 바다

데디디 북부

바다의 만입부

바닷가 늪
습지

바비아 구릉

10 km

파난드로

갯벌

고다타드

쿠치
건조한 육지

바가파다르

암초

라토 날라

해초밭

인도양

화석 바다소

레밍토노케투스

프로토케투스과 고래

안드레우시피우스

그림 28 인도 쿠치 서부의 에오세 지도. 화석산지와 산지에서 눈에 띄는 환경들을 표시해놓았다. 다른 종류의 해양 포유류는 다른 서식지를 선호하고, 이것이 화석산지별 산출량에서 반영된다. 하얀빛−잿빛−검은빛 막대는 바다소와 다른 고래들의 비율을 보여준다.

가파다르 산지가 있다. 여기에는 거대한 바다 달팽이와 바다소가 많지만, 고래는 비교적 적다. 바다소는 화석 환경의 훌륭한 지표다. 해초를 먹는 게 전공인 수생 초식동물이기 때문이다. 에오세에 바가파다르는 아마도 빠르게 헤엄치는 고래에게는 너무나 숨막히지만 천천히 풀을 뜯는 바다소에게는 꼭 알맞은 해초 밭이었을 것이다.

고대 해안선을 따라 북으로 이동해 바다의 만입부로 들어가면, 내가 키아와 섬을 방문하면서 떠올렸던 고다타드 산지가 있다. 열린 대양에서 비교적 멀리 있는 그곳은 파도와 바깥 대양의 날씨에서 보호되었지만, 여전히 대양과 연결되어 있었다. 퇴적물과 화석 식물들은 고다타드가 에오세에는 갯벌과 석호로 이루어져 있었음을 가리킨다.[1] 이곳도 여러 환경의 조각보이고, 이 가운데 가장 인상 깊은 환경은 거의 전부가 깨진 굴 껍데기로 이루어진 긴 언덕이다. 에오세에 그것은 어느 폭풍의 퇴적물이었다. 폭풍에 죽임을 당하고 껍데기가 박살난 굴들이 내던져져 산더미처럼 쌓인 것이다. 특징적인 연체동물이 초콜릿 석회암에도 있지만, 고다타드의 연체동물과는 현저하게 다르다. 고다타드에는 껍데기가 닫힌 굴이 하나도 없다. 초콜릿 석회암에 들어 있는 것들은 대부분 닫혀 있어서, 굴들이 산 채로 묻혔음을 암시한다. 고다타드에서도 화석 고래들이 발견되기는 하지만, 같은 폭풍에서 죽임을 당한 것이거나, 아니면 폭풍이 고래의 사체들을 몰고 다니다 굴과 함께 묻어서, 4000만 년도 더 지난 후에 고생물학자들을 기쁘게 하는 것일 수도 있다.

고다타드의 북동쪽에는 저질 석탄인 갈탄이 잔뜩 묻혀 있다. 이 광상들은 소금기 많은 늪이나 습지에서 형성된 것으로[2] 파난드로 갈탄광과 바비아 구릉의 산지들에서 볼 수 있다. 식물들이 죽은 뒤 썩지 않고, 대신에 더 많은 식물에 덮여 묻혔던 것이다. 무산소 조건이 흔했음은 황철석층이 눈에 띄고 망치로 암석을 때리면 황 냄새가 난다는 사실로 입증된다.* 파난드로는 남쪽의 육지에 의해 대양의 휘저음에서 보호되었다. 이는 숲이 우거진 늪에 고인 물에서 많은 고래가 살았음을 나타낸다.

북쪽으로 더, 그리고 대양에서 가장 멀리 가면, 데디디 북부 산지가 있다. 이곳에는 소금물 분지가 말라버려 형성된 석고가 풍부하다. 화석들의 다수가 석고에 뒤덮여 있다는 사실이 이곳의 고래들은 그들이 살던 석호나 만이 말라버려 죽었음을 시사한다. 그 과정은 현재까지 계속된다. 쿠치 사막이

---

* 황이나 황철석과 같은 광물은 공기에 노출되면 쉽게 산화한다.

여름에 바짝 마르면, 우주에서도 볼 수 있는 거대한 소금 광상이 생겨난다.

키아와에서 얻은 교훈을 쿠치에 적용하며, 이제는 4200만 년 전 여기에 있는 나를 상상할 수 있다. 몇 킬로미터에 걸친 해안선을 따라, 살고 있는 식물과 무척추동물도 다르고 포유류도 다른 다양한 환경이 펼쳐져 있다. 한 곳에서 흔한 고래가 다른 곳에는 드물다. 퇴적학은 나에게 고래의 서식지에 관해 가르쳐줄 수 있고, 서식지는 차례로 고래들이 사는 데에 무엇이 필요했는지를 가르쳐줄 수 있다.

8

수달 고래

손 없는 고래

2000년 1월 12일, 인도의 쿠치. 쿠치 사막은 가축 떼를 데리고 평원을 돌아다니는 소수의 목자들을 빼면, 대부분에 사람이 살지 않는다. 그러나 한 군데만은 목축민이 아닌 인간들이 바글거리고 있다. 바로 파난드로에 있는 갈탄 광산이다. 이곳은 인도 최대의 광산들 중 하나인 거대한 노천광이다. 거대한 기계들이 믹서 옆에 서 있는 개미가 느낄 법한─크기에 외경심이 들지만 기능을 몰라 당황스러운─느낌을 준다. 수백 명의 사람들이 거기에서 일하는데 현지 마을들은 그렇게 많은 사람들을 지탱할 수 없어서, 탄광회사가 그들과 그들 가족들을 위해 소도시를 지었다. 이 기업도시─그들 말로 식민지─에는 곧은 대로들, 똑같은 집들, 쇼핑센터, 학교, 운동장, 바닷물을 담수화하는 공장이 있다. 버스들이 광산으로 일꾼들을 실어나르고, 똑같은 하얀 스포츠 범용차가 엔지니어들을 태우고 다니고, 그들이 고래고래 지시를 내리는 울긋불긋한 트럭들은 갈탄을 싣고서 도로를 꽉 막고 약 세 시간 거리의 가장 가까운 진짜 시내로 직행한다. 광산 사람들의 은총으로, 우리는 귀

빈 숙소에서 묵어도 좋다는 허락을 얻는다. 덕분에 생필품 보급 문제가 많이 해결된다. 사막 안 어디에서 먹고, 물을 얻고, 물품을 사겠는가?

아침에 차를 타고 탐사 지역으로 간다. 염소만 하지만 염소보다 잽싼 작은 인도영양이 도로를 가로지르고, 이따금 마을을 지나치는 동안 몇 세기가 사라진다. 마을에는 차도 포장된 도로도 없고, 사내아이들이 연못 속에서 꾸물대는 물소들을 발판 삼아 물로 뛰어드는 동안, 그 아이들의 누이들이 물동이를 집으로 나른다.

고다타드 마을로 다가가는데, 작은 개를 닮은 동물인 자칼 한 마리가 길을 건너는 게 눈에 뜨인다. "미친놈이에요, 손님." 운전사가 무덤덤하게 말한다.

이 동물이 이 시간에 나와 있다는 점을 근거로 그렇게 추론하는 거겠지. 하지만 신경이 쓰인다. 우리도 여기에 나와서 온종일, 차에서 멀리 떨어져 화석을 찾고 있을 텐데. 누군가 물릴 경우에 대비해 병원에서 광견병 주사를 놓아주나? 어쨌거나 병원은 어디에 있지? '식민지'에 하나 있을까?

노란 폴라층의 바위 턱에 서서, 고다타드를 내려다본다. 스무 채쯤 되는 집들이 벽이나 베란다를 공유하거나 서로 기대고 있는 모습이, 마치 더위가 들어오지 못하도록 옹기종기 모여 끌어안고 있는 듯하다. 집들은—내 조수가 페리윙클이라 부르는—연보랏빛 파랑으로 칠해져 있다. 페리윙클빛이 주위의 카키빛 암석을 배경으로 두드러진다. 고다타드는 이슬람교도의 마을이고, 800미터 떨어진 곳에는 비슷한 힌두교도의 마을이 있다. 내가 구분할 수 있는 것은 아니다. 사원이 보이는 것도 아니고, 내가 있는 곳에서는 어떤 사람도 보이지 않는다. 게다가 이곳의 이슬람교도들은 대부분 힌두교도와 옷을 다르게 입지 않는다. 여자들도 얼굴을 가리지 않는다. 힌두교도 여자들과 똑같이, 카키빛과 페리윙클빛을 띠는 주위와 뚜렷하게 대비되는 선홍빛과 주황빛 옷을 입는다. 그리고 거의 모든 사람이, 남자건 여자건, 이슬람교도건 힌두교도건, 햇빛과 먼지를 막기 위해 머리를 가린다.

우리는 차가 골짜기를 건너갈 수 있는 길을 찾고 있다. 차를 타고 마을을 한 바퀴 돌아보지만, 우리가 가야 하는 곳까지 급경사를 내려가는 확실한 길은 하나도 없다. 꼬마들이 구경하러 나와 있다. 식수를 가져오는 정부의 트럭과 하루에 한두 번 사람들을 시내로 실어가는 낡아빠진 버스를 제외하면 차가 여기까지 닿는 일이 드물고, 그래서 백인은 가물에 콩 나듯이 보이는 사람이다. 아이들이 소가 다닌 울퉁불퉁한 자국 위로 갈 길을 찾고 있는, 인도 사람들 말로 '죽여주게 느릿느릿' 움직이는 트럭을 쫓아온다. 운전사가 마을로 차를 몰고 들어가 물어보기로 마음을 정한다. 집들 사이의 통로는 소달구지용으로 만든 좁은 길이라, 우리가 탄 트럭은 간신히 방향을 돌릴 수 있다. 차 소리를 들은 사람들이 나와서, 담장 둘레로 고개를 내밀고 울타리를 넘어다본다. 운전사가 큰소리로 누군가를 부르자, 양쪽 귀에 묵직한 황금빛의 단추 모양 귀걸이를 끼운 한 남자가 다가온다. 두 사람이 이야기를 나눈다. 나는 각별한 목적을 위해 항상 가지고 다니는 사탕봉지를 꺼낸다. 사탕 하나를 들어올려 아이들을 향해 흔든다. 여섯 살에서 아홉 살 사이로 짐작되는 사내아이 셋이 다가온다. 각자에게 사탕을 하나씩 준다. 함박웃음들. 한 아이는 식구들에게 보여주러 떠나고, 두 아이는 머문다. 여자아이 몇이 더 멀리에 서 있다. 그 아이들은 감히 가까이 오지 못한다. 내가 사내아이 하나에게 몸짓으로 아직 내 손에 있는 사탕들을 보게 한 다음에 여자아이들을 가리키지만, 아이는 네가 여자아이들에게 사탕을 가져다주면 좋겠다는 내 뜻을 알아차리지 못한다. 내가 감히 여자아이들에게 이리로 오라고 손을 흔들지는 않는다. 이곳은 이슬람교도의 마을이고, 여자아이 하나는 적어도 아홉 살이나 열 살은 되어 보인다. 파키스탄에서라면 낯선 사람이 그 나이의 소녀에게 말을 거는 것은 부적절할 테고, 쿠치 사람들이 그에 관해 어떻게 느낄지는 잘 모른다. 나는 어쩔 도리가 없다고 느낀다. 동료들은 이제 모두 길을 묻는 데에 몰입해 있어서, 그들에게 도움을 청할 수도 없다. 한 할머니가 근처에 서 있다. 나는 사탕 든 손을 여자아이들 방향으로 올리고, 매우 제한된 힌디어로 할머니에게 "티크–하에?(오케이?)"라고 묻는다. 풍상을 겪어 쪼글쪼글한 할머니의 얼굴은 우호적이지만 어리둥절한 표정이다. 난감하다.

다른 모든 사람이 다시 차로 들어간다. 나도 떠나야 한다. 안됐지만, 오늘은 여자아이들을 위한 사탕은 없다. 사내아이 하나에게 한 줌을 주면서 여자아이들을 가리키며, "나눠 먹어라"라고 말한다. 아이가 다시 미소를 짓는다. 내가 뭘 원하는지는 전혀 모른다. 어쩌면 녀석의 엄마가 녀석의 누이나 사촌들과 나눠 먹게 할지도 모르고, 아니면 혼자 다 먹고 배탈이 나겠지.

차로 돌아온 우리는 낮은 곳에 있는 관목지대로 질러 들어가 차를 댄다. 쿠치에서 매우 보기 드문, 바닥이 진창인 날라를 걸어서 통과한다. 빽빽한 관목들이 내 키보다 큰데, 그 언저리에서 바스락거리며 꿀꿀거리는 소리가 들려온다.

"멧돼지예요." 운전사가 풀잎을 씹으며 아무렇지도 않게 알려준다.

나는 고개를 쳐든다. 멧돼지는 무섭다. 새끼가 있으면 매우 공격적이다. 녀석들이 1년 중 이맘때 새끼를 배는지 어떤지는 모르고, 알아보고 싶지도 않다. 관목 안에서 꿀꿀거리는 소리가 너무 가깝게 들려와서 불안하다. 내 망치를 살펴본다. 위협을 당했다고 느끼는 어미 돼지에게 맞설 무기로는 부족해 보인다. 허둥지둥 빠르게 걸어서 나무가 우거진 지대에서 사막이 다시 장악하는 곳으로 건너간다. 나는 사막이 좋다. 당신도 화석이 담긴 암석들을 한번 봐보라. 코앞에서 미친개와 멧돼지도 보고 말이다.

돼지가 출몰하는 날라를 흘긋 돌아본 뒤, 고다타드로 건너간다. 사막의 평화와 인도 사람들이 나를 다시 둘러싼다. 구름 한 점 없는 쪽빛 하늘, 배경을 이루는 노란 석회암 절벽, 지붕에 빨간 타일을 인 페리윙클빛 마을, 물소들이 몸을 식히고 있는 마을의 작은 호수, 카키빛 야산을 등지고 자리잡은 초록빛 날라. 화석이 있건 없건, 나는 이것을 사랑한다.

고다타드에는 폭풍이 박살내어 쌓은 굴 껍데기가 잔뜩 담겨 있는, 노출된 하루디층이 많이 있다. 우리는 눈을 땅에 대고 화석을 찾으며 굴 밭을 걷는다. 나는 같은 비탈의 더 높은 곳에서 채집을 하고 있는 화석처리 담당자, 엘런의 배낭 곁에 내 배낭을 둔다. 배낭은 1갤런(약 4리터)의 마실 물—쿠치는 덥다—말고도 점심, 끌, 접착제, 치과 도구, 솔, 칼, 운반을 위해 화석을 둘러쌀 분말 석고 따위가 들어 있어서 무겁다. 수닐은 그의 가방을 암석의 그늘 안에 두었다. 나는 언젠가 암석의 그림자 안에 너무 잘 숨겨진 내 배낭을 찾느라 한 시간이나 소모한 뒤로는 결코 그렇게 하지 않는다. 배낭이 없는 것보다는 뜨거운 게 낫다.

갑자기, 화석이, 척추뼈 한 조각이 눈에 들어온다. 그리 근사하진 않지만 출발이 좋다. 그것이 있던 도랑을 따라가다 또 하나의 척추뼈를 마주친다. 엘런이 와서 도와준다. 그녀가 또 한 점, 그리고 또 한 점을 찾는다. 그때 수닐이 나타난다. "한스, 내가 뭔가를 찾았어."

그가 내가 하던 일을 중단하고 건너오길 기대한다는 것에 살짝 짜증이 난다.

"쓸 만하긴 한 거야? 나는 이 아래에서 행운을 잡고 있거든."

"뼈가 잔뜩 있어."

"동정할 수는 있고?"

그가 미소를 짓는다. "직접 보면 알 거야."

내 배낭을 챙겨서 그와 함께 기껏해야 30미터 떨어진 평탄한 지대로 간다. 이 일대 전체에 척추뼈 조각들이 흩뿌려져 있다. 다른 뼛조각들도 한 무더기 있는데, 대부분 10센트 동전(지름 18밀리미터)보다 작다. 우리는 그것을 칩이라 부른다. 하지만 근사하고, 크고, 온전한 것은 하나도 없다.

"다량의 뼈와 많은 척추뼈라. 여기서 다른 뭔가를 찾은 거야?" 내가 묻는다.

그가 자기 주머니에 있는 화석들을 보여준다. 대부분이 척추뼈의 조각들이고, 일부는 넙다리뼈 한 점을 빼면 너무 부서져서 알아볼 수 없는, 작은 뼛조각들이다. 척추뼈 하나가 꼬리에서 나온 것인데, 그것이 그가 가진 다른 척추뼈들보다 두 배 이상 길다. 흥미롭다. 그 동물을 상상해본다. 꼬리가 매우 긴, 암불로케투스가 아니라 바실로사우루스과를 더 닮은 동물. 새로운 고래일 수도 있을까?

"수닐, 멋진 척추뼈야. 다른 많은 척추뼈들도. 하지만 그 모든 긴뼈*, 그리고 머리뼈는 어디에 있을까?"

이 시점에서는 이것이 고래였다고 말하기에도 충분치 않다. 여기서 더 열심히 채집할 필요가 있고, 어쩌면 이곳을 발굴할 필요도 있을 것이다.

엘런과 내가 주변을 더 넓은 원을 그리며 돌아 뼈가 가장 많이 몰려 있는 곳을 알아낸다. 다음엔 뼈들이 있는 영역을 표시하기 위해 그 둘레에 큰 돌들을 놓는다. 그 안쪽 영역을 몇 구역으로 나누어 한 구역씩 기어다니며 모든 뼛조각을 줍는다. 아직 부분적으로 묻혀 있는 척추뼈 두 점, 더 큰 화석도 한 점을 찾는다. 묻혀 있는 것들은 건드리지 않고, 일단 표면에서 돌아다니는 발견물들을 가방에 담은 뒤에 발굴하기로 한다. 작은 더미들이 점점 더 쌓이지만, 척추뼈와 알아볼 수 없는 파편들뿐이다. 이래서는 이 동물이 무엇이라고 말할 수 없을 것이다. 파키스탄에서의 이전 경험을 떠올린다. 암불로케투스의 경우, 머리뼈가 발견되어 그 짐승을 동정할 수 있게 되기까지 좌절을 느끼며 나흘을 보내야 했다. 저 반쪽짜리 넙다리뼈를 빼면, 한 시간 뒤에도 우리는 사지의 일부조차 갖고 있지 않다. 무릎뼈라도 있다면 좋을 텐데, 이 땅은 표면 전체가 자갈 크기의 작은 암석들로 덮여 있다. 지질학자들은 이것을 '사막포석(사막의 포장도로)'이라 부른다. 바람이 고운 물질을 날려버리면서 자갈과 바위들만 남겨놓을 때 형성된다. 마침내 고운 물질이 모두 날아가면, 큰 조각들이 표면 전체를 덮어서 바람이 더는 땅을 침식시키지 못하게 한다. 사막포석은 바지와 무릎을, 그리고 마침내 채집할 의

---

* 위팔뼈, 노뼈, 자뼈, 넙다리뼈, 정강이뼈, 종아리뼈 등 중앙에 골수가 들어 있는 뼈들. 골수가 들어 있지 않은 손목뼈, 발목뼈 등은 '짧은뼈'로 분류한다.

욕까지 학대한다.

열 점쯤 되는 이 척추뼈와 칩들은 확실히 잠재력이 있다. 꼬리뼈들이 모두 커 보인다. 엘런과 함께 이제는 아직 묻혀 있는 뼈들이 집중된 영역으로 방향을 돌린다. 그녀는 더 많은 척추뼈를 노출시키고, 나 역시 묻혀 있는 커다란 뼛조각 단 하나에 공을 들인다. 엘런은 치과 도구로 흙과 자갈을 헐겁게 한 다음 칫솔과 페인트붓으로 그것을 털어내 더 깊이 묻힌 화석들을 노출시키면서, 아주 작은 화석들은 아주 작은 받침대 위에 남겨둔다. 더 많은 척추뼈가 드러난다. 이 짐승의 척추 전체를 얻게 된다면 정말 좋겠고, 그 짐승이 무엇인지를 알게 된다면 더할 나위 없이 좋을 텐데. 또 한 시간이 지나고, 이 소규모 발굴은 5~8센티미터 깊이에 도달한다. 수닐은 다른 화석을 찾아 떠나고 없다. 사막은 조용하고 뜨겁다.

묵묵히, 엘런과 나는 일을 계속한다. 큰 화석은 인상화석이다. 정확히 말하자면 화석이 아니라 암석에 들어 있던 커다란 뼈의 인상에 가깝고, 거기에 손가락 크기의 작은 뼈 몇 조각이 아직 붙어 있다. 그 인상은 줄기가 매우 긴, Y자 모양을 하고 있다. 그 줄기가 더 밑에 있는 근사한 무언가에 연결되어 있기를 희망한다. 이게 뭔지, 아니 더 엄밀히 말하자면 이게 모두 침식되어 사라지기 전에는 무엇이었는지, 도무지 알아낼 수가 없다. 벌렁 드러누워 기지개를 켠다. 잔뜩 구부리고 엎어져 있었더니 허리가 아프다. 엘런이 침묵을 깨뜨린다. "왜 그러세요?" 이 뼈가 나를 짜증나게 하고 있음을 알아차린 것이다.

"근사한 구석이 하나도 없어요. 이 뼈가 나를 괴롭혀요. 뭔지를 모르겠어요. 사지뼈나 척추뼈라고 하기에는 너무 길어요."

"머리뼈의 일부일까요?"

"그렇게 보이지는 않아요. 이건 뇌실일 수 없어요. 주둥이일 수도 없고, 턱일 수도 없어요. 턱은 이렇게까지 먼 뒤에서 갈라지지 않아요. 나는 이빨이나 이틀이 보이길 바랐는데."

머릿속으로 포유류의 해부구조 전체를 훑고 또 훑으며, 이 바보같이 크기만 한 Y자 물건을 어딘가에 맞춰보려 애쓴다. 알아낼 수가 없다. 대신에 그것의 사진을 찍은 다음 그것을 내 머리에서 끄집어내려고 노력한다. '매우 불량한, 채집되지 않은 머리뼈 조각의 사진'이라고 공책에 적고, 그 화석을 내버려둔다.

수닐이 큰 갈비뼈 하나를, 바다소목의 것이지만, 큰 놈을 가지고 돌아온다. 바다소목의 갈비뼈는 크기도 모양도 바나나 같다. 그와 함께 그것을 발견한 자리로 건너가면서, 엘런을 뒤에 남겨둔다. 그녀는 발굴을 계속한다. 이 갈비뼈는 실패작이다. 바다소목의 나머지가 거기 없어서, 한 시간 뒤 엘런에게로 돌아온다. 그녀가 대부분 너무 작아서 동정할 수 없는 칩들로 큰 더미를 만들어놓았다. 그녀가 판 구멍은 이제 너비가 60센티미터인데, 그녀가 발견한 칩들은 죄다 알아볼 수 없는 뼛조각뿐이다. 나는 실망해서, 공책에 '세 시간 뒤에도 진전이 없음'이라고 적는다.

이 상황에 진력이 나기 시작한다. "곡괭이를 써서 더 크게 찍어내봅시다. 그러면 더 깊이 발굴할 수 있고, 만일 얻을 게 칩들뿐이라면, 망가뜨릴 것도 없을 테니."

곡괭이를 가져다가, 그것을 휘둘러 암석을 떼어낸다. 내가 두 번 찍은 뒤, 엘런이 헐거워진 흙을 손으로 샅샅이 헤치면서 화석을 찾는다. 그녀가 더 큰 조각을 발견한다. 위팔뼈의 조각이다. 이것은 중요하다. 그것이 형세를, 그리고 내 기분을 뒤집는다.

"멋져요, 사지뼈예요." 이 인도 고래들의 것으로 알려진 사지뼈는 거의 없고, 그나마도 척추뼈와 연관된 것은 하나도 없다. 물론, 이것이 정말로 고래라면 우리는 이빨이나 머리뼈를 찾을 필요가 있다. 그 뼈가 나온 곳에서 가까운 흙을 다시 때린다. 곡괭이가 금을 낸다. 손들이 헐거워진 모래와 돌들을 털어낸다.

"우와, 먼쪽 정강이뼈, 또 하나의 긴뼈예요. 여기에 완전한 골격이 있나 봐요."

우리는 이제 파는 일에 몰입해, 더 작긴 하지만 그래도 사지뼈의 것인 조각들을 더 많이 찾는다. 몇 시간이 흐른다. 해가 긴 그림자를 드리운다. 수닐이 자리에 돌아와서 내가 자초지종을 요약한다.

"그렇게 해서, 우리가 아는 것은 이 동물이 사지를 가지고 있었고, 사지 중에서도 몸에 가까운 부분들이 유별나게 짧고, 튼튼하고, 땅딸막했다는 거야. 힘차게 헤엄치는 동물, 땅을 파는 동물, 기어오르는 동물 들이 밀도 높은 매질 속에서 움직이기 위한 지렛대가 되어주는 그런 사지를 가지고 있어. 이 동물은 꼬리도 크고, 강하고, 길었어." 내가 꼬리뼈 하나를 들어서 위팔뼈 옆에 갖다 댄다. 위팔뼈가 간신히 그 척추뼈 길이의 두 배쯤 된다.

"굉장해. 이 녀석은 대부분이 꼬리였고, 짧고 뭉툭한 다리를 가지고 있었단 말이지. 이것만으로도 이 짐승이 어떻게 이동했는지 많은 것을 알게 될 거야. 꼬리가 강력했을 거야, 틀림없이."

"그래서 그게 뭔데?" 수닐의 한마디가 헤엄에 관한 내 몽상을 지상으로 다시 데려온다.

"맞아. 이 짐승이 뭔지부터 알아내야 해."

우리에게는 몸에 가까운 사지의 일부가 있을 뿐, 손목과 발목 밑으로는 아무것도 없다. 아무래도 더 발굴한 뒤 모든 퇴적물을 체로 쳐서 손뼈나 발뼈와 같은 더 작은 조각들을 찾아야겠다고 결심한다.

이제 갈 시간이다. 화장지로 우리의 뼈들을 둘러싸려니, 작고 하얀 선물 꾸러미를 만들고 있는 기분이다. 아닌 게 아니라, 이게 크리스마스보다 더 좋다.

차를 타고 '식민지'로 가면서 계획을 세운다. 퇴적물을 체로 쳐서 흙과 아주 작은 돌들은 체 밑으로 떨어뜨리고 콩알보다 큰 것만 체에 남겨 분류 속도를 높이기로 한다. 그래서 '식민지' 옆의 작은 저잣거리에 들러 철물점으로 간다. 가게는 큰 욕실만 하고 삽, 둥글게 감은 철사뿐만 아니라 밀방망

이와 번철 따위가 지붕까지 쟁여져 있다. 수닐이 필요한 것에 대한 내 묘사를 통역한다. 많은 말이 오고가지만 남자가 유능하고 열의 있어 보여서, 나는 인도의 철물산업에 대단한 신뢰를 가지고 가게를 떠난다.

저녁에 다시 모여 화석의 포장을 푼다. 우리의 욕실 딸린 집을 일컫는 개미 식민지에 엘런이 합류해, 개수대에서 화석들을 씻는다. 화석들이 깨끗해지자, 비로소 칩 몇 개가 위팔뼈와 넙다리뼈에 딱딱 맞아 들어가 두 개의 완전한 사지뼈를 이룬다. 야호!

엘런이 또 노출시키는 10센트 동전 크기의 조각들은 다른 뼈들처럼 구릿빛이 아니라 짙은 잿빛이다. 이것은 법랑질이고, 그러니까 이빨의 일부, 그렇다면 고래 이빨! 이놈은 다리와 강한 꼬리를 가진, 확실히 암불로케투스나 바실로사우루스와는 매우 다른 고래인 것이다. 새로운 종이고 분명 기막힌 발견물이다.

이튿날 저녁, 우리의 체를 데리러 철물점에 들른다. 주인이 밖에서 우리를 맞이한다. 체가 그의 어수선한 가게에 들어가기에는 너무, 그리고 내가 상상했던 것보다도 훨씬 더 크다. 내가 주문한 치수는 심지어 차에도 들어가지 않을 거라는 생각이 이제야 떠오른다. 게다가 그것은 체가 아니라, 만든 이가 금속판 한 장을 틀에 박은 다음 판에 작은 구멍 수백 개를 뚫어놓은, '식민지'에 체가 없다는 문제에 대한 독창적인 해답이었다. 통틀어 비용은 45루피, 약 1달러다.

운전사가 체를 차의 지붕에 묶어서 내 문제를 해결해준다. 고다타드 현장으로 돌아가 우리의 체에 퇴적물 세 삽을 던져 넣는다. 엘런과 내가 한쪽씩 붙잡고 장단을 맞춰 체를 흔든다. 이것은 먼지를 뒤집어쓰는 중노동이다. 흔들다가 삐끗하면 흙이 장화 속으로 들어가고, 바람에 날려 눈으로도 들어온다. 나오는 조각들이 기대했던 것보다 적다. 나는 모자를 잊고 와서 귀가 활활 탄다. 엘런이 자기 모자를 잠시 빌려준다. 비행기에서 걸린 감기 때문에 나는 아직도 목소리가 갈라져서, 수시로 목캔디를 먹는다. 수닐이 나더러 "예민하다"고 한다.

씻기와 맞추기라는 저녁 의식이 반복된다. 척추뼈와 긴뼈의 조각들이 더 많아졌지만, 정말로 근사한 것은 하나도 없다. 척추뼈 한 개가 거의 완성되었지만, 끝에 세모꼴의 한 조각이 빠져 있다. 다른 척추뼈 하나에 묘한 세모꼴의 혹이 튀어나와 있다. 둘을 맞춰보고 나서, 놀랍게도 그 둘이 딱 들어맞는다는 것을 깨닫는다. 이 척추뼈들은 생전에 융합되어 있었던 것이다. 내가 그러는 모습을 보고 엘런이 "엉치뼈예요?"라고 묻는다.

"그래요! 하지만 나머지는 어디에 있죠?"

둘 다 나머지 조각을 찾기 위해 미친 듯이 가방을 뒤진다.

지질학적 연대로 보자면, 우리의 새로운 고래는 암불로케투스와 바실로사우루스과의 사이에 떨어진다. 전후에 있는 두 고래의 엉치뼈는 매우 다르다. 전자에서는 네 개의 척추뼈가 단단히 융합되어 있는 반면, 후자에서는 융합된 척추뼈가 전혀 없다. 땅 위에서 몸무게를 지탱할 수 있느냐 없느냐를 가르는 차이가 여기서 비롯되므로, 이는 우리의 새로운 고래를 이해하는 데에 매우 중요하다. 엘런과 나는 계속해서 우리의 화석을 샅샅이 훑으며 더 많은 조각을 찾아낸다. 찾은 조각들을 내가 엘머 사의 하얀 접착제로 붙어나는 엉치뼈에 붙인다. 마르려면 시간이 걸리는데, 접착제를 바른 연결 부위가 마르기도 전에 더 많은 조각들을 보고 맞춰보려 애쓰며, 조바심을 낸다. 내가 화석을 만지는 바람에 떨어져 나오는 것들도 있다. 엘런이 내 조급함을 알아차리고 아무 말 없이 단호하게, 하지만 살살 내게서 엉치뼈를 빼앗는다. 나도 반대할 만큼 어리석지는 않다. 그녀는 화석처리 담당자다. 진행은 더 더디지만, 이제는 연결 부위마다 한 번만 접착제를 바르면 된다. 마침내 그녀가 거의 완전한 엉치뼈를, 네 개의 융합된 척추뼈를 맞춘다. 게다가 골반과 맞물릴 큰 관절부까지 있으니, 이놈은 땅 위에 설 수 있었을 게 틀림없다.

아직도 우리의 엉치뼈 재건 수술이 성공한 황홀감에 취해, 계속해서 우리의 화석 칩 가방을 샅샅이 살펴본다. 크기도 빛깔도 캐러멜 같은 뼈 하나로 시선이 간다. 뼈에 있는 네 개의 면 가운데 세 면이 망가져 있다는 사실이 과거에는 그것이 더 큰 뭔가의 일부였음을 암시하고, 내가 전에는 그것을 무시한 이유도 설명한다. 그러나 네 번째 면이 두 개의 구멍을 보여준다. 그렇다면 이빨 구멍! 등줄기가 오싹한다. "수닐, 턱을 찾았어."

그가 올려다본다. 좌우의 이빨을 붙드는 구멍, 즉 이틀이 매우 가까이 붙어 있다는 사실이 턱이 매우 좁다는 것을 암시한다. 우리 둘 다 이것이 무엇을 의미하는지 알고 있다. 이놈은 우리가 단편적인 머리뼈들을 가지고 있는, 주둥이가 좁은 고래류 가운데 하나인 것이다. 이제는 이 표본을 레밍토노케투스과로 동정해도 된다.

이 새로운 고래는 결국 쿠트키케투스 미니무스*Kutchicetus minimus*, '쿠치에서 나온 가장 작은 고래'라는 이름을 얻을 것이다(《컬러도판 3》).[1]

시간이 흐르자 커다란 Y가 무엇이었는지, 즉 아래턱 밑면의 인상이었다는 사실도 분명해진다. 긴 줄기는 좌우 턱이 닿는 부분이고, 짧은 팔들은 턱이 좌우로 갈라지는 부분인 것이다. 제6장에서 언급했던, 바비아 구릉에서 나온 플루트처럼 생긴 것이 꼭 그런 인상을 만들 테고, 실제로 둘은 같은 종에 해당한다.

쿠트키케투스가 유명해지자, 박물관 전시물을 만드는 회사인 리서치 캐스팅 인터내셔널이 그것을 모두 조립한 다음에 모종의 고급 플라스틱으로 박물관 전시용 쿠트키케투스를 주조한다. 내가 감독인 피터 메이와 모든 뼈를 모으고, 그의 팀이 우리에게 한쪽밖에 없는 뼈들의 거울상을 만든다. 우리가 발의 화석은 찾지 못했기 때문에, 발의 경우는 거울상으로 만들 대상이 없다. 나는 어떻게 생겼는지도 모르는 발이 복원되는 것을 원하지 않는다. 그가 철사를 써서 발가락들이 있던 자리를 표시하기로, 그렇게 해서 우리는 우리에게 그 부분이 없다는 점을 매우 분명히 남겨두기로 합의를 본다.

다음엔 내가 과학 삽화가인 칼 뷰얼에게 그 동물의 그림을 그려달라고 한다. 내가 아는 칼은 까다롭고 정확하다. 세부사항—이쪽에서 본 모습, 저쪽 뼈, 내가 한 번도 생각해본 적 없는 것들—을 요구한다.

"입술은 어때? 개처럼 늘어져, 아니면 고래처럼 팽팽해?" 칼이 나이를 속이지 못하는 갈라지는 목소리로 묻는다. 칼은 자기가 다루는 것들—해부 구조, 기능—을 잘 알 뿐만 아니라 열정적이기도 하다. 그의 질문에 나는 모른다고 답한다.

"이렇게 길고 좁은 주둥이를 가지고 있다니, 말도 안 돼, 내 필통으로 쓰면 정말 좋겠군. 가비알(인도악어)*처럼 생긴 고래라니." 맞다. 이 고래는 실제로 인도와 파키스탄에 사는 주둥이가 좁은 악어목들을 닮았다.

"그럼 발은 어떻게 생겼나?"

"발도 없어요. 찾지 못했거든요."

잠시 조용해진다. 실망한 게 분명하다.

"발에서 나온 뼈라고는 아무것도, 그러니까 발가락뼈도, 발바닥뼈도, 아무것도 없다고?"

"발가락뼈일 수도 있는 반쪽짜리 뼈가 하나 있는데, 도움이 되지는 않을 거예요."

다시 조용. 내가 침묵을 깬다. "이 부분을 어떻게 복원하실 건가요?" 그가 이 과제는 실현성이 없다고 생각할까 봐 다소 걱정이 되어 묻는다.

"오, 뭔가 방법을 알아낼 거야." 이 말은 좋게 들리지 않는다. 그가 무슨 속셈인지 알고 싶다.

"꾸며내는 건 바라지 않습니다, 아시죠?"

"두고 봐, 자네도 좋아할 거야."

그의 목소리가 걱정하는 환자를 위로하지만 설명하고 싶지는 않은 의사의 어조로 바뀐다. 나도 칼을 신뢰하므로 밀어붙이지는 않는다. 그가 이제는 그게 얼마나 작았는지를 사람들에게 알려주려면 무엇을 잣대로 써야 할

---

* 악어목에는 앨리게이터과, 크로커다일과, 가비알과의 세 과가 있다.

지 궁리하더니, 마침내 물가에 사는 어떤 새를 제안한다. 사람들이 크기에 관해 어느 정도 감을 가지고 있는 새이기도 하지만, 칼은 그 새들이 에오세에 돌아다닌 것까지 알고 있다.

며칠 뒤 칼이 나에게 스케치 몇 장을, 즉 등쪽과 옆쪽에서 본 머리―그는 분명 머리 때문에 고심하고 있다. 다른 포유류들과는 너무 다르니까―그림을 보내지만, 몸의 복원도는 없다. 나는 아직도 그가 손과 발 문제를 어떻게 해결할 작정인지 모르고, 궁금해서 죽을 지경이다. 그러나 마침내, 동물 전신의 스케치를 받는다. 부리나케 파일을 연다. 서로 다른 세 방향에서 머리를 보여주는 세 마리 개체가 있는데, 그는 녀석들을 물가에 두어서, 발은 물에 잠겨 보이지 않고 물 위에 있는 나머지 모습만 보이도록 했다. 명석한, 너무도 간단한 해답이다. 나라면 생각지 못했을 거라는 사실만 빼면 말이다. 배경에 있는 새도 좋아 보인다.

레밍토노케투스과의 고래들

칼의 복원으로 살이 붙은 레밍토노케투스과 고래들의 뼈를 처음에 발견한 사람은 아쇽 사니와 그의 학생 V. P. 미시라였다. 최초의 기재[2] 이후, 사니는 다른 학생인 키쇼르 쿠마르를 쿠치로 보내 고래를 더 채집하게 했다. 키쇼르가 머무르는 동안에는 대부분 날씨가 나빠 탐사작업이 불가능했지만, 그는 당시에 알려진, 가장 완전한 레밍토노케투스의 머리뼈를 발견했다.[3] 그는 미시라가 발견했던 다른 고래인 안드레우시피우스*Andrewsiphius*의 새로운 화석도 채집했다. 안드레우시피우스라는 이름은 이집트에서 일하며 많은 바실로사우루스과를 기재한 영국 고생물학자의 이름인 C. W. 앤드루스에서 따온 것이다. 안드레우시피우스와 레밍토노케투스가 독특하게 인도와 파키스탄에만 방산된 고래들의 일부였음을 깨달은 쿠마르와 사니는 레밍토노케투스와 안드레우시피우스를 레밍토노케투스과라는 새로운 과로 통합했다. 그때 이후로 레밍토노케투스과가 인도 대륙 바깥에서 발견된 적은 한 번도 없지만, 세 개의 속이 추가로 기재되었다. 파키스탄 중심부[4]와 쿠치[5]에서 나온 표본들을 기초로 한 달라니스테스*Dalanistes*, 쿠치에서 나온 쿠트키케투스, 암불로케투스가 나온 암석과 같은 암석인 파키스탄 북부의 쿨다나층[6]에서 나온 아토키케투스*Attockicetus*가 그것이다.

레밍토노케투스과는 긴 주둥이, 조그만 눈, 큰 귀를 가졌다는 점이 다른 에오세 고래목과 다르다. 쿠트키케투스에 대해 알려진 것을 토대로 말하자면, 예컨대 짧은 다리와 길고 강력한 꼬리 때문에 몸은 수달의 몸을 닮았다. 반면에 길고 좁은 주둥이 때문에 머리는 가비알에 더 가까워 보인다(〈그림 29〉). 쿠트키케투스는 해달 크기의 가장 작은 레밍토노케투스과였고, 달라니스테스는 몸무게가 수컷 바다사자만큼 나갔을 가장 큰 레밍토노케투스과였다. 인도의 레밍토노케투스과는 4200만 년 전의 암석에서 나오는 것으로 알려져 있다.[7] 아토키케투스는 더 오래전, 암불로케투스와 같은 시대인 4800만 년 전 무렵에 살았고, 파키스탄 중심부에서 나오는 레밍토노케투스과는 4800만 년 전에서 3800만 년 전 사이에 살았다.[8]

섭식과 식습관. 레밍토노케투스과가 물고기를 잡는 데에 긴 주둥이가 도움이 되었을 것은 쉽게 상상할 수 있다. 암불로케투스가 몸부림치는 커다란 먹잇감을 생포하는 크로커다일처럼 살았다면, 레밍토노케투스과는 물고기가 가까이 왔을 때 날카로운 이빨로 재빨리 후려치는, 더 연약한 짐승이었다.[9] 쿠트키케투스의 앞니들은 길고 가늘어서, 허둥지둥하는 미끄러운 먹잇감을 찍어 누르기에는 좋지만, 몸부림치는 강력한 먹잇감을 붙잡기에는 좋지 않다. 큰어금니들은 작지만 마모 상태로 보아, 레밍토노케투스가 현대 고래들과 달리 음식물을 씹었으며, 이빨이 바실로사우루스과와 암불로케투스과의 이빨처럼 작동했음을 알 수 있다. 이러한 큰어금니들이 가위처럼, 날카로운 날로 음식물을 자른다(〈그림 30〉). 암불로케투스와는 달리, 이

그림 29 에오세의 고래 쿠트키케투스 미니무스의 골격. 축구공의 직경은 22센티미터다.

러한 이빨들은 음식물을 으깨는 일에는 관여하지 않는다. 이빨의 안정 동위 원소를 분석한 결과는 물고기를 먹는 식습관과 일치하고, 더 연구하면 이 결과도 세분될 것이다.

제6장에서 언급한 플루트처럼 생긴 것은 바비아 구릉에서 나온 쿠트키케투스의 턱이다. 이빨은 쿠트키케투스가 죽은 다음 묻히기 전에 모두 떨어져 나갔지만,[10] 이빨이 꽂혔던 구멍(이틀)을 세어보면 치식이 어떤지 드러난다. 대부분의 초기 고래에서처럼, 쿠트키케투스도 위턱과 아래턱 모두에 앞니가 세 개, 송곳니가 한 개, 작은어금니가 네 개, 큰어금니가 세 개, 즉 치식이 3.1.4.3/3.1.4.3이다. 레밍토노케투스와 달라니스테스의 턱 일부에는 아직 이빨이 남아 있는데, 놀랍게도 아래턱 큰어금니는 점점 작아지면서 앞에서 뒤로 늘어선 다수의 교두를 가지고 있어서, 바실로사우루스과 고래의 것(《그림 30》)처럼 보인다.[11] 그러나 이 이빨은 질기거나 단단한 음식물을 다지기 위한 것이 아니며, 더 가늘고 섬세하다는 점에서 바실로사우루스과의 이빨과는 다르다. 안드레우시피우스의 아래턱 큰어금니에는 세 개의 낮고 평평한 교두가 한 줄로 늘어서 있는데, 가운데 교두가 다른 두 교두보다 간신히 더 높다. 이 특이한 모양이 어떤 식으로든 특수한 기능과 관계가 있는지는 불분명하다.

높은 앞부분(아래턱삼각분대)과 낮은 뒷부분(아래턱거분대)을 가진 고대 육상 포유류의 교두를 보유하고 있는 암불로케투스과의 큰어금니와 달리, 레

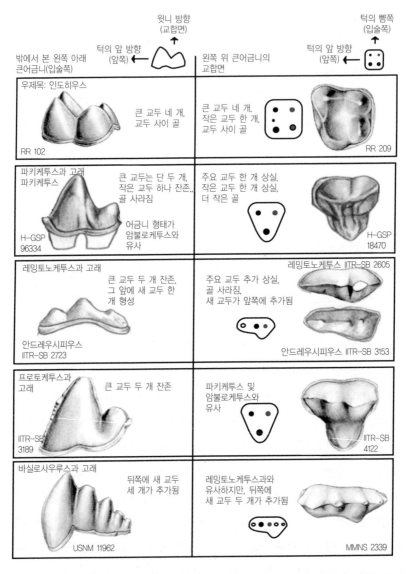

윗니 방향
(교합면)

턱의 앞 방향
(앞쪽)

밖에서 본 왼쪽 아래
큰어금니(입술쪽)

왼쪽 위 큰어금니의
교합면

턱의 빰쪽
(입술쪽)

턱의 앞 방향
(앞쪽)

우제목: 인도히우스

큰 교두 네 개,
교두 사이 골

큰 교두 네 개,
작은 교두 한 개,
교두 사이 골

RR 102

RR 209

파키케투스과 고래
파키케투스

큰 교두는 단 두 개,
작은 교두 하나 잔존,
골 사라짐

어금니 형태가
암불로케투스와
유사

주요 교두 한 개 상실,
작은 교두 한 개 상실,
더 작은 골

H-GSP
96334

H-GSP
18470

레밍토노케투스과 고래

큰 교두 두 개 잔존,
그 앞에 새 교두 한
개 형성

주요 교두 추가 상실,
골 사라짐,
새 교두가 앞쪽에 추가됨

레밍토노케투스 IITR-SB 2605

안드레우시피우스
IITR-SB 2723

안드레우시피우스 IITR-SB 3153

프로토케투스과
고래

큰 교두 두 개 잔존

파키케투스 및
암불로케투스와
유사

IITR-SB
3189

IITR-SB
4122

바실로사우루스과 고래

뒤쪽에 새 교두
세 개가 추가됨

레밍토노케투스과와
유사하지만, 뒤쪽에
새 교두 두 개가 추가됨

USNM 11962

MMNS 2339

그림 30 이빨 국소해부학의 엄청난 차이들을 보여주는, 에오세의 고래들과 우제류 인도히우스의 왼쪽 아래 큰
어금니(왼쪽 열) 및 왼쪽 위 큰어금니(오른쪽 열). 위쪽 큰어금니들의 개요도는 진화하는 동안 교두의 위치가 어
떻게 바뀌는지를 보여준다. 인도히우스에 대해서는 제14장에서 이야기한다.

밍토노케투스과의 큰어금니는 특수한 교두를 갖고 있다. 레밍토노케투스과의 작은어금니는 단순한 세모꼴 교두를 가지고 있다. 안드레우시피우스와 레밍토노케투스는 작은어금니 대부분에 뿌리가 두 개 있지만, 쿠트키케투스는 이빨 한 개당 뿌리가 한 개밖에 없다. 현대의 고래에게 이빨 한 개당 뿌리가 한 개 이상인 경우는 결코 없다.

레밍토노케투스과 턱의 가장 남다른 특징은 좌우 아래턱 사이의 긴 접촉 영역이다. 이 영역을 아래턱결합부(《그림 23》)라 한다. 암불로케투스과와 바실로사우루스과에서는 좌우 아래턱이 인대에 의해 연결되고, 아래턱결합부를 서로 융합시키는 뼈는 없다. 이는 대부분의 레밍토노케투스에서도 마찬가지다. 비록 오래된 개체들에는 뼈로 된 연결부가 있지만 말이다. 안드레우시피우스와 쿠트키케투스에서는 좌우 턱이 뼈에 의해 합쳐져 있고, 이를 융합된 결합부라 한다. 융합되지 않은 결합부는 씹는 동안 턱의 움직임을 어느 정도 허용하고, 대부분의 작은 포유류, 예컨대 개, 고양이, 토끼, 쥐가 융합되지 않은 턱을 가지고 있다. 말, 소, 코끼리, 코뿔소, 하마처럼 식물을 먹는 더 큰 동물들은 융합된 결합부를 갖는 경향이 있다. 악어처럼 주둥이가 크고 긴 동물들도 융합된 결합부를 갖는 경향이 있다. 융합되었건 융합되지 않았건, 긴 결합부는 턱이 탁 닫힐 때 턱에 버틸 힘을 줌으로써, 이빨들이 잘못 맞물리는 일(부정교합)을 방지할 수 있을 것이다.

숨쉬기와 삼키기. 레밍토노케투스과의 콧구멍은 주둥이의 끝, 즉 육상 포유류에서 콧구멍이 있는 곳 가까이에 있다. 긴 주둥이가 이 고래들로 하여금 더 깊은 물속에서 물 위로 코끝을 내밀고 잠복할 수 있도록, 따라서 사냥하는 동안 숨을 쉬러 수면으로 올라가는 번거로움을 피할 수 있도록 해주었을 것이다. 그러나 앞쪽으로 멀리 있는 콧구멍은 다른 이유들로 도움이 될지도 모른다. 레밍토노케투스과에게는 그들이 살던 짠 대양에 직면해 민물을 보존하는 것이 중요할 수 있을 것이다. 현대의 물범들은 비강을 이용해

날숨에서 물을 회수한다. 즉 허파에서 나오는 수증기가 비강에서 응결해 코 안쪽 조직에서 흡수된다.[12] 레밍토노케투스과의 긴 비강도 이 기능에 이바지했을 수 있다.

머리뼈의 나머지에도 특이한 점들이 있다. 레밍토노케투스의 경구개는 암불로케투스처럼 아래(배쪽)로 멀리까지 도달하지는 않지만, 그래도 얼추 비슷하게 귀의 영역까지 연장된다. 경구개에는 중심선에 두드러진 능선이 있는데, 아마도 경구개 가쪽에 씹는 근육, 즉 좌우의 안쪽날개근이 붙어 있었을 것이다. 안쪽날개근은 입을 닫는 강력한 근육으로, 물고기를 잡아먹는 동물이 이빨로 먹잇감을 꽉 무는 데에 유용하다. 입을 다물 때, 안쪽날개근은 두 가지 다른 근육, 즉 깨물근 및 관자근과 함께 일한다. 관자근은 머리뼈의 옆쪽에 더해 머리뼈 꼭대기의 볏(시상능선, 〈그림 27〉)에도 붙는데, 그러한 뼈의 부착방식이 레밍토노케투스와 안드레우시피우스에서 관자근이 매우 큰 근육이었음을 시사한다. 깨물근은 턱의 바깥쪽, 그리고 광대뼈가 일부를 형성하는 광대활에 붙는다. 레밍토노케투스의 광대활이 아주 작다는 것은 깨물근이 작았음을 시사한다. 이는 이상한데, 포유류 대부분에서 안쪽날개근과 깨물근은 턱을 다물 때 함께 일하므로 크기가 비슷하기 때문이다. 다른 포유류에서와 마찬가지로 레밍토노케투스의 목구멍 해부구조도 씹기, 삼키기, 숨쉬기의 기능을 통합했지만, 이 화석 고래에서 이 기능들의 상호작용은 제대로 알려져 있지 않다. 하지만 암불로케투스와 다른 것만은 분명하다.

뇌와 후각. 〈그림 27〉에서 보이는 레밍토노케투스 표본의 머리뼈는 특이하게 잘 보존된 화석이라, 표본을 CT로 스캔해서 머리뼈의 바깥쪽은 물론 비강과 뇌실 같은 안쪽 공간들까지 연구할 수 있었다. 정교한 스캐너가 약 1000번을 스캔해서 0.5밀리미터 간격으로 표본 전체를 훑었다(〈컬러도판 5〉). 특수한 컴퓨터 프로그램이 그 절편들을 읽은 뒤 통합해, 조각들을 떼어내거나 다시 붙여서 가상의 부위를 제거할 수 있도록 만든다. 〈컬러도판 5〉

에서는 머리뼈를 떼어내, 그 안쪽 공간들—가상의 (제2장에서 기술한) 내부 주형—만 보인다. CT 스캔은 뇌가 작았음을, 그리고 뇌의 양 옆에는 아마도 제2장에서 이야기한 현대 고래에서처럼 한 다발의 혈관이었을 큰 영역이 있음을 보여준다. 모든 포유류에서와 마찬가지로 뇌의 바깥쪽은 두 개의 큰 부분, 즉 앞쪽의 대뇌와 그보다 작은 뒤쪽의 소뇌로 이루어져 있고, 〈컬러도판 5〉의 가상 내부 주형에서 둘 다를 볼 수 있다. 매우 특이한 것은 앞쪽의 대뇌 밑에서 출현해 비강을 향해 뻗어가는 관이다. 생전에는 코로 가는 신경(제1뇌신경)이 이 관 안을 지나갔겠지만, 보통 이 신경은 레밍토노케투스에서만큼 길지 않다. 관이 비강과 접촉한다는 것은 레밍토노케투스에게 후각이 있었음을 암시한다. 그러나 그것이 이만큼 긴 이유는 분명치 않다. 현재로서는 머리뼈 외면의 해부구조가 머리뼈의 건축양식에 영향을 미침으로써 내면의 해부구조에도 영향을 미쳤다는, 다시 말해 이 영역에서 머리뼈 바깥에 붙어 있는 씹기근들의 위치 때문에 안쪽의 구조도 길어졌다는 설명이 가장 그럴 법해 보인다.

시각과 청각. 레밍토노케투스과는 눈의 위치가 특이하다. 레밍토노케투스, 달라니스테스, 아토키케투스에서는 눈이 돔 모양의 이마 밑에서 가쪽을 향해 있고 머리 위에 얹혀 있지 않다. 안드레우시피우스와 쿠트키케투스의 눈도 역시 가쪽을 향해 있지만 머리 위에 서로 더 가까이 있어서, 암불로케투스를 더 많이 닮았다.[13] 작은 눈확은 레밍토노케투스과가 시력이 좋지 않았음을 시사한다. 이 동물들은 흙탕물과 늪지 환경에서 살았으므로 볼 게 많지 않았을 것이다. 반면에 귀는 거대하다. 다시 말해, 중이강을 둘러싸는 두 개의 큰 고실뼈가 머리뼈의 바닥에서 뚜렷하게 튀어나와 있다. 물론 고래이므로, 이 뼈들은 실제로 새뼈집을 가지고 있다. 청각이 중요하다는 또 한 가지 징후는 턱뼈구멍이 거의 턱의 깊이 전체만큼 크다는 것(〈그림 23〉), 즉 현대의 이빨고래와 비슷하며, 암불로케투스보다 크다는 점이다. 쿠치에서 나온 표본들 중 일부에는 귓속뼈들이 들어 있는데, 이 뼈들도 현대 고래의 것과 흡사하고 파키케투스와는 다르다. 분명 청각은 빠른 진화적 변화를 겪고 있는 기관계이고, 이에 관해서는 제11장에서 이야기한다.

걷기와 헤엄. 레밍토노케투스과의 골격은 현대 포유류 가운데 수달의 것과 가장 비슷하고, 이는 이 고래들이 재빠른 사냥꾼이었을 것임을 시사한다. 수달의 이동의 진화에 대한 프랭크 피시의 개념(《그림 18》)에서, 쿠트키케투스는 강력한 꼬리로 헤엄치는 거대한 민물 수달인 큰수달과 일치했을 것이고, 어쩌면 뒷다리 상하운동으로 도움을 받았을 것이다(쿠트키케투스는 발이 알려져 있지 않으므로, 확신할 수는 없다). 레밍토노케투스의 척추 골격은 그것이 비교적 뻣뻣한, 아마도 쿠트키케투스보다 더 뻣뻣한 허리를 가지고 있었음을 보여주므로, 이 종은 뒷다리로 상하운동을 했을 수도[14] 있지만, 레밍토노케투스는 꼬리도 발도 알려져 있지 않으므로, 이동수단의 추론은 추측을 기반으로 한다. 레밍토노케투스과는 일반적으로 능숙하게 헤엄을 쳤겠지만, 육상 이동은 서툴렀을 게 틀림없다.[15]

생활사와 서식지. 레밍토노케투스과는 라토 날라의 조류 암초, 바가파다르의 해초 밭, 폭풍이 휩쓸고 간 고다타드의 개펄, 파난드로의 늪, 데디디 부근의 말라버린 만(《그림 28》) 등 쿠치에 있는 거의 모든 화석현장에서 나오는 것으로 알려져 있다. 레밍토노케투스는 모든 산지에서 흔하고, 따라서 특정한 환경에 관해 까다롭지 않았던 게 분명하다. 반면에 안드레우시피우스와 쿠트키케투스는 대양을 향해 열린 산지들(라토 날라와 바가파다르)에서는 드물지만 파난드로나 데디디처럼 물이 더 탁하고 흐름이 제한된 산지들에서는 흔하다. 흙탕물 전문가들이었던 모양이다.

뼈로 한 짐승을 짓는다는 것

칼 뷰얼이 쿠트키케투스의 발을 꾸며내지 않아서 기뻤다. 우리는 발 모양을 추측할 만큼 그들의 발에 관해 알지 못한다. 반면에, 비록 나는 그 동물의 털이 실제로 무슨 빛깔이었는지 모르고 배운 것을 토대로 그 동물에게 어쨌거나 털이 있었을 거라고 짐작만 할 수 있지만, 칼이 그 동물에게 밤빛 털을 준 것에 대해서는 개의치 않는다. 복원이란 관심 있는 관객에게 어떤 동물에 대한—그것이 어떻게 생겼고 어떻게 살았다는—직관적 느낌을 주기 때문에 유용한 것이다. 일반인들은 발가락이 몇 개인가와 같은 세부사항을 알아차릴 가능성이 별로 없으므로, 그러한 영역의 예술적 허용은 과학자, 화가, 독자 사이의 신뢰를 어기지 않는다. 물론, 복원에는 항상 어느 정도의 억측이 있다. 만일 얼룩말이 멸종하고 말은 멸종하지 않았다면, 얼룩말의 뼈를 토대로 얼룩말의 체형을 정확히 그리기는 간단하겠지만, 어떤 화가라도 빛깔의 패턴을 바르게 이해할 법하지 않다.

약간의 뼈만을 토대로 알려진 동물을 복원하면서 얼마나 멀리 갈 수 있느냐에 관해서는 고생물학자들 사이에서도 의견이 분분하다. 고래의 예술적 기교면에서 파키케투스는 1980년대 초에 기재되는 순간, 고생물학 실험실에서 기본 개념이 되었다. 그 시점에는 아래턱, 뇌실, 떨어진 이빨 몇 개밖에 알려져 있지 않았지만, 권위 있는 주간지 『사이언스』의 표지에는 머리, 몸, 발, 꼬리가 자세히 그려진 이 동물이 물에서 뛰어오르는 모습이 실렸다. 이 동물을 기술한 논문은 무엇이 알려져 있는지에 관해 명확히 밝혔음에도 불구하고, 수많은 대중서와 자연사박물관의 도해를 포함해 『사이언스』의 표지를 토대로 한 많은 파생상품에서는 그 미묘한 차이들이 사라져버렸다. 그렇듯 과도한 예술적 허용은 창조론자 사회에서 눈에 띄지 않고 넘어가지 못했고, 진화론자들이 '뼈 몇 조각'을 토대로 이야기를 꾸며내는 사례로 알려져왔다.[16]

대양은 사막이다

수사 고생물학

1992년 가을, 미시간 주 앤아버에 있는 술집 델 리오. 내 친구 로이스 로이와 나는 술집에서도 일 얘기만 하는 대학원생이다. 그녀는 히말라야가 솟아오르던 시기, 약 500만 년 전에서 5000년 전 사이에 나오는 화석 물고기를 채집하러 파키스탄으로 갔지만, 화석을 많이 발견하지는 못했다. 지금 그녀는 가지고 있는 시료에서 가장 많은 것을 얻기 위해, 화석이 많아야 한다는 조건에 덜 의존하는 질문들을 탐색하고 있다. 그녀는 현재, 물고기에 관해서는 아주 조금밖에 모르지만 암석과 뼈의 화학에 관해서는 많이 아는 교수—동위원소 지구화학자—와 함께 일한다.

동위원소 지구화학은 뜨거운 연구 분야로서 놀라운 문제들과 맞붙을 수 있다. 이 학문은 같은 화학원소의 다른 형태(동위원소)들 사이의 미묘한 차이를 연구한다. 예컨대 산소는 한 형태인 ^{16}O로 가장 흔히 존재하는데, 여기서 16은 산소 원자의 무게를 표시한다. 자연에는 더 무거운 동위원소인 ^{18}O도 있는데, 이것의 핵에는 중성자가 두 개 더 실려 있다. 두 동위원소 모두 다른 원소들과는 동일하게 반응한다. 예컨대 $H_2^{16}O$는 가지고 있는 산소가 ^{16}O인 물 분자이고, 자연에 있는 물 분자 대부분이 이것이다. 그러나 세상에는 약간의 $H_2^{18}O$도 있다. 이들은 **안정** 동위원소다. 붕괴하지 않는다는, 다시 말해 일단 돌아다니게 되면 변하지 않고 방사능을 내지도 않는다는 뜻이다. 이것이 우라늄의 동위원소와 같은 **방사성** 동위원소와 다른 점이다.

"자연에서는 ^{18}O가 산소의 약 0.2퍼센트를 구성해. 화학적 차이는 없지만, 동위원소들은 물리적 성질이 달라." 내가 맥주를 홀짝이는 동안 로이스가 설명한다.

"말하자면?"

"물리적 성질에 따라 분별되지."

"분별이 뭔데?" 나는 동위원소 지구화학에 대해 아는 게 아무것도 없지만, 로이스와는 그런 걸 의식하는 사이가 아니다.

"물리적 과정들은 동위원소들 중 한 원소와 우선적으로 작업하려고 해. 예컨대 증발은 더 가벼운 동위원소를 좋아해서, 이 성질을 이용하면 어떤 계를 통과하는 물을 추적할 수 있어. 나는 내 논문작업에 그 성질을 이용하고 싶어."

"오호. ^{18}O을 가진 물 분자는 더 무거우니까 그게 ^{16}O을 가진 물 분자보다 증발하기 어렵고, 그래서 수증기에는 대양에 있는 물보다 $H_2^{18}O$가 덜 들어 있다는 거로군." 이제 그녀가 무슨 말을 하려는 것인지 감이 온다. 만일 물에 들어 있는 ^{18}O와 ^{16}O의 비를 측정할 수 있다면, 가지고 있는 물이 수증기에서 왔는지 아니면 대양에서 왔는지를 알아낼 수 있다. 모든 민물이 결국은 강수에서 오므로, 그 차이는 모든 민물에서도 유지된다.

내가 묻는다. "그 비의 차이는 아주 작을 게 틀림없고, 동위원소들 사이의 무게 차이도 아주 작잖아. 그걸 정말로 측정할 수 있어?"

"물론이지. 질량분석기를 쓰면 돼."

나도 고생물학과 건물의 길 건너 실험실 중 한 곳에 있는 큰 기계에 관해 알고 있다. 커다란 금속 팔 두 개가 더 크고 불규칙한 몸통과 머리에서 뻗어 나와 이상한 무기들을 쥐고 있는 모습이, 어딘가 거대한 갑옷의 상반신을 상기시킨다. 기계가 발사하는 분자들이 기사의 손에서 출발해 팔을 거쳐 가슴으로 들어가고, 가슴에서 무게에 따라 서로 다른 영역으로 꺾인 뒤, 갑옷 안쪽의 어딘가에 충돌한다. 기계가 그렇게 충돌한 모든 산소 원자의 수를 센 다음, 동위원소의 비를 결정한다.

"근사하네, 하지만 그게 네 물고기에 관해서는 뭘 말해주는데?"

"대기 중의 물도 히말라야를 올라가면서 분별돼. 더 무거운 동위원소가 비로 빠져나가면서 점점 더 드물어지지. 그래서 동위원소 수치를 측정하면 물 시료를 채집한 곳의 고도를 알아낼 수 있어. 물론 현지 지질을 알아야 하고, 또…."

"하지만 너한테는 물 시료가 있는 게 아니라 화석 물고기의 뼈밖에 없잖아. 어디에서 물을 구한다는 거야?"

"그 물고기는 자기가 들어가서 헤엄치고 있던 물을 마신 다음, 그 물에 들어 있던 산소를 써서 뼈를 지었어. 뼈는 인회석으로 만들어지는데, 인회석에 산소가 들어 있거든. 동위원소들은 화학적으로 다르지 않기 때문에, 뼈에 든 동위원소를 측정하면 그 물고기가 헤엄치던 물의 동위원소를 알아낼 수 있어."

"우와. 그렇게 동위원소를 측정해서 마시는 물을 추적하면 너는 어떤 동물이 뭘 마셨는지를, 그 동물이 죽은 지 2000만 년이 지난 뒤에도 알 수 있고, 따라서 어느 물고기가 강의 어디에서, 그러니까 낮은 평원에서 살았는지, 아니면 높은 산의 개울에서 살았는지도 알아낼 수 있다는 거네."

"종류가 다른 민물들 사이의 차이는 비교적 작고, 네가 어떤 유역에 있느냐와 같은 다른 요인에 따라서도 달라져. 계가 다른 경우, 예컨대 민물계와 바닷물계 사이에는 훨씬 더 큰 차이가 있어서 측정하기가 더 쉽지."

"흠, 그렇다면 어떤 동물이 민물을 마셨는지 바닷물을 마셨는지를 소금

함유량을 측정하지 않고 그 동물의 뼈에 든 산소의 안정 동위원소만 보아도 알아낼 수 있겠네." 나는 맥주를 마저 비우며, 누군가 내 몸의 조직에 든 동위원소를 연구하면 그 안의 물이 어디에서 왔는지도 알아낼 수 있겠다는 생각을 한다. 그러니까 만일 내가 모든 체액을 여기 델 리오에서 마신 맥주에서 얻었다면, 사람들이 내 피나 뼈의 시료를 가지고 그 사실을 알아낼 수 있을 것이다. 술집 수사과학이라고나 할까. 그렇게 생각하니 좀 불안해지지만, 과학적 잠재력이 눈에 보인다.

우리 둘 다 미시간을 떠나고 내 연구가 점점 더 화석 고래에게 집중되는 동안에도 그 대화가 내 머릿속을 떠나지 않는다. 세월이 흘러 서랍들에 암불로케투스와 파키케투스의 이빨이 제법 비축된 뒤, 그녀에게 전화를 건다.

"로이스, 우리가 이 모든 화석 고래를 파키스탄에서 발견하고 있거든. 파키케투스과는 민물 암석에서만 나오고, 암불로케투스과는 해안 퇴적물에서 나와. 이 고래들이 파키스탄에서, 내가 작업하는 바로 그곳에서 뭍에서 물로 옮겨가고 있는 것 같아."

"그래, 나도 네 논문들을 읽었어." 로이스가 사무적으로 말한다.

"현대의 고래들은 바닷물을 섭취하는데, 아마 민물을 마신 땅 위의 조상들이 있었을 거야. 우리가 그 화석 고래들의 뼈와 이빨을 분석해서 그들이 무엇을 마시고 있었는지 알아내고, 민물에서 바닷물로 전환한 시기도 알아낼 수 있을까?"

"물론이지. 몇 가지 조건이 있어. 맥락을 연구할 수 있도록 연관된 동물군이 필요하고, 몸의 크기도 알아야 하고, 현대의 유사한 동물도 필요하고, 또…."

로이스는 복잡한 권리포기 각서 얘기로 새기 직전이지만, 나는 탄력을 잃고 싶지 않아서 말을 가로막는다. "그런 건 다 갖출 수 있을 거야. 얼마나 큰 시료가 필요해?"

"음, 약 5그램이 필요하고, 이빨의 법랑질과 상아질이 있으면 좋겠고,

또…."

"그런 말은 나한테 아무 의미도 없어. 그게 얼마나 큰 뼛조각이야?"

"그건 굵기에 따라 달라."

"깎은 손톱 하나가 얼마나 무거워?"

"몰라. 그거보다는 많이 필요할 거야."

이제 내가 살짝 발끈할 차례다. 나는 잡스러운 세부사항을 넘어가고 싶다. 이 일을 위해 이빨을 몇 개나 희생시켜야 하는지 알고 싶지만, 로이스는 모호한 유비에 끌려들지 않으려 한다. 우리가 민물을 마시다 바닷물로 바꾼 과정을 추적할 수 있다면 굉장할 것이다. 그렇게 중요한 진화적 변화를 알아내다니, 화석을 토대로 그것을 알아낼 수 있을 거라고 누가 생각이나 할 수 있었을까? 민물 공급원이 필요하다면 고래들이 대양을 가로질러 그리 먼 거리를 여행할 수 없을 게 분명하므로, 바닷물을 마시는 능력을 얻은 때야말로 그들이 넓은 대양 곳곳으로 분산되게 해준 중대한 순간이었을 것이다.

마침내, 우리는 이 일이 해볼 만하다고 판결한다. 나는 약간의 법랑질 시료를 취해 그녀에게 보낼 것이다. 그녀는 이빨의 법랑질에서 산소 원자들을 화학적으로 끄집어내 그것을 내가 보낸 이빨에 존재했던 ^{16}O과 ^{18}O의 비와 같은 비로 훨씬 더 큰 분자 안에 가둘 것이다. 그런 다음 그 분자들을 발사해 질량분석기의 한 팔로 통과시켜 두 분자의 존재비를 결정할 것이다. 그러면 그 비가 민물에 가까운지 아니면 바닷물에 가까운지 알 수 있을 것이다. 우리가 안다고 여기는 이론이 실제로 실세계와 부합되는지 보기 위해, 그녀는 현대의 대양에 사는 고래와 돌고래들에게서 나온 법랑질도 분석해서 그 결과를 강에서 평생을 보내는 돌고래의 소수 종과 비교할 것이다.

마시기와 오줌 누기

로이스가 나에게 그 방법에 관한 배경 자료를 잔뜩 보낸다. 흥분되지만, 걱정되기도 한다. 이게 정말 효과가 있을까? 로이스와 대화를 나누었음에도 여전히 회의적이다. 마시기처럼 순식간에 사라지는 습성을 정말로 이런 화석에서 주워 모을 수 있을까?

기다리는 동안, 현대의 해양동물과 바닷물 마시기에 관해 알려진 것들을 공부한다. 목마른 동물이 바닷물을 마실 때 따르는 문제는 그 안에 소금이 많다는 것이다. 사실 바닷물은 포유류의 혈액과 체액보다 많은 소금을 담고 있다. 그 결과로, 만일 어떤 동물이 물을 섭취하기 위해 바닷물을 마시면, 마신 물의 염도가 체액의 염도와 일치하도록 소금의 일부를 꺼내 배출할 필요가 있다. 새와 악어에게는 눈 근처에 소금이 배출되는 샘이 있다. 포유류는 결코 그런 샘을 가지고 있지 않다. 육상 포유류는 땀을 낼 때 소금을 잃지만, 이 과정은 피부에서 일어나는 증발에 의해 추진되므로, 물속에서 살 때는 땀을 낼 수 없다. 그렇다면 고래목에서 소금 배출을 책임지는 기관은 콩팥이다.

섭취한 물에서 소금을 꺼내기 위해, 동물은 오줌 안에 소금을 녹여 오줌을 짜게 만들어서 배출해야 한다. 그래서 콩팥의 농축 능력이 결정적으로 중요하다. 생쥐와 같이 조그만 많은 포유류는 매우 농축된 오줌을 배출할 수 있어서 바닷물을 마실 수 있다.[1] 인간의 콩팥은 오줌을 그만큼 강하게 농축시키지 못한다. 실은, 인간의 콩팥이 바닷물에서 인간의 체액과 맞먹을 만큼 소금을 제거하려면, 많은 물이 필요하다. 그 필요한 물의 양이 소금을 추출할 바닷물보다 훨씬 더 많다. 일정 분량의 바닷물을 마시는 인간은 그 분량에 든 소금을 오줌으로 내보낼 때, 그 분량을 마시면서 얻은 것보다 많은 물을 잃을 것이다. 인간의 콩팥에게 대양은 사막과 같다. 마셔도 되는 물이 없다는 말이다.

해양 포유류는 민물의 부재를 다른 방식으로 극복한다. 다소 고약한 어느 실험에서, 데이브라는 이름의 바다사자를 우리에 가둔 뒤 마실 물로 바닷물만 주고, 먹이에는 소금 알갱이를 섞었다.[2] 데이브는 소금을 배출하면서 몸 안의 귀중한 물을 더 많이 잃을 것을 깨닫고, 영리하게도 그 물을 마시지 않았다. 이 동물은 한 달이 넘도록 물을 전혀 마시지 않고도 신체적으로 상당히 건강한 듯했고, 마침내 다행히도 실험이 중단되었다. 바다사자는 그러한 탈수를 견딜 수 있는 것으로 보인다. 반면에, 호스를 매달아 플로리다의 대양으로 물을 흘려 넣으면, 매너티들이 물을 마시러 헤엄쳐 올라올 것이다. 대양에서 살고 있음에도, 매너티는 민물의 공급원이 필요한 것이다. 반대편 극단에서, 태평양 해안을 따라 서식하는 해달은 바닷물을 마음껏 마실 수 있다.[3] 고래목은 바닷물을 마실 수도 있고 안 마실 수도 있는 수준까지 오줌을 농축시키지 못한다.[4] 약간의 바닷물을 섭취한다고 알려져 있지만,[5] 물의 대부분을 먹이에서 얻고, 물을 매우 아껴 쓴다.

화석이 된 마시기 습성

그러니까, 동위원소 방법은 고래목이 언제 민물의 부재를 극복하는 법을 배웠느냐는 문제에 답할 수 있을 것이다. 로이스가 먼저 현대의 시료들, 즉 바다 돌고래 몇 종, 범고래, 향고래의 이빨 조각들을 비롯해 아마존 강, 갠지스 강, 양쯔 강에 사는 강돌고래의 시료들을 분석한다. 기쁘게도 바다 종과 민물 종 사이에 일관된 차이가 있고,[6] 이는 우리가 예측한 것과 일치한다(《그림 31》).

이제 화석작업이 시작된다. 동위원소 시료를 얻기 위해 멀쩡한 화석 이빨에서 한 조각을 떼어내야 할 때마다 심장이 오그라든다. 그 이빨들을 얻고 또 손상시키지 않기 위해 그토록 열심히 노력했는데, 이제는 그것의 반짝이는 법랑질에 나사돌리개를 갖다 대고 있는 것이다. 그 조각들을 작은 유리병에 담아 우편으로 로이스, 그것들을 갈아서 가루로 만들 사람에게 부친다. 로이스가 나에게 자료를 보낸 뒤 그 모든 숫자가 무엇을 뜻하는지 끈기 있게 설명한다.

현대 고래목	서식지	산소 동위원소 값 $\delta^{18}O_p$
바다 돌고래(n=11) 범고래(n=1) 향고래(n=2)	바다	
인도 강돌고래(n=1) 중국 강돌고래(n=1) 남아메리카 강돌고래(n=1)	민물	

← 민물 서명　　바다 서명 →

에오세 고래목	퇴적물	
프로토케투스과 고래(n=3) 레밍토노케투스과 고래(n=2)	대양저	
아토키케투스(n=1) 암불로케투스(n=8)	해안	
파키케투스과 고래(n=11)	강바닥	

그림 31 현대 및 에오세 고래목의 산소 동위원소 값. 현대 종들의 알려진 서식지가 이들이 민물 동물인지 바다 동물인지를 알아내는 데에 동위원소 값(동위원소 지구화학자들이 δ로 표시하는 수치로, 두 동위원소의 비를 기준 시료와 비교한 값)이 이용될 수 있음을 암시한다. 바다 돌고래, 범고래, 향고래는 바닷물에서 살고, 산소 동위원소 값이 높다. 다양한 대륙에 사는 강돌고래의 값은 모두 더 낮다. 따라서 동위원소 값을 화석 에오세 종의 물 마시기 습성을 확인하는 데에 이용할 수 있다. 화석의 동위원소 값들은 화석이 발견된 암석의 퇴적학(대양저, 해변, 강바닥)에서 나오는 증거와 일치한다. 이 도표는 Roe et al.(1998)의 자료를 토대로 했고, 이 결과들은 Clementz et al.(2006)에서 나온 더 근래의 자료에 의해 확증되고 다듬어졌다. 프로토케투스과 고래에 관해서는 제12장에서 이야기할 것이다.

"파키케투스과에는 분명한 민물 서명이 있어." 그녀가 말한다.

"서명?"

"델타 ^{18}O 값이 그 산소가 민물이었음을 암시한다는 뜻이야."

나도 델타에 관해 조금—기본적으로 ^{18}O과 ^{16}O의 비라는 것—은 안다. 델타 값이 낮을수록 가벼운 동위원소가 더 많음을 가리킨다. 근사하지만, 놀랍지는 않다. 그들은 민물에서 살았고, 자존심이 있는 모든 육상 포유류와 마찬가지로, 민물이야말로 그들이 마시고 있었던 물이라는 말이다. 레밍토노케투스과와 같은 인도의 고래들은 잣대의 바다 쪽 끝에 있다. 이는 근사할 뿐만 아니라 놀랍기도 하다. 이 고래들은 해안과 가까운 바다에서 살았는데, 이들의 동위원소 값이 이들은 민물과 완전히 무관함을 보여주는 것이다. 이는 고래들이 대양으로 들어간 지 수백만 년 안짝에, 민물을 구할 필요 없이 대양을 누비고 다닐 수 있었다는 뜻이다(《그림 32》). 이는 현대의 매너티와 다른 흥미로운 점이다. 매너티는 고래와 같은 무렵에 기원했지만, 아직까지 바닷물만 마시고 사는 법을 알아내지 못했다.

물론, 여기서는 역사가 중요하다. 고래와 매너티는 서로 다른 육상 조상에서 유래하고, 동위원소는 어떤 동물이 무엇을 마셨냐만 보여주고, 무엇을 마셔야만 했다면 그것을 마실 수 있었을까는 보여주지 않는다. 파키케투스과의 몸은 바닷물을 다룰 수 있었겠지만 민물 생태계에서 살았으므로, 결코 그럴 필요가 없었을 가능성도 있다. 적어도 현대 우제류 몇몇이 바닷물을 처리할 수 있음을 고려하면, 민물을 구할 곳이 없는 삶을 감당할 능력은 고래목의 조상에게 이미 존재했을 수 있다.

2~3년 뒤, 로이스는 과학을 그만두고 마크 클레멘츠가 동위원소 작업을 넘겨받는다. 마크는 나보다 한 세대 젊은 매우 정력적인 친구로서 그의 도구상자에는 완전히 새로운 일련의 시료 채집 및 동위원소 분석기법들이 들어 있다. 내 관점에서 가장 고마운 것은, 이제 동위원소 분석에 법랑질이 눈곱만큼만 있으면 된다는 점이다. 마크가 드릴로 고래 이빨을 뚫을 때 나도 간신히 볼 수 있다. 기법들도 이제는 훨씬 더 수준 높은 질문에 답할 수 있도록 개선되었다. 예컨대 마크는 어떤 동물의 일생에서 먼저 나는 이빨과 나중에 나는 이빨을 가지고 그 동물이 태어나기 전에 (턱 안에서) 형성된 이빨, 젖을 빨 때 형성된 이빨, 독립적 섭식자가 되었을 때 형성된 이빨이 어떤 것인지를—전부 다 동위원소 분별의 단계별 차이를 토대로—구분할 수 있다.[7]

이 수준의 세부사항은 흥미로운 동위원소 데이터를 보여주는 암불로케투스를 연구하는 데에 도움이 될 것이다. 암불로케투스의 동위원소 서명은 사방에 있지만, 대부분 민물 영역에 있다. 이는 바닷물과 염분 섞인 물이 풍부한 이들의 바닷가 생활환경과 어긋난다.[8] 만일 고래목의 조상에게 바닷물을 처리하는 능력이 없었다면, 암불로케투스가 바닷가에서 살고 있었지만

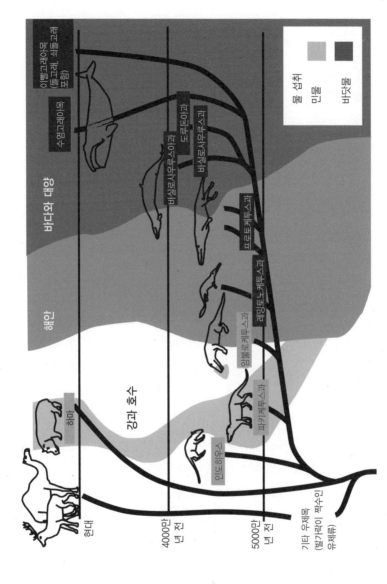

그림 32 고래류와 우제류의 관계와 그들이 살았던 서식지(잿빛 색조의 음영은 물, 하얀 바탕은 육지를 보여주는 분기도, 물 마시기 습성은 이름과 함께 상자 색깔(잿빛 상자는 민물, 검은 잿빛 상자는 바닷물)로 표시된다. 동위원소 데이터를 토대로 한다. 프로토케투스과에 관해서는 제4장에서 이야기할 것이고, 인도하우스란 발가락이 짝수인 유제류의 일종으로서, 역시 제4장에서 이야기할 것이다.

소금을 과용하지 않기 위해 민물을 마시러 강으로 헤엄쳐 올라와야 했을 가능성도 있다. 하지만 다른 해석들도 똑같이 가능하다. 어쩌면 어릴 때(이빨이 형성되었을 때)에는 강에서 살다가, 나중에 바닷가(우리가 이들의 화석을 발견하는 곳)로 나갔을지도 모른다. 아니면 키아와 섬의 앨리게이터들처럼, 이들도 바다 서식지가 우세한 생태계 안에서 민물 서식지를 선택했을지도 모른다. 그러한 앨리게이터들이 언젠가 화석화한다면, 서식지가 민물임에도 불구하고 이들은 조가비와 상어 이빨들 사이에서 발견될 것이다. 어쩌면 암불로케투스는 아예 물을 마시지 않았고, 대신에 모든 물을 먹잇감에서 얻었을지도—그리고 그 **먹잇감들**이 바로 민물고기나 육상 포유류였을지도—모른다. 물론, 먼저 암불로케투스의 젖니를 찾아야 할 텐데, 아직은 찾은 적이 없다.

암불로케투스와의 산책

암불로케투스에 대한 우리의 동위원소 작업이 한창일 때, 서식지 쟁점 전체가 허구가 되어간다. BBC가 포유류의 진화에 관한 일련의 다큐멘터리를 만들고 있다. 〈야수와의 산책〉*이라는 다큐멘터리인데, 고래가 두드러진 역할을 한다. 한 일화에서는 암불로케투스가 헤엄치고, 걷고, 사냥하는 모습을 보여준다. 제작진은 그 동물을 바로잡으려 애쓰며 그 일을 훌륭히 해낸다. 화면을 가로질러 움직이는 그 동물의 짧은 동영상들을 한 단계씩, 처음에는 선을 슥슥 그어서, 나중에는 점점 더 실감나게, 마침내는 털과 위협적인 눈초리까지 보태서 나에게 보낸다. 그리고 내 조언을 진지하게 받아들여 주둥이의 길이를 고치고, 등뼈의 유연성도 바로잡는다. 결과는 깜짝 놀랄 만하다. 나는 그것의 모습에 넋이 나간다. 마치 4800만 년 전에 야생하고 있던 그 짐승을 찍은 영화가 발견된 것 같다. 그 매혹은 그들이 암불로케투스의

---

* 우리나라에서는 2003년에 〈고대 맹수 대탐험〉이라는 제목으로 KBS1에서 방영되었다.

겉모습에 배경을 덧붙이는—암불로케투스를 독일의 화석현장인 메셀에 집어넣는—순간 갑자기 끝장난다. 에오세에 메셀은 유독한 화산가스를 뿜는, 다 죽어가는 숲속 호수였다. 가까이 오는 동물 대부분은 가스에 질식해 죽었고, 화석화가 흔했던 이유는 그 장소가 너무 유독한 나머지 청소동물이 살아서 사체를 먹을 수 없었기 때문이다. 나는 프로그램의 제작진에 따진다. 암불로케투스는 독일의 숲에서 죽음을 부르던 죽은 연못 속이 아니라, 지구 반대편 사막의 바닷가, 생명이 그득한 물속에서 살았다고. 내 항의는 인정되지만 기각된다. 훌륭한 줄거리를 들려주려면, 고래가 숲 바닥에 있던 쥐만 한 생물을 쫓아 발을 저으며 그 유독한 진흙 구덩이를 기꺼이 통과할 필요가 있다는 것이다. 텔레비전에서 보이는 모든 것을 믿어선 안 된다.

10

조각 골격 맞추기

눈길만으로 사람을 죽일 수 있다면

1999년 파키스탄 펀자브, 62번 산지. 우리 여섯 명이 62번 산지, 즉 로버트 웨스트가 최초의 파키케투스를 찾은 장소에 돌아와, 그 잡힐 듯 잡히지 않는 최초의 고래 화석을 더 많이 찾기 위해 땅을 파고 있다. 단단하고 붉은 자줏빛 암석의 수직 벽이 땅에서 150센티미터 높이로 솟아 있고, 장마가 우리를 위해 그 벽을 씻어서, 연약한 화석들을 훌륭하게 보존된 상태로 드러내놓았다. 내가 몇 년 전에 본 뇌실이 아직도 거기에 있다. 그 벽은 원래 수직이 아니라, 수평이었다. 히말라야를 형성한 움직임들이 벽을 밀어올린 뒤 그 위에 열십자로 금을 그어 무늬를 입힌 탓에, 벽이 들쭉날쭉한 돌들을 조심스럽게 맞추어 지은 것처럼 보인다. 화석들이 새하얗게 두드러지고 흔히 금 간 곳과 교차한다. 결국, 그 화석들은 암석에 금이 가기 전부터 거기에 있었다는 말이다. 우리는 벽을 한 덩어리씩 무너뜨리며, 한 화석을 두 동강 내지 않기 위해 이웃한 덩어리들을 계속해서 추적한다. 우리는 일종의 화석 컨베이어 벨트를 돌리고 있다. 우리 가운데 한 명은 덩어리들이 아직 벽 속에 있을 때 모든 덩어리에 숫자를 매기고, 다음 사람은 덩어리를 하나씩 떼어내 솔로 흙을 털어낸 다음 나에게 건넨다. 나는 무거운 망치, 끌, 확대경을 들고 앉아 있다. 내가 화석이 있는 곳에 주목해 거기에 표시를 하면, 다른 누군가가 야장에 '별표, 위팔뼈, 23번 덩어리의 별표와 일치'라고 최신 정보를 기록한다. 나머지 두 사람은 꼬리표를 붙여 덩어리를 포장한다. 화석 채집은 순조롭게 진행된다. 공항에서 중량 초과로 상당한 비용을 지불하게 될 것이다. 덩어리의 바깥쪽에 눈에 보이는 화석이 없으면, 안쪽에 화석이 있는지 보기 위해 내가 덩어리를 때려 부순다. 화석이 있으면, 덩어리를 다듬어 불필요한 무게를 덜어내어 운송비를 절약한다.

우리가 발견하는 이빨은 대부분 고래의 이빨, 즉 파키케투스과의 것이며, 이빨이 아닌 다른 화석들도 조금 발견하고는 한다. 키르타리아*Khirtharia*라는 아주 작은 우제목이 있는데, 우리가 가지고 있는 것은 그것의 턱뼈 두세 개 뿐이다. 우제목, 다시 말해 발굽 달린 발가락이 짝수인 포유류에는 돼지와 낙타, 염소와 소, 하마와 기린이 포함되지만, 키르타리아는 이들보다 훨씬 더 작은—크기는 너구리만 하지만, 그 식육 포유류와는 전혀 무관한—동물이다. 이빨은 사실 우제목의 가장 특징적인 부분이 아니다. 모든 우제목은 발목에 있는 복사뼈의 특정한 모양으로 특징지어진다. 모든 포유류에서 복사뼈는 발목의 축이 되는 뼈다. 그러기 위해 복사뼈에는 위에 있는 정강이뼈와 관절을 이루며 도르래라 불리는 경첩관절이 있다. 복사뼈의 아래쪽은 머리라 불리는 영역이다. 그 머리는 발을 향해 있고 포유류마다 모양이 다르다. 포유류의 대부분에서는 공 모양이고, 말에서는 납작하고, 우제목에서는 이번에도 도르래 모양이다. 도르래가 둘인 복사뼈는 모든 화석 우제목을 포함해 가장 작은 쥐사슴에서 가장 큰 기린에 이르기까지 모든 우제목을 특징 짓는, 매우 독특한 복사뼈다. 내가 태어나기 오래전, 그리고 뎀이 파키스탄에 와서 최초의 고래를 채집하기 전, 키르타리아의 복사뼈 하나가 데이비스가 채집한 뼈들 사이에 있다가 영국자연사박물관의 필그림에게 보내졌다.

우리는 사지뼈도 많이 찾아내는데, 이것들을 정강이뼈나 넙다리뼈나 위팔뼈로 확인하기는 쉽다. 하지만, 그것이 어떤 동물에게 속하는지를 알아내는 것은 그리 쉽지 않다. 이빨의 대부분이 고래임을 고려하면 골격 뼈의 대부분도 아마 고래일 테지만, 확신할 수는 없다. 크기가 약간의 도움을 준다. 이빨의 크기 차이가 크다는 것을 고려하면, 키르타리아의 넙다리뼈를 고래의 넙다리뼈와 혼동하기는 불가능하다는 말이다. 그러나 이빨은 아직 발견되지 않았지만 뼈만 발견된 어슴푸레한 종이라면 사정이 복잡해질 수 있을 것이다. 그게 여기서 우리의 문제인 것으로 보인다. 이 산지에는 크고 도르래가 둘인 복사뼈가 여러 개 있다. 모양을 토대로 하면 분명 우제목이지만, 이놈들은 키르타리아보다 훨씬 더 크다. 이 녀석의 뼈가 이렇게 많은 걸 보면 이 종은 꽤 흔했음이 틀림없지만, 우리는 이 우제목의 이빨을 찾은 적이 한 번도 없다. 이것은 하나의 수수께끼이지만, 그에 관해서는 걱정하지 않는다. 이 현장에서 나오는 채집물이 많아지면 그 문제는 사라질 것이고, 결국 모든 동물의 이빨과 뼈가 표현될 것이다.

그런 문제들에 관한 생각에 잠겨 있는 나에게 7번 덩어리가 도착한다. 그것은 너무나 커서 들기도 힘들지만, 바깥쪽에 있는 화석 뼈 몇 개의 일부가 당장 눈에 뜨인다. 망치로 덩어리의 모퉁이를 때린다. 한 번 더 쾅, 그리고 헉. 암석이 깨지자, 금이 간 곳에서 뇌실의 일부가 노출된다. 1981년에 필립 킹그리치가 발견한 파키케투스과의 뇌실을 닮았다(제1장 후주 2). 그것은 멋진 화석이었지만, 눈, 코, 턱이 달린 부분이 빠져 있었다. 그 결과로, 우리는 파키케투스의 얼굴이 어떻게 생겼는지 모른다. 뇌실의 앞쪽 영역은 이 화석에서도 볼 수 없지만, 그것은 아직 벽 속에 있는 이웃한 덩어리에 들어 있을 수도 있다.

물과 칫솔로 새로운 머리뼈를 문지르면서, 머리뼈가 마른 뒤 약한 지점들을 붙일 수 있도록 틈새의 흙을 긁어낸다. 이 일에는 시간이 걸린다. 다른 사람들은 작업을 계속하므로, 박살날 준비를 마친 덩어리들 한 무더기가 내 옆에 쌓인다. 다른 사람들에게 이 덩어리 곁에 있던 덩어리를 찾아달라고 해서 그것을 씻는다. 아니나 다를까, 머리뼈가 다음 덩어리로 이어져 들어간다. 이놈이 나를 흥분시킬 수도 있을 것이다. 조심스럽게 자리를 잡아 또 한 번 쾅, 소리와 함께 내 머리로 아드레날린이 솟구친다. 덩어리가 둘로 쪼개진다. 심장이 멎는다. 금이 간 곳에서, 머리뼈 꼭대기에 올라앉은 고래의 눈확이 드러난다. 고래가 4900만 년을 가로질러 나를 똑바로 응시한다. 마치 암석이 흙탕물이고 고래가 나를 먹이로 삼을 만한지 가늠하고 있는 듯하다. 기대앉아 망치를 내려놓고, 와서 보라고 다른 사람들을 부른다. 여기에 사람들에게 알려진 최초의 고래의 최고의 머리뼈가 있다. 얼마나 굉장한 발견물인가. 그것을 솔로 살살 문지르면서, 이 녀석의 나머지 뼈들도 이 산지에 있다는 생각을 한다. 이 암석들에서 그것을 끄집어내는 일은 그저 시간문제일 것이다.

뼈가 얼마나 있으면 골격이 될까?

우리가 H-GSP 62번 산지에서 나오는 화석들을 가지고 답하길 바란 결정적 질문은 이것이었다. 고래는 누구와 친척일까? 더 많은 파키케투스과의 화석들이 그 질문에 답할 것이고, 이 머리뼈는 그 답의 중요한 일부다. 20년이 넘도록, 고래가 메소닉스목이라는 오래전에 멸종한 집단의 친척이라는 데에 대해서는 고생물학자들 사이에서 아무 논란이 없었다. 이것은 명석한 괴짜 고생물학자 리 밴 베일런의 발상이었다.[1] 그는 메소닉스목의 이빨이 초기 고래의 이빨과 흡사함을 주시했다. 둘 다 아래턱 큰어금니에, 포유류의 것으로서는 매우 특이하게도, 교두가 하나뿐인 높은 삼각분대와 교두가 하나인 낮은 거분대가 있다(〈그림 30〉). 많은 화석—북아메리카, 유럽, 아시아에서 나온 치열, 머리뼈, 골격 따위—이 메소닉스목의 것으로 알려져 있고, 이들은 고래가 태어나기에 적절한 시기에 살았다.[2] 치열은 육식을 시사하고 몸은 어딘가 늑대를 닮았지만, 발굽을 가진 포유류로서 한 발당 다섯 개인 발가락마다 끝에 아주 작은 발굽이 달려 있다. 그러나 고생물학과 메소닉스목-고래 가설의 로맨스는 단백질과 DNA의 관점에서는 현대의 고래가 현대의 우제목과 매우 유사하다는 것을 발견한 분자생물학자들 때문에 난관을 만났다. 실은 너무도 유사해서, 고래목이 발가락이 짝수인 유제류에 포함되어야 할 것처럼 보일 지경이다. 고래목의 가장 가까운 친척은 하마이며, 하마는 다른 어떤 우제목에 대해서보다 고래목에 근접해 있는 이 유연관계를 자매군 관계라 한다. 물론, 메소닉스목이 멸종해서 이들의 단백질과 DNA는 연구할 수 없으므로, 고래목과 메소닉스목이 자매군이었고 이 둘을 합친 한 집단이 하마의 자매군을 형성할 가능성도 열려 있다. 그러나 이 가능성 역시 고생물학자들과 잘 지내지 못했다. 도르래가 두 개인 복사뼈가 하마를 포함한 모든 우제목에서 눈에 띄지만 메소닉스목에서는 눈에 띄지 않는 바람에, 메소닉스목이 우제목 집단에서 제외되는 것으로 보였던 것이다. 고래목에서 복사뼈가 어떻게 생겼는지를 말하는 것은 불가능하다. 모든 현대의 고래목과 거의 모든 화석 고래목이 뒷다리를 잃었기 때문이다. 바실로사우루스과에서는 발목뼈가 알아볼 수 없는 한 덩어리로 융합되어 있고, 레밍토노케투스과에서는 발목뼈가 한 개도 알려져 있지 않다. 암불로케투스도 이에 관해서는 실망스러웠다. 우리가 복사뼈의 절반을 찾았지만, 그 문제를 해결해줄 부분은 아니었다는 말이다.

그래서 파키케투스과의 골격이 필요하다. 그것이 우리에게 우제목 및 메소닉스목과 직접 비교해도 될 만큼 원시적인 고래목의 골격을 제공할 것이다. 우제목-메소닉스목 수수께끼를 풀려면 발목이 특히 중요할 것이다.

미국에 돌아온 우리가 노리고 있는 게 바로 그것이다. 파키케투스의 골격을 조립하기에 충분한 뼈를 찾기를 바라며, 엘런이 62번 산지에서 나온 덩어리들에서 뼈를 추출하고 있다. 이 산지의 골칫거리는 단일한 골격이 없다는, 여기에는 많은 개체와 종의 뼈가 함께 뒤범벅이 되어 있다는 사실이다. 엘런이 마련한 서랍마다 62번 산지의 뼈들이 가득하고, 이빨과 머리뼈를 놓고 보면 고래가 많지만, 어떤 사지뼈와 등뼈가 이 이빨들과 어울리는지는 곧바로 알아볼 수 없다.

뻔질나게 서랍을 열고 위팔뼈를 노뼈에, 정강이뼈를 복사뼈에 맞춰본다. 이 독특한 조각그림 맞추기를 하면서 노는 내내, 빠진 조각들이 뇌리에서 떠나지 않는다. 서랍에서 가장 흔한 뼈들을 꺼낸다. 틀림없이 파키케투스과와 크기가 비슷한 동물의 것들이다. 뼈들을 탁상에 놓는다. 발의 뼈들이 모여서 비례가 잘 맞는 발이 되지만, 이것은 고래의 발이 아니라 우제목의 발이다. 도르래가 두 개인 복사뼈를 가지고 있다는 말이다. 가운데에 있는 두 발가락이 비슷한 길이이고, 양 옆의 발가락보다 훨씬 길다. 발마다 같은 크기의 발가락을 짝수 개(보통 긴 발가락 두 개와 짧은 발가락 두 개, 또는 비슷한 길이의 발가락만 두 개) 가지고 있는 것은 우제목의 또 다른 특징이다. 이 발은 62번 산지에 흔한 정말로 우제목인 짐승의 것이므로, 여기에서 나온 큰 우제목의 이빨이 없다는 게 절망스럽다. 엘런이 날마다 암석에서 화석을 더 꺼내오지만, 큰 우제목의 이빨은 하나도 없다.

뼈들이 강박관념을 불러일으킨다. 뼈들을 탁상에 꺼내둔다. 척주, 그리고 어깨, 앞다리, 뒷다리. 하지만 머리뼈나 이빨은 없다. 파키케투스과의 머리뼈 하나를 가져다 골격의 앞에 놓아본다. 그것이 첫 번째 척추뼈(고리뼈)와 아주 잘 들어맞고, 크기 면에서도 골격과 어울린다(《그림 33》). 그 수수께끼 같은 우제목이 실은 고래라면, 그 우제목의 미스터리가 풀릴 것이다. 엘런이 암석에서 방금 추출한 새로운 뼈를 보여주러 들어온다. 내가 한 짓을 보고, 평소에도 잘 그러듯, 얼굴이 빨개진다. 탁상의 골격이 고래의 진화에 관해 무모한 성명을 발표하고 있다. 만일 이 짐승이 도르래가 두 개인 복사뼈를 가지고 있다면, 고래가 메소닉스목에서 유래했다는 밴 베일런의 위대한 통찰은 틀린 것이 되리라는 말이다. 심란하게도, 그것은 이빨이 우리에게 거짓말을 하고 있었다는—메소닉스목의 이빨과 파키케투스과의 이빨 사이의

그림 33 모두 파키스탄의 칼라치타 구릉에 있는 62번 산지에서 함께 휩쓸려 온, 서로 다른 몇몇 개체의 뼈들을 바탕으로 조립한, 대략 4900만 년 전의 에오세 고래 파키케투스의 골격. 안정 동위원소 연구로 이 모두가 이 초기 고래 종의 뼈에 해당함을 입증했다. 다리 사이 매직펜의 길이는 13.5센티미터다.

상세한 유사점들이 공통조상을 가진 것과 관계가 있는 게 아니라, 수렴진화[*]의 결과물일 거라는—의미가 될 것이다.

엘런과 함께, 화석증거가 이 발상을 뒷받침하는지 보려면 다음엔 무엇을 해야 하나를 곰곰이 생각해본다. 분자생물학에서 영감을 받은 이 발상에 기회를 주려면, 먼저 62번 산지에 있는 화석들의 상대적 존재량을 연구해야 한다. 둘이서 모든 뼈와 이빨의 수를 센다. 내가 의심 없이 동정할 수 있는 이빨의 61퍼센트는 파키케투스과 고래와 관계가 있다. 뼈는—수가 너무 많고, 온갖 종류를 따로따로 세어야 해서—세기가 더 힘들다. 모두 세고 나니, 그 고래의 이빨이 다른 어떤 동물의 이빨보다 흔한 것과 마찬가지로, 그 수수께끼의 복사뼈를 가진 우제목에 정확히 들어맞는 크기의 뼈들이 다른 어떤 뼈보다 흔하다. 누구라도 한 화석현장에서 가장 흔한 이빨은 가장 흔한 뼈와 같은 동물에 속한다고 예상할 것이므로, 이는 고래의 머리뼈와 우제목 골격의 어울림을 뒷받침한다.

---

[*] 계통적으로 관계가 없는 둘 이상의 생물이 적응의 결과로 유사한 형질을 보이는 현상.

다음엔 62번 산지에서 알려진 다른 동물들로 고개를 돌린다. 첫 번째는 너구리 크기의 우제목 키르타리아, 동정 가능한 이빨 화석의 14퍼센트를 차지하는 두 번째로 가장 흔한 짐승이다. 이 녀석의 이빨을 메셀에서 나온 우제목들의 이빨과 비교한다. 독일에 있는 그 유독한 호수 현장에는 전체 골격들이 관절을 이룬 채 보존되어 있어서, 마치 그것의 주인들이 암석에서 뛰어올라 도망칠 수 있을 듯하다. 수수께끼의 우제목의 뼈들이 키르타리아와 같은 크기의 이빨을 가진 메셀 우제목의 뼈들보다 훨씬 더 크다. 분명, 고래는 키르타리아와 혼동될 수 없다. 고래-우제목 가설이 또 하나의 시험을 통과한다.

62번 산지에 있는 턱과 이빨의 약 11퍼센트는 코끼리-매너티의 친척으로 추정되는 안트라코부네과에 속하고, 이것이 세 번째로 가장 흔한 포유류다. 이들의 턱은 파키케투스과의 턱보다 큰데, 62번 산지에는 수수께끼의 우제목의 뼈들보다 훨씬 더 큰, 커다란 뼈들이 여러 개 있다. 우리는 칼라치타 구릉에 있는 다른 장소에서 안트라코부네과의 골격 일부, 즉 모두 한 개체의 것인 이빨, 머리뼈, 뼈들을 발견했다. 그 뼈들은 짧고 뭉툭하고, 62번 산지의 뼈들과 비례가 일치한다. 수수께끼의 우제목의 길고 날씬한 뼈들과는 전혀 다르다. 또 하나의 방어벽이 제거된다.

이에 관해서는 기분이 좋지만, 그것을 다른 계열의 증거로 확증한다면 깔끔할 것이다. 동위원소 지구화학이 수수께끼의 우제목 뼈를 구하러 온다. 62번 산지에서 나오는 파키케투스과의 이빨과 턱에 들어 있는 탄소의 안정 동위원소는 다른 포유류의 이빨에 들어 있는 것과 매우 다르다. 그것이 이 뼈들과 일치할까? 로이스의 동위원소 분석결과를 애타게 기다린다. 어울리는 한 쌍이다! 파키케투스과 이빨의 동위원소 서명이 수수께끼의 우제류의 뼈들의 서명과 일치하는 동시에, 다른 포유류들의 이빨과는 다르다. 결론은 이제 피할 수 없게 된다. 엘런과 함께 골격을 한 번 더 늘어놓는다. 똑같은 골격이지만, 이제 불편함이 경이의 느낌, 그리고 승리의 느낌에게 길을 내주고 있다.

고래의 자매를 찾아서

복사뼈(《그림 34》)를 찾고 동정하는 일은 우리가 고래의 친척들을 떠올리는 일에서는 중대한 순간인 듯하지만, 세상을 설득하기에는 충분치 않을 것이다. 세상은 고래목과 이들의 잠재적 친척들 모두의 형태학 전부를 명시적으로 고려하기를, 즉 분기분석을 요구할 것이다. 분기분석에서는 동물들 사이의 모든 차이점이 형질행렬이라는 표 안에 모아지므로, 그러한 차이점들 전체가 분명하게 그려진다. 예컨대 복사뼈의 모양에 관련된 어떤 형질이면, 그 형질에는 '복사뼈 머리가 관절융기의 공 모양' 또는 '복사뼈 머리가 도르래 모양'이라는 두 상태가 있다고 기술할 수 있을 것이다. 다음엔 이러한 상태들에 숫자, 대개 0 또는 1(복잡한 형질이면 더 많은 숫자)을 할당한 뒤, 컴퓨터로 그것을 다양한 분기도와 연관시켜 진화적 변화가 얼마나 많이 일어날 수 있는지 계산한다(《그림 35》). 고래 연구를 위한 우리의 형질행렬에 우리 자신이 연구한 형질들뿐만 아니라 뤄저시駱澤喜, 마크 유엔, 조너선 가이슬러, 모린 올리리 등 고래 분야 동료들이 연구한 형질들도 가져다 싣는다.[3] 분기분석에서 행렬에 파키케투스과의 골격을 추가하자 정말로 메소닉스목은 고래목의 확대가족에서 쫓겨나야 한다는 게 눈에 보였다.[4]

계통분류학이라는 분야는 앞에서 설명한 분기분석을 써서 동물들 사이의 유연관계를 연구한다. 일반인 대부분에게는 비밀스럽게만 보이는 그것이 고래의 기원 연구에서 가장 시끄러운 영역 중 하나이고, 가장 따지기 좋아하는 과학자에 속하는 이들이 계통분류학자다. 아무리 그래도, 당신이 연구하는 동물들 사이의 유연관계를 알아내는 일은 생물학의 거의 모든 다른 측면을 위해 중요하다. 모든 고래에 대한 분기분석을 곁들인 파키케투스과 골격에 관한 논문[6]은 공교롭게도 필립 깅그리치와 그의 동료들이 쓴, 파키스탄에서 나온 또 다른 에오세 고래의 골격에 관한 논문[7]과 동시에 발표되고, 대부분의 과학자가 볼 때는 두 논문이 고래는 우제목과 친척이라는 쪽으로 쟁점을 타결짓는다. 그렇다고 해서 화석 데이터가 DNA 데이터와 전

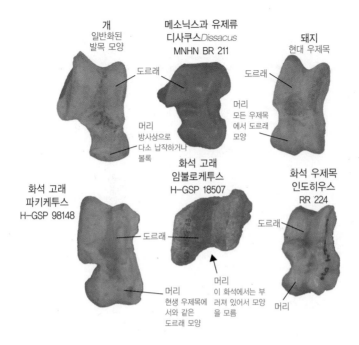

개
일반화된
발목 모양

메소닉스과 유제류
디사쿠스*Dissacus*
MNHN BR 211

돼지
현대 우제목

도르래

도르래

머리
모든 우제목
에서 도르래
모양

머리
방사상으로
다소 납작하거나
볼록

화석 고래
암불로케투스
H-GSP 18507

화석 우제목
인도히우스
RR 224

화석 고래
파키케투스
H-GSP 98148

도르래

도르래

머리
현생 우제목에
서와 같은
도르래 모양

머리
이 화석에서는 부
러져 있어서 모양
을 모름

머리

그림 34 복사뼈는 포유류에서 발목의 축이 되는 뼈다. 개의 복사뼈가 머리는 방사상으로 다소 볼록한 반면 발목의 축이 되는 윗부분은 도르래 모양인, 원시적 상태를 보여준다. 우제목에서는 머리도 도르래 모양이다. 파키케투스처럼 아직도 뒷다리를 가지고 있는 고래들은 우제목과 비슷한 복사뼈를 가지고 있다. 암불로케투스의 경우는 이 부분의 뼈가 발견되지 않았다. 인도히우스는 키르타리아의 가까운 친척이다.

적으로 일치한다는 뜻은 아니다. 화석 데이터는 (메소닉스목이 아닌) **모종의 우제목**이 고래목의 가장 가까운 현생 친척임을 보여주지만, 그 위치에 있는 특정한 우제목을 가리키지는 않는다. 산더미 같은 DNA 데이터는 하마가 고래의 가장 가까운 현생 친척임을 암시하지만,[8] 화석들은 결코 그 정도로 구체적이지 않다.

이 점이 나를 괴롭힌다. 현생동물의 DNA 데이터가 아무리 많아도 그것으로는 모종의 화석 우제목이 하마보다 더욱더 고래와 가까운 관계일 가능성을 결코 다룰 수 없다. 그렇게 오래된 화석에서 DNA를 얻기는 불가능하기 때문이다. 지금으로서는 더 작은 것, 즉 새로운 증거가 고래목의 친척으

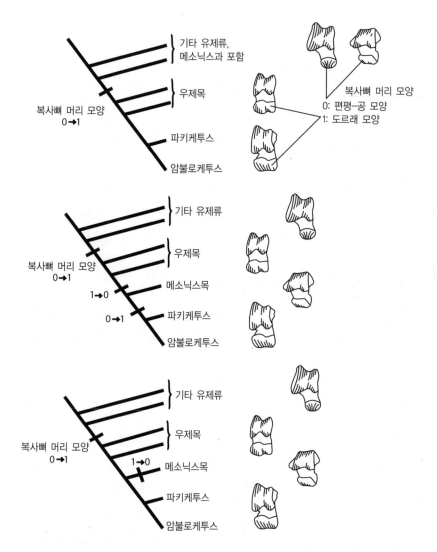

그림 35 고래목과 친척일 수 있는 포유류 집단을 보여주는 세 가지 분기도. 과학자 대부분이 맨 위의 분기도를 지지한다. 이러한 분기도들은 제각기 복사뼈가 진화한 경로에 영향을 미친다. 0은 복사뼈의 머리가 볼록했음을 가리키고, 1은 머리가 도르래 모양이었음을 가리키며, 화살표는 진화적 변화가 일어난 방향을 가리킨다.

로 우제목을 지지하고 메소닉스목을 완패시킨 것에 만족해야 한다. 이는 대사건이다. 이제 우리는 파키케투스과가 어떻게 살았나에 초점을 맞출 수 있다. 훗날, 화석 우제목에 더 많은 주의를 기울이며 고래 자체에 관해 생각하겠지만, 당분간은 오래전 내가 고래와 처음 접촉한 이후로 늘 내 약점이었던 연구 분야인 청각에 몰두한다.

동물들의 유연관계 알아내기

우리의 형질행렬에는 105가지 형질. 즉 대부분이 0과 1인 숫자들의 열이 실려 있다. 연구된 스물아홉 종이 행렬에서 행을 이룬다. 여기에는 파키케투스과와 암불로케투스는 물론 하마에서 쥐사슴에 이르는 우제목과 몇몇 메소닉스목도 포함되어 있다.[5] 컴퓨터가 제안된 유연관계들이 나올 수 있는 조합을 모조리 찾아내고 각 조합에 얼마나 많은 진화적 변화가 필요할지 계산하여 행렬을 해석한다. 예컨대 컴퓨터는 암불로케투스와 파키케투스과가 자매군이며, 이들의 다음으로 가장 가까운 친척은 우제목 가운데 하나라는 의견을 낼 것이고, 이 의견을 한 분기도(단순화한 형태가 〈그림 35〉의 맨 위에 있다)로 간추릴 수 있다. 컴퓨터는 그런 다음. 분기도 안에 제안된 특정한 유연관계를 고려하고 이들 모두의 가장 먼 친척인 집단(외군)에서 각 형질의 상태가 어떤지를 감안하여, 분기도 상의 어디에서 그 형질이 바뀔지를 알아낸다. 예컨대 우리는 〈그림 35〉의 맨 위 분기도 상에 복사뼈의 형질을 그릴 수 있고, 이 분기도가 뿌리를 내리고 있는 원시 유제류는 관절융기 모양의 복사뼈 머리를 가지고 있다. 그러므로 분기도의 기점에서 복사뼈의 형질은 0 상태에 있다. 분기도 상에서 다음 가지로 옮겨가면 우제목은 도르래처럼 생긴 머리를 가지고 있으므로, 이는 그 선분에서 0에서 1로 진화적 변화가 일어났음을 의미하고, 이것을 짧은 줄 및 0과 1 사이의 화살표로 표시한다. 파키케투스는 우제목과 비슷하므로, 다음 가지나 다른 어떤 가지에서도 변화가 일어나지 않은 것이다.

하나 대신 다수의 형질에 대해 이를 처음부터 끝까지 추리하는 것은 인간의 뇌에는 너무 복잡한 일이지만, 컴퓨터는 예컨대 우제목이 아닌 메소닉스목이 암불로케투스와 파키케투스의 자매군인 〈그림 35〉의 두 번째 분기도에서처럼, 유연관계의 다른 가설을 시도함으로써 그 일을 한다. 이 분기도에서는 원시 유제류와 우제목 사이의 가지 상에서 복사뼈 머리가 도르래 모양이되는 변화(0에서 1로 변화)가 일어난 다음, 그 형질이 우제목과 메소닉스목 사이의 가지에서 원래 상태로 되돌아갔다가(1에서 0으로 변화), 메소닉스목과 고래목 사이의 가지에서 한 번 더 다시 나타난다(0에서 1로 변화). 이 진화 가설은 3단계를 거친다. 만일 진화적 변화가 드문 것이라면, 이 분기도가 제안하는 유연관계들은 한 단계만 거쳤던 첫 번째 분기도의 유연관계들보다 가능성이 낮을 것이다.

하지만 잠깐! 우리는 두 번째 분기도의 관계를 유지하면서도 진화 단계의 수를 줄일 수 있다. 세 번째 분기도는 관절융기 모양의 재등장이 메소닉스목, 파키케투스과, 암불로케투스의 공통조상에서 일어나는 대신, 메소닉스목으로 가는 선상에서 일어날 수도 있을 거라고 제안한다. 두 번째와 세 번째는 가지치기 패턴이 동일함에도 불구하고 복사뼈 모양의 진화에 관해서는 다른 진술을 하고, 세 번째는 진화 단계를 두 단계밖에 거치지 않는다. 그것은 여전히 첫 번째 분기도가 주선하는 것보다 많으므로, 컴퓨터는 실세계에서 일어난 일을 가장 그럴 법하게 반영하는 분기도로 첫 번째를 가리킬 것이다. 만일 우리가 스물아홉 종에 가능한 가지치기 패턴을 전부 시도해야 한다면 이것이 더 복잡해질 것임은 쉽게 상상할 수 있고, 일제히 진화하지도 않고 종종 상충하는 방향으로 향하는 형질이 105가지나 있다면 이 일을 손으로 하기는 불가능하다. 그러나 컴퓨터는 이 모두를 착실히 계속해 진화적 변화를 가장 적게 요구하는 가지치기 패턴을 알아낼 수 있다. 그것을 가장 '인색한'(최소 가정) 분기도라 한다.

11
강고래

고래의 청각

새로 얻은 파키케투스과의 머리뼈들은 청각에 관해 학습하는 데에 참으로 도움을 줄 수 있다. 고래목의 청각이 그들의 조상들이 물속으로 갔을 때 달라진 것은 이미 분명했다. 공기 중의 소리는 물속의 소리와 다르기 때문에, 육상의 귀는 물속에서 제대로 작동하지 않는다. 화석들도 그것을, 다시 말해 최초의 파키케투스과 모루뼈는 현대의 고래나 현대의 육상 포유류와 닮지 않았다는 것(〈그림 3〉), 두꺼운 새뼈집이 소리 전달에 무슨 짓인가를 했음이 틀림없다는 것(〈그림 2〉), 턱뼈구멍이 에오세를 거치는 동안 점점 커졌다는 것(〈그림 23〉)을 보여주었다.

일반적으로, 고래에게 있는 청각기관의 모든 해부학적 부위는 육상 포유류에서도 찾아볼 수 있지만, 모양이 다르다(〈그림 36〉). 육상 포유류는 머리의 옆쪽에 소리를 들여보내는 관인 바깥귓길을 가지고 있다. 이 관은 고막에서 끝난다. 고막 뒤에는 〈그림 3〉에서 이미 언급한 세 개의 귓속뼈, 즉 망치뼈, 모루뼈, 등자뼈가 있다. 대부분의 포유류에서는 귓속뼈들이 공기로 채워진 공간인 중이강 안에 헐렁하게 매달려 있고, 중이강이 뼈로 된 껍데기로 감싸여 있는데, 고래에서는 고실뼈로 감싸여 있다. 망치뼈는 곤봉처럼 생겼는데, 좁은 손잡이는 고막에 단단히 붙어 있고 넓은 부분은 모루뼈와 관절을 공유하고 있다. 소리가 고막을 진동시키면 망치뼈가 진동하고, 그 진동이 모루뼈로 전달된다. 모루뼈에는 두 개의 팔, 즉 짧은다리와 긴다리가 있다. 짧은다리는 벽에 고정되어 귓속뼈들이 매달린 채로 회전할 수 있도록 도와준다. 긴다리는 등자뼈와 관절을 공유한다. 모루뼈가 회전하면, 등자뼈는 떠밀려서 또 다른 뼈에 있는 작은 구멍, 즉 바위뼈에 있는 안뜰창으로 들어갔다가 당겨져 나온다. 안뜰창 뒤에는 액체로 채워져 있는 달팽이 껍데기 모양의 공간(속귀의 달팽이관)이 있다. 펌프질 때문에 액체가 움직이면, 그 움직임이 달팽이관을 따라 길게 늘어서 있는 변형된 신경세포들을 자극해, 신호를 뇌로 전달한다.

현대의 이빨고래아목(〈그림 36〉의 마지막 도해)에는 뚫린 바깥귀길이 없고, 관이 주위 조직들로 덮여서 막혀 있다. 돌고래의 얼굴에서 가장 소리에 민감한 부분은 실은 아래턱을 덮는 피부이고,[1] 소리는 거기서 출발해 아래턱의 턱뼈구멍(〈그림 23〉)에 들어 있는 커다란 지방체를 거쳐 간다. 소리는 물질을 통과하는 진동이 되고, 이 진동이 고실뼈의 매우 얇은 부분인 고실판으로 전달된다. 고실판은 뼈로 만들어져 있고, 이빨고래가 고주파 소리를 내어 반향정위*를 하는 데에 필요한 독특한 진동 성질을 지니고 있다. 고막은 여전히 존재하지만, 반반한 막이 아니라 접힌 우산처럼 생겼다. 청각에서 하는 기능은 전혀 없을 수 있다.[2] 고래에서도 망치뼈가 뼈에 의해 고실판의 가장자리에 연결되어 있고, 소리가 귓속뼈들에 의해 달팽이관으로 전달되고, 달팽이관이 다른 포유류에서와 똑같이 작동한다. 새뼈집의 기능은 잘 알려져 있지 않다. 고실판이 소리를 전달하는 동안 균형추의 역할을 한다는 의견이 있었

---

* 음파를 발사한 뒤 되돌아오는 음파로 사물의 위치를 파악하는 일.

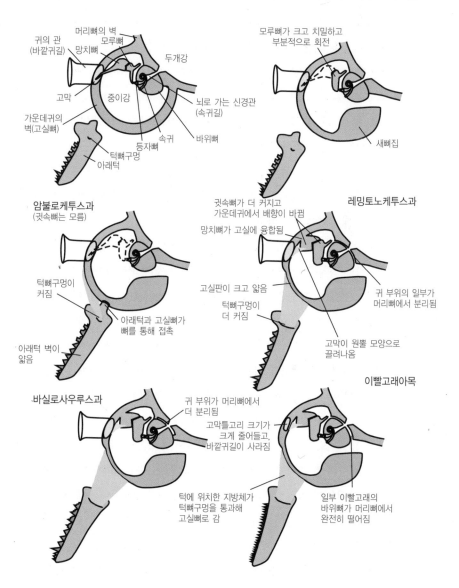

그림 36 육상 포유류와 고래의 귀. 왼쪽 맨 위의 도해에서 모든 부위를 확인할 수 있다. 다른 도해에 달린 설명들은 현대 고래로 이어지는 진화 단계마다 어떤 변화가 일어났는지를 표시한다. 점선은 해당 집단의 경우에 뼈가 알려지지 않아서, 다른 집단을 토대로 모양을 유추한 뼈를 가리킨다.

지만,[3] 이빨고래의 가운데귀를 통해 소리가 전달되는 정확한 기제는 여전히 논쟁이 되고 있고, 이 부근을 컴퓨터로 정교하게 모형화한 결과는 그 기제가 고래목의 종마다, 심지어 주파수마다 다를 수도 있음을 시사한다.[4] 귓속뼈는 육상 포유류보다 고래가 훨씬 더 무겁다. 이는 이상하다. 소리는 많은 에너지를 싣고 있지 않으니 귓속뼈가 가벼울수록 희미한 소리가 그 뼈들을 진동시키기 쉬울 텐데 말이다. 어쩌면 귓속뼈들이 한 단위로 진동하는 것이 아니라, 귓속뼈들의 일부만 진동하고 귓속뼈의 나머지가 커다란 관성무게로 희미한 진동 과정을 결합시켜 그 과정을 돕는 것일 수도 있다. 그러면 고주파를 듣는 데에 특히 유용하겠지만, 이는 어디까지나 추측일 뿐이다. 고래 안에 들어 있는 귓속뼈의 움직임을 연구하기는 매우 어렵다.

현대의 고래들에게 일어난 청각의 특수화는 많은 부분이 실은 고주파 반향정위를 위한 것처럼 보이곤 한다. 돌고래와 같은 이빨고래아목은 둥글납작한 이마에 들어 있는 특수한 기관을 통해 고주파의 소리를 방출한 뒤, 정교한 귀로 잠재적 먹잇감에서 반사되는 소리를 듣는다(〈그림 37〉). 그 결과로, 눈이 먼 돌고래는 거의 문제없이 먹고 살 수 있지만, 귀가 먼 돌고래는 굶어 죽을 것이다. 현대의 이빨고래아목에 있는 딱딱한 고실판과 무거운 고실뼈는 고주파를 지각하기 위한 적응물이지, 단순히 물속에서 듣기 위한 적응물이 아니다.

혼란스럽게도, 수염고래 귀의 해부구조 역시 고실판, 무거운 귓속뼈, 고막의 모양 등 많은 면에서 이빨고래와 비슷하다. 하지만 수염고래는 고주파가 아니라 저주파 청취 전문가다. 수염고래의 조상들은 고주파 청취자였는데, 이들이 조상의 특징들 중 일부는 보유했지만 다른 일부를 교체해서 귀를 저주파에 조율했을 가능성도 있다(〈그림 38〉).

귀는 중요한 구조 다수가 뼈라서 화석화하기 때문에, 고생물학자가 연구하기에 훌륭한 기관이다. 고래목의 경우, 턱뼈구멍, 고실판, 귓속뼈의 변화 모두를 자세히 연구할 수 있다.[5] 수염고래아목과 이빨고래아목의 가장 가까운 에오세 조상은 바실로사우루스과다. 이들은 고실판, 큰 턱뼈구멍, 현대 고

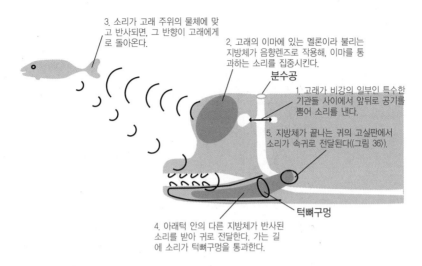

3. 소리가 고래 주위의 물체에 맞고 반사되면, 그 반향이 고래에게로 돌아온다.

2. 고래의 이마에 있는 멜론이라 불리는 지방체가 음향렌즈로 작용해, 이마를 통과하는 소리를 집중시킨다.

분수공

1. 고래가 비강의 일부인 특수한 기관들 사이에서 앞뒤로 공기를 뿜어 소리를 낸다.

5. 지방체가 끝나는 귀의 고실판에서 소리가 속귀로 전달된다(〈그림 36〉).

턱뼈구멍

4. 아래턱 안의 다른 지방체가 반사된 소리를 받아 귀로 전달한다. 가는 길에 소리가 턱뼈구멍을 통과한다.

그림 37 반향정위의 과정. 이빨고래(오른쪽)가 이마에서 음파를 방출한다. 이 음파가 물고기에 맞고 반사되면, 고래의 아래턱과 귀에서 그 반향을 받는다.

래와 모양이 같은 무거운 귓속뼈들을 가지고 있었고, 이들의 고막은 현대의 친척들처럼 우산 모양을 하고 있었다. 이들은 반향정위를 하지 않았다는 것도 분명하다. 이들에게는 반향정위하는 소리를 만드는 데에 필요한 이마 기관이 없기 때문이다. 바실로사우루스과는 고주파 청취를 위해 특수한 기관을 갖추고 있었을 가능성이 높고, 이는 이빨고래아목이 고주파 조상을 가졌을 거라는 발상과 일치한다.

이 모든 통찰, 모순, 가망성 들이 새로운 파키케투스과의 머리뼈를 자세히 살펴보는 동안 춤을 추며 내 머릿속을 관통한다. 이들은 현대 고래처럼 새 뼈집을 가지고 있지만, 큰 턱뼈구멍은 없고, 육상 포유류에도 존재하는 바깥 귀길을 보유하고 있다. 우리가 가진 유일한 귓속뼈인 모루뼈는 육상 포유류에 있는 모루뼈보다 무겁지만 고래보다는 가볍고, 달라 보인다. 그러니까, 다른 어떤 포유류의 모루뼈와도 말이다(〈그림 39〉).

공기 중에서는 파키케투스과도 아마 육상 포유류가 사용하는 것과 같은,

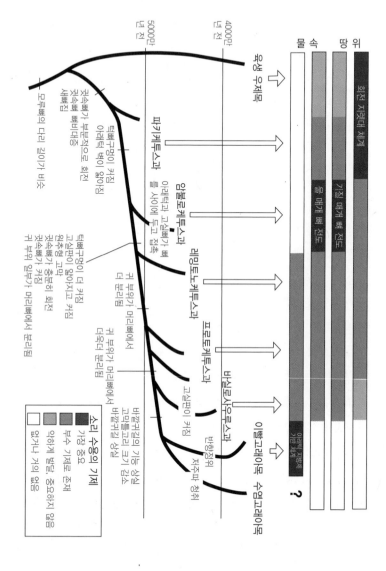

그림 38 청각과 관련된 특징들의 진화를 보여주는 분기도. 맨 위의 막대들이 소리 전달 기재의 진화를 요약한다.

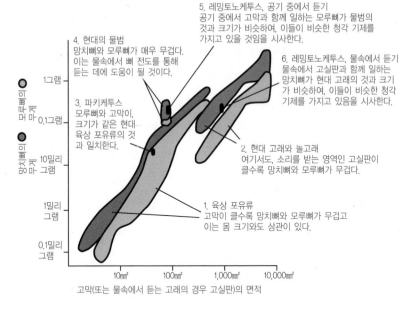

5. 레밍토노케투스, 공기 중에서 듣기
공기 중에서 고막과 함께 일하는 모루뼈가 물범의 것과 크기가 비슷하여, 이들이 비슷한 청각 기제를 가지고 있을 것임을 시사한다.

4. 현대의 물범
망치뼈와 모루뼈가 매우 무겁다. 이는 물속에서 뼈 전도를 통해 듣는 데에 도움이 될 것이다.

6. 레밍토노케투스, 물속에서 듣기
물속에서 고실판과 함께 일하는 망치뼈가 현대 고래의 것과 크기가 비슷하여, 이들이 비슷한 청각 기제를 가지고 있음을 시사한다.

3. 파키케투스
모루뼈와 고막이, 크기가 같은 현대 육상 포유류의 것과 일치한다.

2. 현대 고래와 놀고래
여기서도, 소리를 받는 영역인 고실판이 클수록 망치뼈와 모루뼈가 무겁다.

1. 육상 포유류
고막이 클수록 망치뼈와 모루뼈가 무겁고 이는 몸 크기와도 상관이 있다.

머리뼈의 질량
1그램
0.1그램

망치뼈의 질량
10밀리그램
1밀리그램
0.1밀리그램

10mm²   100mm²   1,000mm²   10,000mm²
고막(또는 물속에서 듣는 고래의 경우 고실판)의 면적

그림 39 현대 포유류와 일부 화석 고래의 망치뼈 및 모루뼈의 질량을 머리뼈의 소리 입력 영역(공기 중에서는 고막, 물속에 있는 고래에게는 고실판)의 크기에 따라 도표로 만들었다. 레밍토노케투스는 공기로 전파되는 소리를 전달하는 기제와 물로 전파되는 소리를 전달하는 기제, 두 가지 소리 전달 기제를 가지고 있었을 것이다. Nummela et al.(2007)에 따름.

다시 말해 소리가 고막을 진동시켜 귓속뼈를 흔드는 소리 전달 기제를 사용했을 것이다. 물속에서는 그 체계가 그리 잘 작동하지 않았을 가능성이 높다. 대신에 파키케투스과는 뼈 전달이라 불리는, 특정 방향에서 오는 소리만 들을 수는 없는 소리 전달 기제를 써서 소리를 들었을 것이다. 인간은 시끄러운 저주파의 소리 가까이에 있을 때 뼈 전달을 경험한다. 이를테면 록 콘서트에서 베이스 기타는 진동의 많은 부분을 바닥과 관중석으로 보낼 것이고, 이러한 진동은 공기가 아닌 사람의 몸을 통해 전달되어 귀에 도달할 것이다. 악어는 이 방식으로 턱을 땅에 대고 먹잇감의 발자국 소리를 알아듣고,[6] 벌거숭이두더지쥐는 자기 굴의 벽에 턱을 대고 근처 굴에 있는 동물이 내는 소리에 귀를 기울인다.[7] 무거운 귓속뼈가 있으면 일부 형태의 뼈 전도에 도움이 되므로, 그래서 파키케투스과의 귓속뼈 무게가 늘었을 수 있다. 거기에서 출발한 무거운 귓속뼈가 현대 고래를 포함한 파키케투스과의 후손들에게 전해졌을 것이다. 그렇긴 해도, 파키케투스과가 물속에서 매우 잘 들었을 법하지는 않고, 분명 뼈로 전도되는 소리가 어디에서 오는지는 구분하지 못했을 것이다.

화석화한 귀는 레밍토노케투스과의 경우도 알려져 있다. 이 집단(그리고 제12장에서 논의할 프로토케투스과의 고래)에서는 턱뼈구멍이 커져 있고, 지방체와 고실판이 존재하고, 귓속뼈들이 크고 현대 고래와 비슷하다. 그러나 이 고래들은 바깥귀길을 보유하고 있다. 아직 공기 중에서 들을 수 있었겠지만, 귓속뼈가 무거워서 희미한 소리는 효율적으로 전달하기 어려웠을 게 틀림없다.[8] 아래턱 지방체는 현대 이빨고래에서와 마찬가지로, 물속에서 소리를 전달하는 장치였다. 이 새로운 소리 수신 기제 덕분에 이 에오세 고래들은 물속에서 특정 방향의 소리를 들을 수 있었을 것이다. 뼈 전도 경로의 스위치가 꺼져서 아래턱 소리 경로에 끼어들 수 없기만 했다면 말이다. 뼈 전도는 청각기관과 나머지 몸 사이의 단단한 연결부에 의존하는데, 육상 포유류는 물론 파키케투스과에도 그러한 연결부가 존재한다. 하지만 파키케투스과 이후에는 그 연결부가 변화한다. 레밍토노케투스과에서는 귀에 속한 뼈들의 연결부가 파키케투스과에서보다 헐렁하다. 그리고 가운데귀 및 달팽이관을 붙잡고 있는 뼈들(고실뼈와 바위뼈)과 나머지 머리뼈 사이에 공간이 생긴다. 바실로사우루스과와 이후 고래들에서는 이 공간이 더 크고, 현대의 돌고래와 그 친척들에서는 그 공간이 너무나 커서 무른 조직을 제거하면 귀의 뼈들이 떨어져 나오는 경향이 있을 정도다. 게다가 현대 고래에서는 그 공간이 사람의 이마에 있는 동굴과 비슷한, 공기로 채워진 공간이다. 그 공기는 방음장치와 같아서, 뼈를 통해 전도되는 소리를 귀로 전달해주지 않는다. 레밍토노케투스과에서 뼈를 통해 전도되는 소리가 귀로 건너갈 수 있었음은 틀림없지만, 현대 고래가 물속에서 소리를 들으면서 소리의 방향까지 알도록 해주는 음향의 분리도 시작되고 있다.

암불로케투스의 귀에 관해 알려진 것은 많지 않다. 귀가 보존된 이 종의 개체는 하나뿐이고, 그 귀도 화석화 과정에서 손상되었다. 그러나 이 종이 부분적으로 커진 턱뼈구멍(〈그림 23〉)과 얇은 아래턱 벽을 가지고 있던 것만은 분명한데, 이는 둘 다 턱을 통한 소리 전달과 관련된다.[9] 암불로케투스에 관해 가장 흥미로운 것은 아래턱관절융기(턱관절을 이루는 아래턱의 부분)라는 뼈가 고실뼈와 직접 닿을 만큼 턱관절이 확장되어 있다는 점이다. 이 직접적 연결부는 벌거숭이두더지쥐에서도 눈에 띄듯, 소리가 턱에서 귀로 가는 경로일 수도 있을 것이다. 암불로케투스는 아래턱을 끌어들여—완벽한 것과는 거리가 멀지만, 파키케투스과가 가졌던 것보다는 나은—소리 전달 기제를 얻으려던 초기의 실험작이었을 수 있지만, 만일 그렇다면 그것은 그런 다음 레밍토노케투스과와 함께 진화 과정에서 금세 폐기된 셈이다.

종합해서 본 귀 이야기는 복잡다단하고 흥미진진하다. 현대 고래들은 비교적 비슷한, 물속에서 들을 용도로 잘 개조된 귀를 가지고 있다. 초기 고래들은 청각이 점진적으로 변했음을, 그리고 처음에는 공기 중에서 들을 용도로 지어진 소리 전달 기제가 뼈로 전도되는 소리를 들을 수 있는 불완전한 체계로 개조되는 실험 단계가 있은 뒤, 새로운 소리 전달 기제가 진화해 초기 이빨고래아목에서 유일하게 완성되었음을 보여준다. 그 뒤로, 원래의 육상 포유류가 보유하고 있던 소리 전달 체계는 사라졌다.

파키케투스과의 고래들

파키케투스과의 귀가 이들이 이미 물속에서 시간을 보냈다는 것을 시사하므로, 만일 〈쥐라기 공원〉 방식으로 우리가 한 놈을 되살려서 동물원에 넣을 수 있다면, 그 점을 명심하는 게 좋을 것이다(〈컬러도판 7〉). 땅 위에 있는 방문객들은 파키케투스과가 긴 코와 묘하게 길고 강력한 꼬리를 가진 늑대였다고 생각할 것이다(〈그림 40〉). 그렇지만 늑대와 달리, 우리는 이들을 수중

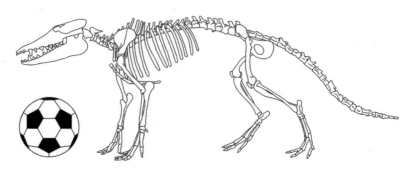

그림 40 에오세 고래 파키케투스의 골격. 축구공의 지름은 22센티미터다.

관람 구역에서 구경할 것이다. 이들은 물속을 헤치고 걷거나, 아무것도 의심하지 않는 목마른 먹잇감을 노리고 수선水線을 정찰하는 데에 많은 시간을 보낼 것이기 때문이다.

이 최초의 고래들은 4900만 년 전 무렵에 모두 지리적으로 작은 영역에서,[10] 즉 지금의 파키스탄 북부와 인도 서부(〈그림 20〉)에서 살았다. 늑대 크기의 파키케투스와 날라케투스Nalacetus, 여우 크기의 이크티올레스테스, 그렇게 세 가지 속만이 알려져 있다. 인도에서 나온 히말라야케투스도 파키케투스과로 간주되었지만, 이놈은 암불로케투스과일 가능성이 더 높다. 칼라치타 구릉에 있는 62번 산지는 다른 모든 산지를 합한 것보다 많은 파키케투스과를 산출했지만, 그 현장에는 많은 개체들의 뼈가 잔뜩 뒤섞여 있다. 단 한 개체의 뼈로만 골격이 완성된 적은 한 번도 없으므로, 복원도들은 합성물이다(〈그림 33〉). 이크티올레스테스의 작은 크기가 그것의 뼈를 더 큰 파키케투스과의 뼈와 구분하는 데에 도움이 된다. 파키케투스와 날라케투스는 이빨과 고실뼈의 모양이 다르지만, 사지뼈는 구분하기 어렵다.[11]

섭식과 식습관. 근래에 파키케투스과의 섭식에 관해 많은 것을 알게 되었지만, 아직 많은 의문이 남아 있다. 안정 동위원소 연구들은 이들이 민물을 마셨고 살코기를 먹었음을 보여준다.[12] 이들은 또한 몸부림치는 먹잇감을 잡아채는 포식자가 흔히 그렇듯, 튼튼하고 매우 뾰족한 앞니를 가지고 있다. 작은어금니는 세모꼴이고, 위와 아래의 작은어금니들이 지그재그 모양으로 맞물려 불운한 희생물의 살을 뚫고 들어간다(〈그림 41〉). 파키케투스과는 다른 원시 태반 포유류와 같은 수의 이빨을 가지고 있다. 위턱과 아래턱 모두의 치식이 3.1.4.3이라는 말이다. 아래턱의 큰어금니는 높은 부분과 낮은 부분(삼각분대와 거분대)을 가지고 있고, 위턱의 큰어금니는 세 개의 큰 교두를 가지고 있다(〈그림 30〉). 으깨는 분대와 능선이 줄었고, 육식동물에서 발견되는 자르는 날이 없는 대신, 마모 패턴이 다른 에오세 고래와 비슷하다. 다시 말해, 가파른 마모 면이 파키케투스과가 음식물을 매우 특이한 방식으로 씹었음을 가리킨다.[13] 이 마모 패턴은 현대의 어떤 포유류에서도 눈에 띄지 않아서, 이해하기가 어렵다.

일반적으로, 어떤 동물에서 이빨이 마모되는 양은 그 동물이 먹는 음식물의 종류, 그 동물의 나이, 그 동물이 이빨을 사용하는 방식에 달려 있다.[14] 이빨에 난 마모 면의 위치를 토대로, 이빨들이 서로 어떻게 문질러졌고 음식물과 어떻게 상호작용했는지도 알아낼 수 있다. 교두의 끝(첨두) 근처의 어떤 마모는 턱이 닫힐 때 윗니와 아랫니가 서로 닿기 전에 이빨-음식물-이빨 접촉에 의해 일어난다. 이 유형의 마모를 마멸이라 한다(〈그림 42〉). 마멸은 씹는 동안 첫 번째로 일어나는 마모다. 그 후, 마주보는 위아래 어금니의 교두들이 서로를 지나쳐 미끄러짐으로써 이빨-이빨 접촉의 결과로 교모라 불리는 유형의 마모를 일으킨다. 이 교모운동에는 두 단계가 있다. 1단계 동안에는 아랫니가 윗니와 엇갈리며 다소 (입술쪽이 아닌) 혀쪽을 향해 올라가면서, 이빨들이 완전히 접촉하게 된다. 1단계는 윗니와 아랫니가 완전히 서로 물려서 접촉하게 되면 끝난다. 2단계에서는 혀쪽 운동이 계속되면서 아랫니가 혀쪽으로 더 미끄러지지만, 이번에는 턱이 약간 열린다. 2단계의 끝에는 윗니와 아랫니가 떨어지고 턱이 더 열린 뒤, 주기가 반복된다.

（위아래 앞니 세 개는 치관이 보존되지 않음）

윗니의 교합면 모습

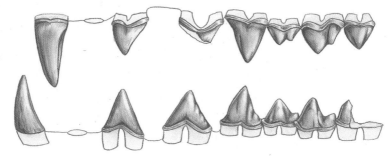

송곳니
한 개

작은어금니 네 개(첫 번째 것은 치관이 사라짐)

큰어금니 세 개

윗니와 아랫니의 옆모습(입술쪽)

아랫니의 교합면 모습

송곳니
한 개

작은어금니 네 개
(첫 번째 것은 치관이 보존되지 않음)

큰어금니 세 개
(마지막 것은 손상됨)

그림 41 파키케투스의 왼쪽 위턱과 아래턱의 치열. 보이는 모든 이빨의 경우는 치관이 알려져 있다. L. N Cooper, J. G. M. Thewissen, and S. T. Hussain, "New Middle Eocene Archaeocetes (Cetacea:mammalia) from the Kuldana Formation of Northern Pakistan," *Journal of Vertebrate Paleontology* 29(2009): 1289–980에 따름.

이 정밀한 이빨 맞물림은 포유류에서만 일어나고, 교모성 마모 면은 포유류의 한 특성이다. 그러나 현대의 고래목은 그 포유류 규칙에서 예외다. 이들은 씹지도 않고 이빨이 매우 정밀하게 교합하지도 않는다. 현대의 이빨고래에게는 교모 면이 있는 경우가 거의 없다. 이빨고래에서는 이빨 마모의 대부분이 음식물과 일으키는 접촉, 즉 마멸에 의해 일어난다. 이런 종류의 이빨 마모는 극적일 수 있다. 일부 범고래는 이빨을 평평한 그루터기가 될 때까지 마모시키기도 한다. 그러한 개체들은 먹잇감과 함께 물을 빨아들이며, 대개

오른쪽 아래 큰어금니

우제목 인도히우스

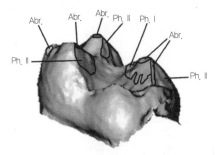

고래목 파키케투스

그림 42 고대 우제목(제14장에서 이야기할 인도히우스)과 고대 고래 파키케투스의 아래 큰어금니의 3차원 복원도. 레이저 스캔을 토대로 치관의 형태를 보여주고 있다. 우제목의 아래 큰어금니는 세 가지 유형의 마모, 곧 마멸(Abr.), 1단계 교모(Ph. I), 2단계 교모(Ph. II)로 특징지어진다. 파키케투스를 비롯한 고래들은 치관이 더 단순한 이빨을 가지고 있고 거의 전적으로 1단계 마모를 보인다. 고래의 큰어금니가 진화 과정에서 어떻게 변했는지 보려면 〈그림 30〉과 비교하라.

는 작은 물고기를 먹고 이따금 물범이나 큰 물고기를 먹는 모습이 관찰되어 왔다. 직관에 어긋나게도, 큰 고래를 주식으로 삼는 범고래에게서는 마멸성 이빨 마모가 거의 전혀 보이지 않는다.[15] 오징어와 해저의 물고기를 주로 먹고 사는 또 다른 흡입 섭식자인 흰고래에게서 일어나는 마모도 똑같이 인상 깊다. 흰고래의 이빨은 날 때는 다른 이빨고래와 마찬가지로 날카로운 창이지만, 그다음엔 금세 마모되어 거의 평평한 그루터기만 남게 된다(〈그림 43〉). 이런 종류의 지저분한 마멸성 마모는 최초의 고래들과 전혀 다르다.

우제목의 원시 구성원들은 고래목의 가장 가까운 육상 친척이고, 세 유형의 이빨 마모—마멸, 1단계 교모, 2단계 교모—모두를 상당량 보여주는 특수하지 않은 이빨을 가지고 있다(〈그림 44〉). 초기 고래에서는 이빨 마모가 극도로 특수하다. 2단계 교모는 전혀 없고 마멸도 거의 없다. 1단계 교모성 마모가 대부분을 차지한다. 이것이 무엇을 뜻하는지는 불분명하다. 이들의 먹잇감이 특별해서 특이한 가공방식이 필요했을까, 아니면 이는 파키케투스과의 조상들이 씹던 방식이었을 뿐 이런 식으로 씹어서 각별히 좋은 점은 없었던

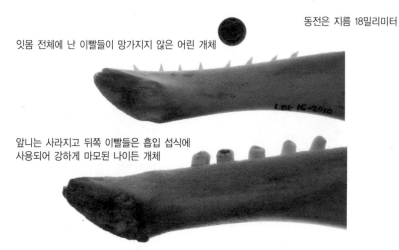

동전은 지름 18밀리미터

잇몸 전체에 난 이빨들이 망가지지 않은 어린 개체

앞니는 사라지고 뒤쪽 이빨들은 흡입 섭식에
사용되어 강하게 마모된 나이든 개체

그림 43 어린 흰고래와 나이든 흰고래의 아래턱과 축척용 1센트 동전. 어린 개체에게 있는 이빨은 생전에는 잇몸에서 나와 있지 않았다.

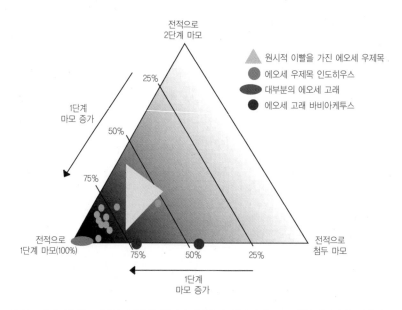

그림 44 고대 우제목 및 고래에서 아래턱 큰어금니에 가해진 마모를 요약하는 도표. 첨두 마모(마멸), 1단계 마모, 2단계 마모의 표면적을 측정한 다음, 총표면적에 대한 백분율로 마모 정도를 다시 계산했다. 그런 다음 이세 가지 마모를 삼각형의 세 변 위에 도표화했다. 꼭지점들은 전적으로 한 가지 마모만 일어난 이빨을 나타낸다. 에오세 고래(타원)의 대부분은 1단계 마모가 우세하지만, 원시 우제목(잿빛 삼각형)의 대부분은 삼각형의 중심에 더 가까워서, 이들에게 세 가지 이빨 마모가 모두 일어났음을 암시한다. Thewissen et al.(2011)에서 다시 그림.

것일까? 고래의 초기 과들은 민물에서 대양에 이르는 온갖 환경에서 살았지만, 마모 패턴은 비슷하고, 어디에서든지 환경과 상관없이 특정한 식습관이나 음식물 가공방식을 보여주었다. 어찌 된 일인지 이해하려면, 초기 고래들이 살아 있는 먹잇감으로 정확히 무엇을 먹었으며, 고래의 조상들은 무엇을 먹었는지 알 필요가 있다. 동위원소를 더 깊이 연구하면 식습관을 추적할 수 있을지도 모른다. 조상에 관해 말하자면 우제목을, 특히 초기 고래들이 살았던 때와 장소인 에오세의 아시아에서 나오는 우제목을 자세히 살펴볼 필요가 있다. 우제목은 이 조각그림 맞추기를 해결하는 데에 분명히 결정적이다.

감각기관. 먹잇감에 관한 단서는 눈의 위치에서도 나온다. 파키케투스의 눈은 가까이 모여 있고 머리뼈의 위쪽 정중선 가까이로 올라가 있으며, 등쪽을 올려다보고 있다(〈그림 45〉). 이 점이 암불로케투스, 레밍토노케투스과, 바실로사우루스과와 다르다(〈그림 46〉). 파키케투스과의 눈은 물속에서 살지만 수선 위에서 무슨 일이 일어나고 있는지 주시하는 동물들의 눈과 같은 곳에 자리잡고 있다. 예컨대 악어는 눈과 코는 물 밖으로 드러내지만 몸과 머리는 물속에 감춘 채 먹잇감에게 몰래 다가갈 것이다. 하마에서도 눈이 머리뼈 위로 올라가 있어서, 물 위를 내다보면서도 물속에 잠겨 있을 수 있다. 파키케투스과도 십중팔구 물속에 숨어서 기다리고 있다가, 물가로 다가오는 동물들을 사냥했을 것이다. 이야기했듯이, 뼈로 전도되는 먹잇감의 발자국 소리가 중요한 감각적 단서였을 것이다.

특이한 눈의 위치는 다른 감각기관에도 영향을 미친다. 코와 코에서 뇌로 가는 신경들은 눈과 눈의 신경들 사이에 위치한다. 가까이 붙어 있는 큰 눈을 가진 동물의 경우, 시각에 관련된 구조들이 후각을 위한 공간을 잡아먹는 듯하다. 사람이 이런 경우로서, 코로 가는 신경들이 눈 위의 영역으로 옮겨져 있고, 크기도 작다. 이것이 바로 인간이 시각은 뛰어나지만 후각은 형편없는 이유의 일부일 것이다. 파키케투스과에서도 마찬가지로, 가까이 놓인 눈 때

그림 45 파키스탄에서 나오는 것으로 알려진 가장 오래된 고래, 파키케투스 아토키*Pakicetus attocki*의 머리뼈. 동 그라미의 크기는 1센트 동전과 같다. 즉 지름이 19밀리미터다. H-GSP 18467(뇌실과 눈확), 18470(위턱뼈), 96231(앞위턱뼈), 30306(위턱뼈), 1694(아래턱뼈), 92106(아래턱뼈 끝)을 토대로 복원.

문에 눈확사이(눈과 눈 사이) 부위가 매우 좁아진다. 이것이 화석 채집자의 입장에서는 거의 모든 파키케투스과 머리뼈에 화석화 도중에 부러지는 약한 구간이 생기는 불행한 결과를 낳고, 동물의 입장에서는 코에서 냄새에 관한 정보를 싣고 가는 신경들이 이 좁은 통로를 거치는 동안 작아지는 결과를 낳았다. 이 최초 고래들의 후각은 제한적이었다. 불분명한 이유로, 눈확사이 부위는 좁기만 한 것이 아니라 길기도 해서, 그 결과로 후각신경과 그것이 지나가는 뼈로 된 통로도 길다. 이 특징은 모든 초기 고래에 존재하고, 레밍토노케투스(《컬러도판 5》에 있는 '후각신경로')에서 쉽게 볼 수 있다.

파키케투스과도 긴 주둥이를 가지고 있지만,[16] 그 길이는 암불로케투스과나 레밍토노케투스과의 근처에도 가지 못한다. 콧구멍은 주둥이의 끝 가까이에 있었고, 이 영역의 뼈에는 아마도 신경이 지나갔을 작은 구멍이 많이 뚫려 있다. 이 영역에 있는 신경들은 보통 주둥이와 수염에서 뒤쪽의 뇌로 정보를 전달하므로, 파키케투스과는 십중팔구 수염이 많이 달린 민감한 주둥이를 가지고 있었을 것이다. 현대의 물범이 물속에서 진동을 탐지하는 데에 수염을 사용하므로,[17] 파키케투스도 똑같이 했을 수 있다.

걷기와 헤엄. 눈확의 위치는 파키케투스의 양서 생활양식을 시사하는 유일한 특징이 아니다. 골격의 뼈들도 그것을 암시한다. 포유류의 사지뼈에

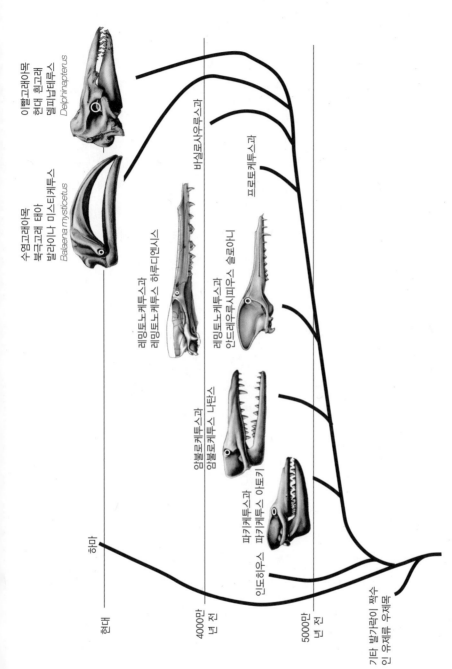

이빨고래아목
현대 흰고래
델피납테루스
Delphinapterus

수염고래아목
북극고래
발라이나 미스티케투스
Balaena mysticetus

바실로사우루스과

프로토케투스과

레밍토노케투스과
레밍토노케투스 하루드엔시스

레밍토노케투스과
안드레우시피우스 술로아니

암불로케투스과
암불로케투스 나탄스

파키케투스과
파키케투스 아토키

인도하우스

하마

현대

4000만
년 전

5000만
년 전

기타 발가락이 짝수
인 유제류 우제목

그림 46 일부 고래 고래와 현대 고래에서 (눈이 못하는 빼인 눈확으로 표시되는) 눈의 위치 및 배향의 진화를 보여주는 분기도. 힌 타원이 눈의 위치를 가리킨다. 그림은 축척을 맞추지 않아서 또 크기의 지표로는 좋지 않다.

는 대개 뼈로 둘러싸인 큰 골수강이 있다. 사지뼈는 또한 원통형이고, 묵직한 바깥쪽을 겉질층이라 부른다. 박쥐처럼 가벼워야 하는 동물들은 겉질층이 얇고, 물소처럼 강한 뼈가 필요한 동물들은 겉질층이 두껍다. 수생동물에서는 이 뼈가 동물이 물속에 머물며 부력에 맞서도록 해주는 바닥짐이 되어줄 수 있으므로, 겉질층이 유달리 두꺼운 경우가 흔하다. 예컨대 하마와 물범이 이런 경우이며, (앞서 제2장과 제3장에서 이야기한) 뼈경화증이라 부른다. 무거우면 느려질 것이기 때문에, 돌고래처럼 속도가 중요한 수생 포유류에서는 뼈경화증이 일어나지 않는다. 대부분의 현대 고래와 달리, 파키케투스과는 뼈경화증이다. 다시 말해 겉질층이 지극히 두껍다. 사지뼈의 뼈경화증이, 파키케투스과는 물속에서 시간을 보냈지만 빠른 수영 선수는 아니었음을 시사한다.[18]

그래서 이들이 얼마나 많이 움직였을까? 땅 위에서 걸을 수 있었던 것은 확실하다. 몸의 비례가 늑대와 비슷했지만, 뼈가 그렇게 무거웠다면 아마도 쿵쾅거리며 느리게 이동했을 것이다. 육상 우제목과 마찬가지로 등은 비교적 꼼짝할 수 없었던—허리의 척추뼈 관절들이 서로 꽉 물려 있어서 움직임을 제한한—반면, 다리의 관절들은 앞뒤 방향으로 넓게, 좌우 방향으로는 그보다 좁게 움직일 수 있었다.[19] 앞발가락이 다섯 개, 뒷발가락이 네 개 있었고, 물갈퀴가 있었던 징후는 없다. 모든 발가락이 작은 발굽으로 끝나서 이들의 조상이 우제목임을 드러내지만, 걸을 때는 발굽을 딛고 선 것이 아니라, 개처럼 지행趾行이라 불리는 패턴으로 발가락 전체를 바닥에 댔다. 사지의 뼈경화증 때문에 빨리 헤엄치지는 못했을 것이다. 두 가지 특징, 즉 골반과 꼬리가 파키케투스의 수중 이동에 관해 조금 더 많은 것을 드러낸다. 발이 네 개인 포유류는 대부분 골반 앞쪽이 기다랗고 뒤쪽이 짤막한데, 앞쪽은 엉덩뼈 뒤쪽은 궁둥뼈로 불린다. 파키케투스과에서는 그 길이 관계가 뒤집혀 있다. 즉 궁둥뼈가 엉덩뼈보다 길고 넙다리뒤근육이 붙기 위한 넓은 공간을 가지고 있다. 넙다리뒤근육은 물범처럼 다리를 뒤로 차는 동물에서 크므로, 이는 파키케투스과가 어느 정도 헤엄을 쳤음을 가리킬 것이다.

게다가 파키케투스과는 비교적 큰 꼬리뼈를 가지고 있다. 그렇다고 쿠트키케투스에서만큼 크지는 않고, 이는 연구하기 까다로운 주제다. 파키케투스과의 통합된 골격이 없으므로 이들이 꼬리뼈를 몇 개나 가지고 있었는지 모르고, 따라서 꼬리가 정확히 얼마나 길었는지 알 수가 없다. 62번 산지에서 꼬리뼈가 많이 발견되었으므로, 꼬리가 길었을 가능성이 높다. 나아가 고래의 친척이었던 우제목의 꼬리뼈 개수(메셀로부노돈*Messelobunodon*, 24개)와 파키케투스과보다 약간 후대인 고래목의 꼬리뼈 개수(마이아케투스*Maiacetus*, 21개)가 비슷하므로, 파키케투스과도 스무 개가 약간 넘는 척추뼈를 가지고 있었다고 가정하는 것이 합당하다. 우리가 발견한 화석 척추뼈들의 모양을 토대로, 우리는 파키케투스의 꼬리가 근육질이었음을 안다. 이 동물이 먹잇감을 공격하는 순간 뒷다리와 꼬리를 써서 폭발적인 속도를 얻었을 수도 있지만, 지속적으로 헤엄을 쳤을 가능성은 별로 없다.

서식지와 생태. 62번 산지에서 나온 뼈들 중 어떤 것이 파키케투스과의 것인지를 우리가 처음 알아냈을 때, 그에 관해 가장 인상 깊은 것은 사지뼈가 얼마나 가냘픈가 하는 것이었다. 그 사지뼈는 가장 가까운 친척인 다른 에오세 고래들의 땅딸막한 사지처럼 보이는 대신, 더 먼 친척인 달리는 우제목을 닮았다. 뼈들을 더 자세히 연구할수록, 맥과 비교하는 편이 더 적절하다는 게 분명해졌다. 맥은 숲에서 살지만, 접근할 수만 있다면 실제로 물속에 있기를, 즉 물속에서 몸을 식히고, 물풀을 먹고, 은신하기를 좋아한다. 파키케투스과는 땅 위에서 돌아다닐 수 있었고 물속에서도 돌아다닐 수 있었지만, 아마도 민물 연못과 강에서 시간의 대부분을 보냈을 것이다. 이들의 해부구조가 맥의 골격보다 수생 적응구조를 더 많이 드러내므로, 맥처럼 이들도 주로 물속을 헤치며 걸어다녔을 것이다.

파키스탄에서 나온 모든 파키케투스과 화석은 제3장에서 이야기했듯이,

건조한 기후에서 이따금 순간적으로 범람하는 얕은 연못에서 형성된 암석에서 발견되어왔다. 이 고래목은 아무것도 모르는 육상동물이 물을 마시러 오기를 기다리며 물속에 가만히 들어앉아 있다가 사냥을 하거나, 얕은 물에서 고기잡이를 시도하면서, 악어처럼 살았을 가능성이 높다. 칼라치타 구릉에 있는 다른 산지들에는 파키케투스과가 드물다. 그 산지들에도 여기 살았던 작은 우제목 키르타리아, 브론토테리움과(몸집은 소만 하고 코뿔소처럼 생긴 동물), 작은 육식동물, 안트라코부네과와 같은 육상 포유류의 화석들이 있기는 있다. 안정 동위원소 증거가 시사하듯이, 이들은 모두 파키케투스과의 잠재적 먹잇감이었을 수 있다.[20]

2001년 9월 11일

우리가 파키스탄에서 나온 우리의 파키케투스 골격을 발표[21]한 때는 2001년 9월 11일의 테러 공격이 있은 지 보름도 지나지 않아서였다. 그 후로 곧, 파키스탄과 아프가니스탄에 세계의 이목이 집중되었다. 일반적인 비행기 여행이, 구체적으로 말하자면 파키스탄에서 일하기가 어려워져서, 내가 마지막으로 그곳에 간 것은 2002년이었다. 서구의 많은 사람들이 그 나라를 야만인이 사는 파탄난 무법천지로 보기 시작했다. 파키스탄은 어떤 면에서는 파탄이 났고, 깡패들이 통치하는 무법지대도 있다. 그러나 그들이 파키스탄의 전부를 대표하는 것은 아니다. 실은, 나에게 친절하고 이타적인 최고의 행위들을 베풀어온 이들 중 일부는 그렇게 해서 얻는 게 아무것도 없었을 뿐만 아니라 나를 도와줌으로써 자신이 곤란해지기 십상이었던 파키스탄 사람들이었다.

내가 생생하게 기억하는 한 사건은 엘런과 내가 미국의 수송기를 타고 클리블랜드에서 뉴욕에 있는 존 F. 케네디 공항으로 날아간 다음에 파키스탄 국제항공PIA으로 갈아타고 이슬라마바드까지 갔던 때에 일어났다. 케네디 공항으로 가는 우리 비행기는 매우 늦었고, 짐도 목적지까지 부쳐지지 않았다. 우리는 저마다 기내에서 휴대할 짐과 장비가 든 여행가방 두 개씩을 몸에 달고 터미널을 옮겼다. 우리가 투덜거리며 무거운 짐에 눌려 땀을 뻘뻘 흘리며 탑승 수속대로 다가갔을 때에는, 파키스탄 사람으로 보이는 PIA 직원 네 명이 잡담을 나누고 있었지만, 수속대의 불은 꺼져 있었다. 내가 수속대 뒤의 남자에게 비행기에 관해 묻자, 그는—꺼져 있는—컴퓨터 시스템을 가리키며 우리가 너무 늦었다고 말하고는 미안하다는 듯 어깨를 으쓱했다. 내 고개가 탁 꺾였음이 틀림없지만, 그 순간 더 나이든 남자 직원이 끼어들더니 악센트가 강한 영어로 "그 짐을 모두 들고 검색대를 통과할 수 있겠어요?"라고 말했다.

나는 할 수 있다고 했다. 그가 나는 이해할 수 없는 언어로 다른 한 사람에게 뭐라 말하자, 그 사람이 부리나케 자리를 떴고, 그런 다음 여자 직원에게 뭐라 말하자, 그 여직원은 무전기에 대고 이야기를 나누었다. 나는 '둘'과 '넷'을 가리키는 그녀의 우르두어 낱말밖에 이해할 수 없었다.

"됐어요. 이 아가씨를 따라가세요." 그가 말했다.

그녀가 서둘러 우리를 검색대로 통과시킨 뒤, 터미널 복도를 걸어 탑승구로 데려갔다. 우리에게서 가져간 여행가방 네 개가 승강 통로로 들어갔고, 우리가 들어가자마자 그들이 비행기 문을 닫았고, 비행기는 잠깐 지체한 뒤 떠났다. 파키스탄 사람들의 전통적인 환대와 아량이다. PIA에 감사한다.

12

고래, 세계를 제패하다

분자 사인

2000년 2월, 일본 도쿄. 고래의 친척들에 관해 생각하며 지하철을 타고 오카다 노리히로岡田典弘 교수의 실험실을 찾아간다. 그는 노리라는 애칭으로 통하는데, 노리란 일본에서 많이 먹는 해초의 일종*을 가리키는 낱말이기도 하다고, 그가 함박웃음을 지으며 짚어준다. 노리는 고생물학자가 아니라 분자생물학자다. 유전자를 연구하면 할수록 고래와 하마 사이의 분자적 유사성이 쌓이고 있는데, 노리가 이것을 조사하는 중심인물이다. 그의 실험실에서 분주한 젊은이들 수십 명이 다량의 DNA 데이터를 뽑아낸다. DNA 분자는 네 가지 유형의 구슬, 즉 핵산을 꿴 끈과 같고, 노리의 실험실은 그 구슬들이 꿰어진 순서를 알아내는 일로 시간을 보낸다. 유연관계가 더 가까운 동물들은 구슬들이 바뀌어(돌연변이가 일어나) 서열이 달라질 시간이 적었기 때문에, 유연관계가 더 먼 동물들보다 구슬의 서열이 비슷할 것이다. 노리의

---

* 김을 뜻한다.

실험실은 짧은산재서열, 즉 SINE이라는 특별한 종류의 DNA를 연구한다.

노리가 비서 두 명과 같이 쓰는 코딱지만 한 사무실에서 그를 만난다. 노리는 모든 공간이 생산적인 데에—실험실로—쓰이길 원하지, 커다란 개인 사무실을 원하지 않는다. 그는 간신히 컴퓨터 한 대를 놓을 만한 그의 작은 책상에 앉고, 나는 조그만 탁자가 너무 가까워서 다리를 펼 수 없는 조그만 소파에 앉는다. 방을 가르는 책장 뒤에서 일본말로 끊임없이 재잘대던 비서들이 우리에게 녹차를 가져다준다. 나는 녹차를 좋아하지 않는 데다, 이 종류는 시금치 데친 물을 연상시킨다. 향을 가리기 위해 설탕을 잔뜩 넣는다.

노리는 그의 나라의 많은 사람들과 달리, 영어 발음이 훌륭하고 또렷하다. 비록 낱말을 생각하느라 종종 멈춰야 하고, 문장에 복수와 관사가 드물기는 하지만 말이다.

"SINE법은 매우 유용한 방법입니다. SINE의 삽입은 유일무이한 사건이니까요."

"그러니까, SINE이 어떻게 해서 결국 동물의 유전체에 들어가게 되는지 말씀해주세요. 그게 어떻게 삽입되는 건가요?"

"아아, SINE은 레트로포손입니다. SINE은 매우 흔해서, 사람의 유전체에서는 11퍼센트가 SINE이죠." 탄성은 내 무지를 향한 것으로 생각되지만, 그는 그럼에도 이 비천한 화석 사나이를 기꺼이 가르칠 모양이다. 나는 용기를 얻어 배울 기회를 붙잡는다. 그가 내 질문에 내가 이해할 수 있을 만한 방식으로 답하지 않았으므로, 나는 다시 시도한다.

"레트로포손이 뭔가요?"

"아아, 레트로포손은 숙주 유전체 안에 삽입된 유전자 서열인데, 아마 LINE이라 불리는 바이러스 유전자 서열의 도움을 받았을 거예요."

LINE이 뭔지는 모르지만, 그래도 이번에는 문제가 어느 정도 해결된다. 바이러스에 관해서는 나도 안다. 어떤 유전물질의 조각이 처음에는 바이러스 유전체의 일부였을 것이다. 바이러스가 포유류의 세포를 감염시킬 때 자신의 유전물질을 숙주세포 속으로 주입하면, 유전물질이 숙주세포 안에서 그 포유류의 DNA로 통합된다. 포유류의 세포는 분열을 계속하는 동시에 본의 아니게 바이러스의 DNA도 복제한다. 덕분에 바이러스는 숙주세포의 번식 장비를 인수해 새로운 바이러스를 만든다. 그 삽입된 부분의 일부가 SINE, 다시 말해 처음엔 바이러스의 일부였고 포유류 조상의 일부가 아니었던 DNA 조각인 것이다.

"그러니까 숙주세포는 이 SINE들을 인식하지 못하고 제거할 방법도 없다고요?"

"SINE을 삭제한다고 알려진 기제는 없어요." 그것이 조상을 알아내는 데에 유용하리라는 게 이해가 된다. 어떤 작은 DNA 리본, 즉 SINE이 어느 동물의 조상에게 삽입된 뒤 결코 삭제될 수 없다면, 그것은 모든 후손에게 존재할 테고, 따라서 후손들 사이의 유연관계를 알아내기 위한 훌륭한 표식이 될 것이다. 다른 조상의 후손인 동물들에게는 그 DNA 리본이 없을 테니까.

"다른 두 포유류의 유전체에 한 SINE이 독립적으로 삽입될 가능성은 없나요? 두 동물의 DNA에서 발견되는 SINE이 그들의 조상들에게서 별개의 삽입 사건이 두 번 일어난 결과가 아니라는 건 어떻게 알죠?"

"SINE의 유전체 삽입은 특정한 자리에서 일어나지 않아요. 우리는 SINE에 이웃한 서열들도 알아내지요. 같은 삽입 사건의 일부인 경우는 이 측면 서열도 같아야 해요. SINE이 서로 다른 숙주의 같은 영역에 삽입될 확률은 0에 가까워요."

이것은 이해가 된다. 어떤 바이러스의 SINE DNA가 숙주의 유전체에 삽입되면, 그것은 그 유전체 안의 아무 곳에나 정착할 수 있을 것이다. 같은 SINE이 두 종에서 숙주 DNA의 같은 구간에 독립적으로 삽입될 확률은 매우 낮다. 이것이 함축하는 의미를 곰곰이 생각해본다. 그의 말이 사실이라면, 이는 유연관계를 알아내는 굉장한 방법이다. SINE 서열은 숙주의 수백만 유전자 가운데 어디로든 삽입될 수 있고, 들어간 세포의 기능에는 영향을 미치지 않는다. 세포에 이 삽입된 SINE들을 잘라낼 수 있도록 하는 알려진 기제가 없으면, 그리고 이 SINE들이 숙주에게 해롭지도 이롭지도 않으면, 여기에는 선택이 작용하지 않는다. 이들은 거기 눌러앉아 다음 세대, 그다음 세대로 복제된다.

이것이 분자생물학자들에게 누가 누구와 친척인지를 알아내는 훌륭한 도구를 제공한다. 바야흐로 드러나고 있듯이, 하마는 고래와 공통의 SINE을 가지고 있고, 그 SINE은 두 집단의 유전체 안의 같은 곳에서 발견된다.[1] 하마와 고래목 사이의 공통 SINE은 그 SINE이 그 동물들의 공통조상의 유전체로 삽입되었지만, 소와 돼지의 조상이기도 한 그 이전의 조상에게는 삽입되지 않았다는 의미를 함축한다. 소와 돼지에게는 그 SINE이 없기 때문이다. 이는 하마나 고래가 소와 돼지에 대해서보다 서로 더 가까운 관계라는 의미를 함축한다.

노리와 함께 일하면서 나는 하마와 고래를 연관시키는 분자적 증거가 이에 동의하지 않는 화석의 반증을 압도한다는 것을 인정하게 된다. 하지만 아직까지 화석에게 남은 역할이 무엇인지를 더 분명히 알게 되기도 한다. 하마가 고래의 가까운 친척이라는 생각의 가장 큰 문제는 가장 오래된 하마들이 약 2000만 년밖에 되지 않았다는,[2] 즉 가장 오래된 고래보다 거의 3000만 년이나 연대가 늦다는 점, 그리고 몸 방면의 유사성도 매우 제한되어 있다는 점이다. 4900만 년 전에서 2000만 년 전 사이, 하마의 긴 유령 계보는 나에게, 하마의 조상들은 현대의 하마와 너무나 달라서 우리가 알아볼 수 없으므로 우리는 고래와 하마의 마지막 공통조상이 어떻게 생겼는지 정말 모른다는 의미를 함축한다. 개인적으로, 나는 우리가 최초의 고래들이 살았던 무렵에 살았던, 고래와 하마의 공통조상에 가까운 뭔가를 찾을 필요가 있다고 느낀다. 하지만 쿠치에서는 아니다. 그곳의 암석은 해성이고, 연대가 너무 늦다. 다른 곳을 탐색해야 한다. 파키스탄의 더 오래된 암석들은 지금 가기에는 안전하지 않다. 그렇다면 아마도 인도 히말라야 안에서 내가 한 번도 가본 적이 없는 곳에 가야할 게다. 이 결과를 마음에 새긴다.

검은 고래

다른 곳에서 출발하는 일은 시간이 걸릴 것이고, 쿠치는 아직도 흥미로운 화석들을 산출하고 있다. 차를 타고 쿠치의 사막을 가로질러 데디디 북부 산지로 가면서, 쿠치에서 작업을 마치고 나면 얼마나 슬플까 생각한다. 4100만 년 전, 데디디 북부는 천천히 말라가고 있는 석호였다(《그림 28》). 거기에는 근사한 화석들—내 손보다 큰, 뱀의 머리뼈와 내 다리보다 긴, 악어의 주둥이—이 있다. 그 화석들을 근거로 볼 때, 당시에 그곳은 돌아다니기에 무서운 곳이었음이 틀림없다. 이 짐승들은 모두 같은 방식으로 사라졌다. 즉 서서히 말라가는 뜨거운 진흙에 갇힌 뒤 석호가 완전히 말라 그 안에서 구워졌을 때 죽음이 찾아왔다. 이들 중 다수는 못생긴 화석이 되었는데, 물에 녹아 있던 석고가 증발 때문에 침전되어 뼈와 이빨 둘레에 껍질을 형성했기 때문이다. 뼈 안쪽의 작은 공간들에서도 결정이 자라, 뼈가 금이 가고 쪼개졌다.

그 장소는 현대에 더 쾌적하다. 우리는 노란빛의 높은 바위 턱인 풀라층(풀라 석회암, 〈그림 26〉) 위에 차를 세운 뒤, 돌아다니는 소떼가 만든 많은 오솔길 중 한 길을 걸어 내려가 하루디층의 석고화한 이암들 속으로 들어간다. 데디디의 인근 마을에는 전통적으로 우유 배달원들이 살고 있다. 이곳의 우유 배달원들은 우유를 사다가 되파는 대신에 젖소 떼를 직접 소유하고 있어서, 그 소들이 내 주위에서 듬성듬성한 풀을 뜯는다. 아침이면 우유 배달원들이, 손잡이와 짐칸에 금속단지들이 달랑거리는 자전거나 오토바이를 타고, 마을의 집집마다 돌아다니며 우유를 팔기 위해 떠난다.

이곳의 화석 뼈는 대부분이 검고, 암석의 빛깔은 붉은 밤빛부터 노란빛과 밤빛까지 다양하고, 이에 더해 새하얀 석고가 특정한 패턴 없이 분포되어 있다. 석고 결정은 화석이 지니는 규칙적 모양을 연상시키는 규칙적 모양으로 자라므로, 내가 화석인가 싶어 줍는 많은 조각들이 더 자세히 살펴보면 기대에 어긋난다. 낮은 언덕을 기어 내려가는데, 한 줄로 늘어선 오렌지 크기의 형체 다섯 개가 시선을 끈다. 내가 무릎을 꿇자, 그것들은 수백만 년 전 아직 그 동물 안에 있을 때와 똑같이 배열된 척추뼈로 드러난다. 평소라면 이것은 이 동물의 훨씬 더 많은 부분이 묻혔음을 암시하는 매우 흥분되는 일일 테지만, 이 특정한 뼈들은 모양이 엉망이라 나를 사로잡지 못한다. 석고가 사방을 둘러싸고 있는 데다, 깔쭉깔쭉한 모양으로 풍화되어 있다. 마치 누군가가 뼈를 자르는 칼로 난도질한 듯하다. 갈비뼈를 지탱하는 등뼈라는 정도만 알아볼 수 있고, 아니나 다를까 그 주위로 갈비뼈와 다른 척추뼈의 조각들이 흩어져 있다. 갈비뼈들이 뼈비대증이 아니다. 이놈이 화석 고래였네. 빠져 돌아다니는 조각들을 모아 쌓은 다음 다섯쌍둥이가 언덕에서 튀어나와 있는 곳을 판다.

한쪽에는 분명 아무것도 없다. 풍화가 수십 년 또는 수백 년 전에 나 대신 그것을 발굴한 다음, 발견한 것을 가루로 만들어버렸다. 반대쪽에는 퇴적물이 침식되지 않아서, 거의 파기 시작하자마자 또 다른 척추뼈를 마주친다. 이 척추뼈는 훨씬 잘 보존되어 있다. 다시 말해 검은빛이고 석고는 조금밖에 없을 뿐만 아니라, 돌기 몇 개가 온전하게 붙어 있다. 화석들이 깨지기 쉬워서 흙을 털어내고, 금 간 곳에 접착제를 바르고, 접착제가 마르도록 두고, 화석을 더 노출시키는 과정을 여러 번 되풀이해야 한다. 두 번째 척추뼈가 바로 뒤에 있고, 이것이 첫 번째 척추뼈와 관절을 이루고 있다. 둘 다 일부가 석고로 싸여 있어서, 발굴 과정이 늦어진다. 나와 함께 채집하러 온 두 사람이 내가 한동안 움직이지 않았음을, 그들에게는 내가 뭔가를 발견했다는 징후를 알아차렸다. 그들이 도우러 건너온다. 우리는 위에 덮인 퇴적물을 제거하고 더 파헤치며, 더 많은 척추뼈를 찾는다. 척추뼈의 줄은 내가 앉아 있는 진흙 더미 속으로 구부러져 들어가고, 나는 문득 이것이야말로 석호가 말라버렸을 때 몸이 탈수된 동물에게서 예상되는 패턴임을 깨닫는다. 몸이 탈수되니 인대가 수축하면서, 척주가 등쪽으로 휘는 것이다. 골격 전체가 있을 수도 있을까?

다시 생각하며, 그 발상을 뿌리친다. 이곳은 분명 훼손되었다. 등뼈, 허리뼈, 꼬리뼈는 있지만, 골반이나 뒷다리는 없다. 이 녀석의 많은 부분은 사라졌다. 사라진 뼈들이 있었을 곳은 훼손되지 않았으니, 침식의 소행은 아닌 것 같다. 대신에, 이 동물이 묻히기 전에 청소동물이 다녀가지 않았을까 생각한다. 계속 파다가, 놀랍게도, 네 개의 융합된 척추뼈, 즉 엉치뼈를 발견한다. 하지만 이 뼈는 살아 있는 동물에서 이것이 있었을 허리뼈 부근에 있지 않다. 게다가 허리뼈보다 작고, 검은빛이 아니라 녹처럼 붉은빛을 띤다. 가장자리가 척추뼈에 있는 날카로운 골절부와는 다른 방식으로 묘하고 매끄럽게 닳아 있는 것이, 마치 누군가가 그것이 묻히기 전에 모든 가장자리를 쳐서 떼어낸 듯하다. 나는 당황해서, 이 조그맣고 빨간 엉치뼈는 커다랗고 검은 고래의 뱃속에 있었으며, 어떤 고래가 다른 고래를 잡아먹었다는 증거라는 선택지를 고려한다. 이 시점에서, 이는 추측일 뿐이지만.

우리는 눈에 보이는 전체 골격의 가장자리를 따라 움직이며, 망치의 뾰족한 등으로 언덕을 파헤친다. 척추뼈에서 멀리 떨어진 쪽에서, 모양도 크기도 야구모자의 챙 같은 두껍고 검은 뼈의 날개를 마주친다. 둘레를 조심스럽게 파헤쳐보지만, 이것이 고래의 어느 부분인지 알아낼 수가 없다. 조바심이 나서 잡아당기자, 그것이 떨어져 나온다. 그리고 골절부를 보여준다. 더 큰 뭔가에 붙어 있던 것을 내가 방금 부러뜨린 것이다. 짜증이 난다. 계속해서 더 큰 쪽을 발굴한다. 시간이 많이 걸린다. 그것은 깊이 묻혀 있어서 잘 닿지도 않는다. 뜨거운 태양이 진창에 엎드려 있는 우리의 목을 태우고 있다. 퇴적물이 젖어 있어서 우리의 접착제가 더디 마르며 내가 동원할 능력이 없는 인내심을 요구한다는 점도 내 기분이 나아지는 데에 전혀 보탬이 되지 않는다. 더 커다란, 내 예상보다 더 크고 특이한 삼각형 모양의 검은 뼈가 마침내 노출된다. 이 화석은 고래의 척추뼈와 무관하다는, 과거에 여기 살았던 거대한 메기 한 마리의 머리뼈라는 의심이 든다. 놈들은 상당히 흔하지만, 대개 못생기고 석고화한 화석이라 고생물학적으로는 그다지 흥미롭지 않다. 이놈을 해치우려고 더 빠르게 움직이지만, 뼈가 협조하지 않는다. 그러니 더 초조해져서, 화석을 그냥 잡아 뽑는다. 크고 검은 화석이 갑자기 떨어져 나온다. 그것은 축구공 크기이고, 나는 그것을 손에 쥐고 뒤로 나동그라진다. 이것은 큰 고래의 뇌실이다. 챙 모양의 테두리는 목 근육이 붙는 머리뼈 뒤쪽의 테두리였던 것이다. 이제는 내가 일을 망쳤다는 것, 성급한 마음에 내가 화석 고래의 머리뼈를 손상시켰다는 것도 명백해진다. 조각들을 당겨서 부러뜨리는 대신에 속도를 늦추고 화석 둘레의 흙을 파헤쳤어야 했고, 전체가 보일 때까지 화석을 잡아당기지 말았어야 했다.

주저앉아서 미친 듯이 나 자신에게 화를 내고, 검은 머리뼈에게 화를 내고, 나머지 세상 대부분에게 화를 낸다. 쿠키와 함께 물을 마시고 난 뒤 머리가 맑아지자, 새로운 계획이 세워진다. 손상을 줄이고, 인내심을 가지고, 조심스럽게 발굴하는 거야. 뇌실은 잘 보존되어 있고, 표본의 일부가 아직도 언덕 안에 남아 있음을 볼 수 있다. 이제 모든 것이 느려지지만, 모든 것을 제대로 한다. 위에 덮인 퇴적물을 조심스럽게 걷어내고, 표면을 말끔하게 솔질하고, 마르도록 두었다가 접착제를 바른 뒤 발굴을 계속한다. 마침내 머리뼈가, 비록 다소 석고로 싸였고 4200만 년 전에 파묻은 힘에 의해 변형되었지만, 대부분 모습을 드러낸다. 주둥이는 완전하지만, 물을 잔뜩 머금어서 뼈가 먼지처럼 무르다. 치과용 긁개로 주둥이의 작은 부분들을 드러내고, 마르도록 두었다가, 굳힌다. 마침내 주둥이가, 제자리에 달린 많은 이빨과 함께 나온다. 우리는 작은 뼛조각들을 많이 주워 가방에 담는다. 집에 와서 모두 씻은 다음, 큰 조각에 더 작은 조각들을 맞춰본다. 큰 조각들과 모두 들어맞는다. 이놈은 레밍토노케투스과와는 매우 다른 고래다. 큰 눈이 옆을 향해 있고, 이빨이 크고, 윗니에 교두 세 개가 삼각형을 이루고 있다(《그림 30》). 눈확 위에는 뼈로 된 두꺼운 테두리인 눈확위돌기가 있다. 이는 에오세 고래들 중 프로토케투스과로 불리는 고래들의 특징으로 보고되며, 그렇다면 이놈은 쿠치의 첫 번째 프로토케투스과인데 우리가 그것의 머리뼈와 함께 골격의 일부를 찾은 것이다.[3] 우리는 이놈을 데다케투스Dhedacetus라 부른다. 프로토케투스과는 레밍토노케투스과보다 드물기도 하고, 놈의 크기와 우리가 막 찾은 엉치뼈를 고려하면, 이들이 더 작고 물고기를 잡아먹는 레밍토노케투스과의 포식자였다고 해도 무리가 아닐 것이다.

프로토케투스과의 고래들

프로토케투스과의 고래(《컬러도판 8》)는 4900만 년 전에서 3700만 년 전 사이의 암석에서 전 세계에 걸쳐(《그림 9》) 발견된다.[4] 이들의 전신(파키케투스과, 암불로케투스과, 레밍토노케투스과)은 인도와 파키스탄에서만 눈에 띈다. 따라서 프로토케투스과가 먼 거리를 이동해 세계를 장악할 수 있었던 최초의 고래였을 가능성이 높다. 프로토케투스과는 바실로사우루스과, 그리고 바실로사우루스과를 거쳐 훗날 현대의 고래목을 포함하는 모든 고래목의 조상이기도 하다(《그림 47》).

인도와 파키스탄에서 나온 프로토케투스과는 어마어마하게 다양한 속을 포함한다. 인도케투스Indocetus, 로도케투스Rodhocetus, 바비아케투스Babiacetus, 가비아케투스Gaviacetus, 아르티오케투스Artiocetus, 마카라케투스Makaracetus, 콰이스라케투스Qaisracetus, 타크라케투스Takracetus, 마이아케투스, 카로다케투스Kharodacetus, 데다케투스[5], 뿐만 아니라 아프리카에서 나온 프로토케투스Protocetus, 파포케투스Pappocetus, 에오케투스Eocetus, 아이깁토케투스Aegyptocetus[6], 북아메리카에서 나온 게오르기아케투스Georgiacetus, 나키토키아Nachitochia, 카롤리나케투스Carolinacetus,

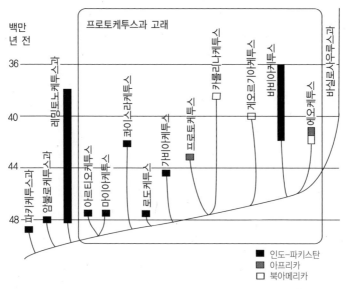

그림 47 프로토케투스과 중에서 비교적 잘 알려진 일부 구성원들 사이의 유연관계. 더 오래된 원시적 프로토케투스과들은 인도-파키스탄 출신이지만, 이후의 것들은 세계 대양의 대부분에서 나오는 것으로 알려져 있다. 계통수의 출처는 Uhen et al.(2011).

크레나토케투스*Crenatocetus*[7]가 알려져 있다. 페루에서도 프로토케투스과의 조각들이 감질나게 발견되어왔다.[8] 그토록 많은 속을 포함한 프로토케투스과는 에오세 고래의 다른 어떤 과보다도 다양하고,·다른 어떤 과보다도 널리 분포해 있다.

어느 정도 완전한 골격은 소수의 프로토케투스과, 즉 로도케투스, 마이아케투스, 아르티오케투스, 게오르기아케투스의 것만이 알려져 있다(《그림 48》). 흥미롭게도, 심지어 이 비교적 완전한 골격들 중에서도 게오르기아케투스나 우리의 데다케투스와 같은 일부 속에는 앞다리와 뒷다리가 빠져 있다. 이는 사체를 먹는 청소동물 때문이거나, 사체가 대양에서 떠 있다가 시간이 지나면서 조각들이 떨어져 나와 가라앉았기 때문일 수도 있다. 그다지 많은 종의 골격을 모르니 우리가 아는 게 전체 집단을 얼마나 대표하는지

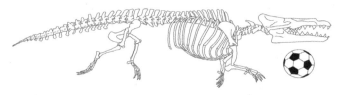

그림 48 프로토케투스과 마이아케투스의 골격. Gingerich et al.(2009)에 따라 수정.

는 알기 어렵지만, 지금으로서 프로토케투스과는 현대의 바다사자처럼, 다시 말해 빠르게 헤엄치는 먹잇감을 사냥하고 사지로 몸을 힘차게 밀어내며 대양에서 살았던 것으로 보인다. 그러나 이들은 땅에도 묶여 있었는데, 아마 짝짓기, 출산, 수유와 같은 번식 관련 기능을 위해 뭍에 올랐을 것이다.

섭식과 식습관. 프로토케투스과는 암불로케투스과와 비슷한, 그리고 레밍토노케투스과와는 다른 강력한 턱과 이빨을 가지고 있었다. 이빨과 턱의 모양은 프로토케투스과가 크고 몸부림치는 먹잇감과 싸웠음을 시사한다. 이빨의 동위원소는 이들의 먹잇감이 물속에서 살았음을 암시한다.[9] 쿠치의 에오세에서 나온 프로토케투스과들은 그 주위에 살았던 레밍토노케투스과의 고래들보다 훨씬 더 크므로, 앞에서 말했듯이 후자가 프로토케투스과의 먹잇감이었을 가능성도 있다.

첫눈에도, 모든 프로토케투스과는 비슷한 치열을 가지고 있다. 치식이 언제나 3.1.4.3/3.1.4.3이다. 위쪽 큰어금니에는 큰 교두가 두 개 있고 때로는 혀쪽에 교두가 하나 더 있다. 아래쪽 큰어금니에는 앞쪽에 높은 삼각분대, 뒤쪽에 거분대가 있고, 교두는 각각에 하나뿐이다(《그림 30》). 그러한 일반적 유사성에도 불구하고, 프로토케투스과는 종류마다 식습관이 특수했다는 풍부한 증거가 있다. 대부분의 속은 카로다케투스와 비슷하다. 다시 말해, 날카로운 날을 가진 가늘고 높은 이빨과 모든 초기 고래를 특징짓는 특유의 1단계 교모 면들을 가지고 있다.[10] 바비아케투스는 다르다. 큰어금니가 더 뭉툭하고 첨두가 닳아 있는 것이, 심한 이빨–음식물–이빨 접촉을 암시한다. 인도의 바비아케투스 표본 중 하나에는 왼쪽 턱과 오른쪽 턱의 이빨이 하나씩 부러져 그루터기만 남아 있다. 부러진 두 이빨이 서로의 맞은편에 있으므로, 격렬하게 턱을 다물다가 둘 다 한꺼번에 부러진 것일 수도 있다. 이 이빨 둘 다에 있는 마멸성 마모 표면이, 부러진 뒤에도 이빨이 사용되었음을 암시한다. 이는 그 고래가 다친 뒤에도 살아남았음을 의미한다. 대부분의 프로토케투스과와 달리, 바비아케투스는 좌우 턱이 뒤쪽으로, 두번째 작은어금니가 나 있는 곳까지 서로 융합되어 있다.[11] 이는 이 동물에게 매우 강력한 턱을 준 동시에, 이 동물이 다른 프로토케투스과보다 훨씬 더 강한 먹잇감과 싸웠음을 시사한다. 쿠치의 어디에서나 나오는 바다 메기가 뼈로 된 매우 단단한 머리를 가지고 있으니, 바비아케투스의 먹잇감 중한 품목이었을 수 있다.

프로토케투스과는 종류마다 주둥이와 입천장의 모양도 굉장히 다양한데,[12] 이러한 차이들이 식습관의 특수화를 반영할 수도 있지만, 이는 자세히 연구된 적이 없다. 가장 낯선 프로토케투스과의 얼굴은 분명 마카라케투스의 얼굴이다.[13] 턱이 곧게 뻗은 게 아니라 아래로 휘어 있는 마라케투스는 다른 프로토케투스과와 매우 다르게 먹었음이 분명하지만, 무엇을 어떻게 먹고 살았는지는 모른다.

시각과 청각. 한편의 프로토케투스과와 바실로사우루스, 상대편의 파키케투스과, 암불로케투스과, 레밍토노케투스과 사이의 뚜렷한 차이점은 눈의 위치다. 프로토케투스과와 바실로사우루스과의 눈은 동물의 옆쪽을 향하며, 두껍고 납작한 머리뼈 조각인 눈확위선반 아래에 위치한다(《그림 46》). 이 고래들은 (레밍토노케투스과와 달리) 뛰어난 시각을 가지고 있었고, 암불로케투스과나 파키케투스과처럼 위쪽만 본 것이 아니라 옆쪽도 보았다.

프로토케투스과의 귀는 레밍토노케투스과의 귀와 비슷하다(《그림 38》).

다시 말해, 커진 턱뼈구멍과 머리뼈에서 부분적으로 분리된 바위뼈 등 수생 적응구조를 보이지만, 이 구조들이 현대 고래에서만큼 완성되어 있는 것은 아니다. 프로토케투스과는 눈과 귀를 써서 큰 먹잇감을 사냥했고, 그 사냥의 대부분은 수선 밑에서 행했을 가능성이 높다.

뇌. 이집트의 사막은 바실로사우루스과의 뇌실 안쪽의 주형(내부 주형)이라는 귀중한 발굴물을 내놓았고,[21] CT 스캔은 레밍토노케투스과에 있는 그 공간의 모양을 드러냈다(《컬러도판 5》). 우리는 쿠치에서 프로토케투스과 인도케투스의 내부 주형을 발견했다.[22] 모든 초기 고래와 마찬가지로, 프로토케투스과도 긴 후각로를 가지고 있다. (제2장에서 살펴보았던) 뇌를 둘러싸는 정맥의 그물망인 소동정맥그물도 나타난다. 그물은 뇌의 좌우에서 가장 크고, 위(등쪽)의 표면을 덮고 있는 그물은 없다. 그물의 위치는 현대의 북극고래에서도 비슷하다.

　이 에오세의 내부 주형들에서는 뇌의 앞부분(《컬러도판 5》에서 대뇌)이 뒷부분(소뇌)과 구분된다. 대뇌와 소뇌의 상대적 규모는 육상 포유류 및 레밍토노케투스의 것과 비슷하게, 대뇌가 소뇌보다 크고 높다. 바실로사우루스

후각과 미각

이전의 고래들과 마찬가지로, 프로토케투스과에게도 후각이 있었다. 포유류의 후각기관은 물속이 아니라 공기 중을 떠다니는 화합물을 포착한다. 공기에 실려온 분자들을 비강 안쪽에 묻어 있는 콧물 안에 붙잡아 가두면, 비강에서 이 분자들이 제1뇌신경, 즉 후각신경이라 불리는 큰 신경의 일부인 뉴런(신경세포)들을 자극한다. 이 뉴런들이 또 다른 신경인 후각로를 거쳐 자신

의 발견물을 뇌로 보낸다. 현대의 고래목 가운데 수염고래아목에서는 후각이 잘 발달되어 있지만,[14] 이빨고래아목에서는 후각이 흔적만 남았거나 아예 없는 것으로 보인다.[15] 현대의 고래목이 후각을 사용하는 이유는 불분명하다. 현대 고래의 일부(긴수염고래과에 속하는 긴수염고래)는 먹이를 찾기 위해 공기로 전달되는, 삶은 양배추와 비슷한 크릴 냄새를 맡는 것일 수 있다. 이들이 공기 중에서 크릴의 냄새가 날 때 바람을 안고 헤엄치는 모습이 관찰되어 왔다. 초기 고래들의 머리뼈가 이 집단의 구성원들에게 후각이 있었음을 암시한다. 다시 말해, 프로토케투스과는 뼈에 후각신경이 지나가는 작은 구멍들과 후각로가 지나가는 긴 관이 뚫려 있고,[16] 레밍토노케투스과(〈컬러도판 5〉)와 바실로사우루스과도 마찬가지다.[17]

포유류에서 후각과 미각은 전혀 다르다. 포유류의 미각 수용체는 대부분 혀와 입천장에 위치한다. 이 수용체는 고체나 액체 매질 속에 떠다니는 화합물을 탐지하도록 설계되어 있고, 이 신호들이 제7뇌신경인 얼굴신경과 제9뇌신경인 혀인두신경을 거쳐 뇌로 전달된다. 불행히도 이 뇌신경들은 뼈로 된 관 속을 지나는 미각로를 가지고 있지 않아서, 화석으로는 연구할 수 없다.

포유류에는 세 번째 화학적 감각이 있다. 야콥슨기관이라고도 불리는 보습코기관이 비강의 바닥에 자리잡고 있다. 이 기관은 입천장의 앞쪽에 있는 열린 관(보습코관)을 통해 큰 냄새 분자를 탐지할 수 있는 작은 주머니로 이루어져 있다. 모든 포유류에게 보습코기관이 있는 것은 아니어서, 예컨대 사람에게는 없다. 보습코기관이 있는 동물, 이를테면 개에게는 위쪽 앞니 바로 뒤의 입천장에 이 기관의 도관인, 길쭉한 틈새 모양의 구멍들이 나 있는 것을 볼 수 있다. 보습코기관은 같은 종의 다른 동물에게 신호가 되는, 예컨대 성적 교제에 연관되는 화학물질인 페로몬을 탐지하는 데에서 중요한 역할을 한다.[18] 일부 우제목에서는 보습코기관이 동종의 생식 상태를 탐지하는 데에 쓰인다. 수사슴은 입을 벌리고 고개를 쳐들어 입천장에 붙은 보습코관을 공기에 노출시키는, 암내맡기라 불리는 행동을 하면서, 공기 중에 발정기의 암컷이 근처에 있음을 암시하는 분자들이 실려 있기를 기대한다.[19] 보습코기관도 후각처럼 제1뇌신경을 통해 뇌에 신호를 보내고 공기 중에 떠다니는 분자에 의해 자극되지만. 이 분자들은 후각과 달리 구강을 통해 기관에 도달하고 입천장에 난 두 개의 틈새를 통해 운반된다. 앞입천장구멍이나 앞니구멍으로 불리는 구멍 두 개를 지나 보습코관에 실려 입에서 코로 가는 것이다. 다 자란 현대의 고래목에게는 보습코기관이 없고, 앞입천장구멍도 없다. 그러나 파키케투스과에서는 앞입천장구멍이 눈에 띈다. 고래목이 우제목의 친척임을 고려하면, 초기 고래에게는 보습코기관이 있었을 법도 하다. 고래가 수생동물에 가까워졌을 때—레밍토노케투스과나 카로다케투스와 같은 프로토케투스과에서—보습코기관이 확실히 사라졌음을. 이들의 머리뼈에 앞입천장구멍이 없다는 사실로 미루어보아 알 수 있다.

에오세의 고래들이 무엇을 위해 후각을 사용했는지는 그저 추측만 할 따름이지만, 번식 기능에 쓰였을 가능성도 있다. 바다사자에게도 후각이 있는데, 이들의 후각은 잠재적 짝을 확인하거나, 붐비는 집단 속에서 자신의 새끼를 알아보는 등 번식 관련 기능에서 중요하게 사용된다.[20]

과에서는 다르다. 여기서는 소뇌가 훨씬 더 크고 높아서, 대뇌를 누르고 우뚝 솟아 있다. 소뇌 주형의 표면은 바실로사우루스과에서 이 공간이 대부분 프로토케투스과에서보다 월등히 커진 그물로 덮여 있음을 시사하지만, 아직도 다른 에오세 고래들에서보다는 소뇌가 뇌에서 훨씬 더 큰 부피를 차지했을 가능성이 높다. 현대 포유류에서 소뇌는 정교한 운동의 협응과 관련되지만, 프로토케투스과와 바실로사우루스과의 사이에서 운동의 협응에 상당한 변화가 있었는지 없었는지는 우리도 모른다.

모든 에오세 고래의 뇌 표면은 비교적 평탄한, 뇌이랑없음증이라 불리는 상태다. 일반적으로, 포유류의 뇌는 클수록(대뇌화지수가 높을수록, 제2장 참조) 표면의 고랑도 더 많고 더 깊으며, 이는 이들의 지능과도 대략적으로 관계가 있다. 그런 면에서 에오세 고래의 뇌는 현대의 이빨고래 및 수염고래와 다르다. 그 패턴—에오세 고래의 뇌는 평탄하고, 현대 친척의 뇌는 이랑이 있는—은 사실 많은 포유류 집단에서 발견된다. 진화하는 동안 뇌의 크기와 이랑의 정도는 지난 5000만 년에 걸쳐 서로 다른 포유류 집단에서 독립적으로 늘어났다.[23]

불행히도, 현재는 이 초기 고래들이 그 뇌를 가지고 무엇을 했는지를 알아낼 수가 없다. 현대 고래에게 있는 뇌 조직은 다른 포유류에게 있는 뇌 조직과 매우 다르고, 이것이 인지 기능 및 행동 복잡성의 증가와 관계가 있을 수도 있다.[24] 그러나 이러한 조직적 패턴이 에오세 고래에게서 일어났는지 어땠는지는 알 수 없다. 이들의 뇌가 현대 형태에서보다 훨씬 더 작았던 것만은 분명하다.

걷기와 헤엄. 마이아케투스와 같은 프로토케투스과는 튼튼한 척주와 짧은 사지를 가지고 있었다.[25] 헤엄치는 포유류는 거의 모두 사지가 짧다. 손을 써서 앞으로 나아가는(〈그림 18〉) 바다사자는 짧은 사지와 강력한 어깨 근육을 써서 물을 강제로 가를 수 있는, 크고 날개 같은 손을 가지고 있다.[26] 물범은 뒷다리 진동을 써서 헤엄친다. 매우 짧은 넓적다리와 헤엄칠 때 강력한 스트로크를 허락하는 정강이에, 거대한 발이 심겨 있다. 마이아케투스도 짧은 사지를 가지고 있지만, 손과 발은 크지 않다. 모양의 유사성을 연구하기 위한 강력한 수학적 방법인 주성분 분석이 헤엄치는 동물의 사지와 몸통의 비례를 연구하는 데에 사용되어왔다.[27] 마이아케투스는 골격의 비례가 꼬리 파동운동을 이용하는 거대한 민물 수달인 큰수달(〈그림 18〉)과 가장 비슷한 것으로 드러났다.

실제로, 프로토케투스과의 꼬리는 매우 흥미롭다. 꼬리지느러미를 가진 포유류(고래, 듀공)에서는 척추뼈의 비례가 꼬리지느러미의 뿌리 근처에 와서 갑자기 변하지만, 꼬리지느러미가 없는 포유류(수달, 매너티; 〈그림 11〉)에서는 변하지 않는다. 과연, 마이아케투스에서 알려진 꼬리뼈들은 대부분 너비가 높이보다 크지만, 열세 번째 꼬리뼈는 높이가 너비보다 크다. 도루돈에서 열세 번째 꼬리뼈는 공뼈인 동시에 꼬리지느러미가 달린 곳에 위치하고, 여기에서 척추뼈의 높이-너비 비례가 변한다.[28] 이는 마이아케투스에게 꼬리지느러미가 있었음을 시사하고, 꼬리지느러미로 구동하는 꼬리 진동이라는 현대의 수단을 사용하는 헤엄이 프로토케투스과에서 기원했음을 의미할지도 모른다.

파키케투스와 암불로케투스의 사지뼈는 뼈비대증인 반면, 프로토케투스과에서는 그렇지 않다. 파키케투스와 암불로케투스에서는 과량의 뼈가 아마도 동물을 물속에 잠기도록 하는 바닥짐으로 쓰일 것이고, 이는 매복해서 사냥하는 습성과 앞뒤가 맞는다. 프로토케투스과와 바실로사우루스에서는 갈비뼈들이 다소 뼈비대증이고,[29] 이 무거운 갈비뼈들이 제2장에서 설명했듯이, 물속에서 몸을 안정화하는 기능을 했을 것이다.

프로토케투스과의 사지에는 끝에 짧은 발굽이 달린, 잘 발달된 손가락 및 발가락과 함께, 얼마든지 움직일 수 있는 관절들이 달려 있었다. 프로토케투스과는 비록 빠르거나 강하지는 않았지만, 분명 땅 위에서 돌아다닐 수 있었다. 프로토케투스과의 척주도 하나의 조각그림 맞추기를 제시한다. 거의 모든 포유류는 일곱 개의 목뼈를 가지고 있고, 등뼈와 허리뼈의 총수가 같다. 따라서 제4장에서 지적했듯이, 포유류의 대다수가 엉치뼈 앞에 스물여섯 개의 척추뼈(합쳐서 엉치앞뼈라 불리는 목뼈 + 등뼈 + 허리뼈)[30]를 가지고 있다. 실은 조류와 파충류에서도 비교적 안정한 숫자의 엉치앞뼈가 눈에 띈다. 엉치앞뼈의 개수는 에오세 우제목[31]과 대부분의 프로토케투스과에서도 스물여섯 개다. 그러나 암불로케투스와 쿠트키케투스 둘 다에서는 숫자가 더 높고(각각 서른한 개와 서른 개), 바실로사우루스과에서는 정말로 걷잡을 수 없이 높아진다(바실로사우루스는 마흔두 개, 도루돈은 마흔한 개). 과도한 엉치앞뼈는 고래들이 포유류의 설계를 근본적으로 바꾸었음을 암시하는데,

문제는 그 숫자가 초기 고래의 진화 과정에서 두 번(암불로케투스과/레밍토노케투스과에서와 바실로사우루스과에서) 늘어났느냐, 아니면 한 번만 늘어났고 일부 프로토케투스과가 조상의 숫자로 되돌아갔느냐 하는 것이다.

서식지와 생활사. 파키케투스과와 암불로케투스과는 민물에 단단히 묶여 있었고, 레밍토노케투스과는 흙탕인 내만에 흔하다. 프로토케투스과의 화석은 흔히 맑고, 따뜻하고, 밝은 물을 암시하는 퇴적물에서 발견된다(〈그림 28〉)[32]. 그러한 바다는 다양한 생명 형태를 지닌 생태계를 부양하므로, 프로토케투스과는 아마도 이 계의 최상위 포식자였을 것이다. 프로토케투스과의 화석은 대부분 그렇게 해안에서 가깝지만 개방된 해양 환경에서 발견되어왔지만, 십중팔구 이들은 더 깊은 대양의 표면수에서도 살았을 것이다. 그러한 환경은 쉽게 화석화하지 않으므로, 그곳의 다양성에 관해서는 덜 알려져 있다. 프로토케투스과가 등장한 뒤 머지않아 대양에 고래목의 생명체가 바글거렸을 수도 있다.

　그렇지만, 프로토케투스과가 육지와 관계를 유지한 것도 분명하다. 프로토케투스과가 현대의 물범이나 바다사자와 유사하다면, 번식 관련 기능을 수행할 안정한 기반이 필요했을 수도 있다. 물론, 그러한 기능—짝짓기, 출산, 수유—은 쉽게 화석화하지 않는다. 일반적으로, 태아와 신생아는 뼈가 물러서 제대로 화석화하지 않는다. 에오세의 고래 마이아케투스—놀랍도록 훌륭한 표본—의 경우는 작은 고래가 더 큰 고래의 몸 안쪽에서 발견되었다. 작은 개체의 머리가 더 큰 개체의 꼬리를 바라보고 있어서, 이것이 어미의 몸 안에 든 태아로 해석되어왔다.[33] 그러나 작은 개체는 어미의 자궁이 있었던 위치가 아니라, 심장과 위장이 있던 위치에 있다. 현대 수염고래의 태아는 어미가 죽은 뒤 흉강에서, 즉 부패하면서 뱃속에 차는 가스가 죽은 태아를 앞쪽으로 밀어 태아가 횡격막을 뚫고 가슴까지 들어갔을 때 흔히 발견된다. 게다가 꼬마 고래의 골격은 불완전하다. 뒤쪽 절반이 통째로 빠져 있다. 어른 고래가 자유롭게 헤엄치는 작은 표본을 깨물어 죽여서 두 동강을 낸 다음에 한 부분을 삼켰을 수도 있을까? 작은 표본의 뼈들이 너무 불명확해서 이 둘이 같은 종인지조차 알아낼 수 없다. 이를 더 연구할 방법은 있다. 예컨대 태아의 몸은 생리적으로 어미 몸의 일부이므로, 만일 작은 표본의 동위원소 서명이 어른 표본의 것과 일치한다면 어미-태아 관계가 더 그럴듯해 보일 테지만, 그 작업은 아직 실행된 적이 없다.

프로토케투스과의 역사

최초의 프로토케투스과는 1904년에 이집트의 사막에서 발견되었다.[34] 그것이 발견된 자리는 이제 사라졌다. 카이로의 도시가 팽창해 그곳을 덮어버렸다. 그 표본은 머리뼈였다. 그것은 '고래 이전의 할아버지'를 가리키는 라틴어, 프로토케투스 아타부스*Protocetus atavus*라는 이름을 얻었다. 그리고 그 즉시 육상 포유류로 이어질 수도 있는 고리로 인식되어, 거의 한 세기 동안 사람들이 상상하는 조상 고래의 생김새를 규정했다. 하지만 그것은 머리뼈에 불과했으므로, 과학자들은 프로토케투스과가 실제로 현대의 고래들과 얼마나 다른지 깨닫지 못했다. 머리뼈는 아프리카에 묻혀 있던 4000만 년 이상의 세월을 견디고 살아남았지만, 독일 슈투트가르트 자연사박물관에 보관되어 있던 40년을 견디지 못하고 제2차 세계대전 때 폭격 도중에 파괴되었다.

프로토케투스과는 매혹적인 고래다. 행성 전역으로 흩어졌고, 많은 현대 고래가 아직도 사용하는 빠른 사냥전략을 채택했고, 종의 수에서도 형태에서도 전례 없는 수준의 다양성에 도달한 최초의 고래. 그렇기는 하지만, 이들은 내가 고래의 조상인 파키케투스과 이전의 생명체들이 어떻게 생겼는지 이해하는 데에 도움을 주지 못하고, 고래가 하마와 유연관계라는 수수께끼도 풀지 못한다. 그래서 나는 우제목—오래된, 그리고 기왕이면 고래목이 기원한 인도나 파키스탄 출신의 우제목—을 연구할 필요가 있다. 다시 한번, 나는 해양 암석에서 초점을 돌려 육생동물을 담고 있는 암석들을 파기 시작해야 한다는 사실과 맞닥뜨린다.

배아에서 진화까지

다리 달린 돌고래

2008년 6월 7일, 일본 도쿄. 현생 고래목 중에 몸에서 튀어나온 다리를 가지고 있는 고래목은 하나도 없다. 예외가 하나 있는데, 나는 그것, 즉 뒷다리가 달린 돌고래를 보기 위해 일본에 와 있다. 인터넷에서 그 동물의 사진을 본 적이 있다. 사진은 생식기가 숨어 있는 틈새 근처의 몸에서 빠져나와 있는 두 개의 삼각형 지느러미를 보여준다. 그 동물이 전 세계에서 큰 뉴스가 되자, 일본인 동료들이 그것을 보러 가면서 나를 데려가겠다고 제안했다.

돌고래의 생포는 논란거리다. 일본 국립과학박물관에서 고래를 연구하는 야마다 다다스山田格가 그 돌고래는 도쿄에서 약 300킬로미터 서쪽에 있는 와카야마和歌山 현 다이지초太地町의 돌고래 사냥꾼들에게 잡혔다고 알려준다.[1] 이 사냥꾼들은 시끄러운 소리로 돌고래 무리를 겁주어 좁은 만에 몰아넣은 다음, 명백히 식용으로 돌고래를 잡는 관습 탓에 악명이 높다. 이 돌고래 한 마리는 생김새가 달라서, 사냥꾼들이 산 채로 인근 해양공원에 가두어놓고 있다. 그들은 '고대에서 온', 뒷다리의 진화적 기원에 대한 참조물이라는 뜻으로, 그 돌고래를 하루카라고 부른다.*

워싱턴 D. C.에 있는 스미스소니언 협회의 해양 포유류 관리자인 짐 미드와 함께 도쿄의 사무실에 있는 야마다를 찾아간다. 이 선배 해부학자들은 두 양반 모두 해부학적 잡담을 즐긴다. 점심을 들면서 열정적으로, 고래목의 항문편도—그것이 어디에 있으며, 기능은 무엇인지—에 관한 시시콜콜한 토론에 돌입한다.

야마다와 함께 그 주제에 대해 모조리 이야기를 나눈 뒤, 짐이 내게 말한다. "과거 60년대에 나는 도쿄의 동쪽에 있는 지바千葉 현에서 일했어. 지바에 포경기지가 있어서, 거기 머물며 그들이 끌어올리는 부리고래, 베라르디우스Berardius를 연구하곤 했지."

베라르디우스란 매우 깊은 물에 사는 부리고래의 한 종을 가리키는 라틴어 이름이다. 이 고래는—마치 영화 속 돌고래 플리퍼를 대왕오징어와 교배한 괴물처럼—큰 눈을 가진, 거대하고 섬뜩한 놈이다.

우리는 과거에 일본에서 고래를 연구한 경험들에 관해 이야기한다. 일본은 거대한 포경국가인데, 포경은 국제포경위원회IWC라는 집단이 규제한다. 일본은 과학 연구를 위한 포경을 허용하는 IWC 규정의 허점을 이용해, 연구라는 이름으로 수천 마리의 고래를 죽인다. 하지만—일본인 과학자를 포함해—이 연구로 감동하는 과학자는 거의 없다.

어떤 국가든 IWC에 가입해 투표권을 가질 수 있다. 일본, 노르웨이, 아이슬란드와 같은 포경국가들이 오스트레일리아, 뉴질랜드처럼 고래를 보존하고자 하는 국가들과 정면으로 맞서므로, 회담은 흔히 공격적이다. 다리 넷달린 돌고래도 사냥 덕택에 이루어지는 과학적 연구의 일례이지만, 이는 매우 특이한 경우다. 우리는 그것에 어떻게 접근할지에 관해 이야기한다. 야

---

* 2006년 10월 28일에 포획된 이 돌고래는 2007년 12월 일반 공개를 앞두고 공모를 거쳐 '하루카'라는 애칭을 얻었다. 이 이름을 응모한 일반시민 일곱 명은 '머나먼遥か 옛날부터 미래까지를 느끼게 해주는 존재이므로' 등의 명명 이유를 밝혔는데, 돌고래가 일본어로 '이루카'라는 점을 떠올리면 더 재미있다.

마다는 앞서 나에게 전자우편을 보내, 다이지 고래박물관의 일본인 과학자들이 짐과 내가 짧은 발표를 통해 자신들이 그 동물과 함께 과학적으로 무슨 일을 할 수 있을지 설명해주었으면 한다고 전해주었다. 나는 흥분해서, 프랭크 피시에게 실험을 할 수 있을지도 모른다고 전화를 걸었다. 프랭크도 흥분했다. 이틀 뒤, 야마다에게서 모든 게 불발로 끝났다는 전갈을 받았다. 수족관을 운영하는 관리자들이 외부인이 나서는 것을 원하지 않는다고 했다. 발표도 없을 것이고, 우리는 마치 관광객처럼 특별한 접근권 없이 수조 안의 동물을 보는 것만 허용될 거라고. 이제 그에게 이유를 묻는다.

"그 사람들은 그 동물을 최대한 오래 살려두면서 새끼를 얻고 싶어해요. 수조 안에 넣어놓고 아무 짓도 하지 않기를 바랍니다."

나는 몸에 칼을 대거나 해를 끼치는 실험을 계획한 적이 없었다. 주로 촬영만 할 계획이었지만, 이것이 간단치 않음은 나도 이해할 수 있다.

"그 동물의 CT를 찍은 적은 있나요?" 내가 묻는다.

"아뇨. 정말로 손끝도 못 대게 합니다. 공개적으로 몰이사냥을 지지하는 사람들만 그 표본에 접근할 수 있도록 해주겠다고 분명히 밝혔어요."

그렇다면 나는 제외된다. 나는 지지하지 않으니까. "다른 과학자들이 접근할 수 있도록 우리가 도울 수 있는 방법은 없나요? 제 생각에 그들은 단지 일본인이 그 동물을 연구하기를 바라는 것 같은데."

"아닙니다. 외국인도 괜찮아요. 몰이사냥을 지지하기만 한다면 말이죠." 하루카를 연구하는 일은 정치적 행위가 되어버렸다.

우리 셋은 일본인 세 사람을 더 만난 뒤, 함께 다이지 마을이 있는 와카야마 현으로 날아간다. 우리 비행기가 유일한 비행기다. 가파른 절벽 안에서 침식되는 검은 암석을 깎아 만든 활주로가 너무 좁아, 비행기가—유도로誘導路를 위한 공간이 없어서—활주로를 타고 터미널로 이동한다. 터미널 건물 건너편 언덕의 중턱에 큰 고래가 새겨져 있고, 공항의 한 상점에서는 고래고기 통조림을 판다. 돌투성이의 꼬불꼬불한 해안을 따라 두 시간 동안 차를 타고 가는 길에는 고래 모양의 향로와 저금통을 파는 식당에 들른다. 나중에는 고래 꼬리지느러미 모양을 한, 두 갈래의 거대한 폭포를 지나간다.

그제야 이곳은 일본 포경 지역의 심장부라는 데에 생각이 미친다. 일본인들은 대부분 고래고기를 먹지 않고, 나는 전에도 일본에 여러 번 왔지만 한 번도 고래고기를 본 적이 없다. 그러나 정부가 고래고기의 소비를 권장하고, 이곳과 같은 일부 지역에서는 고래 및 돌고래 사냥이 지역 문화의 일부다. 이 사람들은 그것을 맹렬하게 사수한다.

다이지 해양공원

다음날 아침 우리는 해양공원으로 간다. 공원 바깥에 커다란 대왕고래의 골격이 세워져 있다. 흰 뼈들이 골짜기를 둘러싸는 검은 암석과 대비를 이루어, 목판화가가 당장 영원성을 부여해도 좋을 일본 특유의 이미지를 창출하고 있다. 학예사가 우리를 맞이하지만, 모든 대화가 일본어라 짐과 나는 따라 걸을 뿐이다. 다음엔—우리의 발표를 중단시킨 장본인이 분명한—공원장이 나온다. 그 역시 매우 공손한 태도로 우리를 수의사와 조련사에게 소개한다. 일본 특유의 의식으로 명함이 교환되고, 내 명함 더미가 낮아지는 동안 내가 받은 일본 사람들의 명함 더미가 점점 더 높아진다. 공원장의 명함에는 하루카의 사진이 있고, 나는 하루카가 그들에게는 중요한 명물임을 깨닫는다. 우리는 고래 두 마리가 그려진 큰 건물을 지나서, 절벽들 사이까지 도달하는 작은 만을 따라 걷는다. 내가 물을 바라보는 순간, 커다란 검은 지느러미가 물속에서 나타나더니, **휙 하는** 큰 소리가 뒤를 따른다. 나는 깜짝 놀라지만, 범고래 한 마리가 숨을 쉬러 올라왔음을 깨닫는다. 저토록 큰 동물이 어째서 이렇게 좁은 만에서 헤엄을 치고 있지? 나는 만을 훑어보고서야 만의 입구가 댐으로 막혀 있어서 사로잡힌 범고래를 위한 천연 수족관을 형성한다는 것을 깨닫는다. 더 멀리 나가니, 물속의 통들에 얹혀 떠 있는 사각형의 목재 구조물들이 있다. 구조물 안쪽에서 이따금 시커먼 뭔가가 잔물결을 일으킨다. 이것은 고래들을 넣어두는 가두리다. 세어 보니 최소한 여섯 개의 가두리가 있고, 어떤 가두리에는 동물이 여러 마리 들어 있다. 우리는 구불구불한 길을 따라, 큰 수조를 빙 둘러 지어진 둥근 콘크리트 건물까지 걸어간다. 문으로 걸어 들어간 순간, 나는 우리가 수족관 바닥의 거대한 플렉시글라스* 관 안에 들어와 있고, 병코돌고래 세 마리가 그 관의 꼭대기에 엎드려 있음을 깨닫는다. 한 마리는 하루카다(《그림 49》). 우리 모두 각자의 카메라를 들고 몰려든다. 돌고래들은 아랑곳하지 않는다. 두 녀석이 놀기 시작한다. 나머지 한 녀석은 가만히 있는데, 그 녀석이 하루카다. 하루카는 자신이 쇼의 스타임을 아는 듯, 사진 촬영에 응해 팬들을 기쁘게 해주고 싶어한다.

하루카는 정말로 뒤쪽에 조그만 지느러미발을 가지고 있다. 하나가 다른 하나보다 약간 더 크지만, 둘 다 앞 지느러미발의 축소판처럼 형태를 잘 갖추고 있다. 하나가 다른 하나보다 훨씬 더 헐렁하게 붙어 있다고 조련사가 말한다. 공원장, 수의사, 학예사들이 우리와 함께 있었는데, 그들이 우리더러 물러나라는 몸짓을 한다. "부탁합니다, 부탁합니다." 우리가 그들의 반감을 사서 우리더러 떠나라는 건가?

아니, 정반대다. 그들은 우리를 이끌고 건물의 지붕으로, 수족관의 꼭대기로 간다. 조련사들이 아이스박스를 들고 수조 안의 플랫폼으로 올라가자, 돌고래들이 즉시 모습을 드러낸다. 조련사들이 돌고래들에게 물고기를 먹인다. 한 조련사가 몸짓을 하자, 하루카가 몸을 뒤집으며 배를 드러낸다. 조련사가 지느러미발 밑으로 살그머니 손을 넣고, 우리는 사진과 동영상을 찍는다. 사로잡은 모든 돌고래에게는 배를 위로 하는 법을 가르쳐서 조련사나 수의사가 생식기와 항문 부위를 살펴보고 직장直腸을 통해 체온을 잴 수 있

---

* 특수 아크릴 수지.

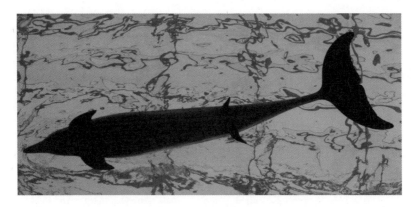

그림 49 뒤에 작은 지느러미발을 가진 돌고래 하루카를 밑에서 본 모습. 뒤쪽의 지느러미발은 녀석의 뒷다리다. 정상적인 돌고래에게는 뒤쪽 지느러미발이 없다. 이 개체에서는 그 구조가 선천성 이상으로 발생했다.

게 한다. 돌고래는 2~3분 동안 그대로 있다가, 또 한 번 신호를 받자 비로소 몸을 뒤집은 뒤 큰소리로 콧김을 뿜는다. 누워 있을 때에는 숨을 쉴 수 없다. 하루카는 또 한 번 물고기를 받고, 지시에 따라 한 번 더 몸을 뒤집는다. 카메라들이 다시 찰칵거리며 하루카가 주인공인 영화들을 찍는다. 나는 한 시간이 지나서야 시간이 그렇게 흘렀음을 깨닫는다.

팔다리 벗어던지기

하루카는 뒷다리를 달고 태어난 최초의 현대 고래목이 아니다. 그러한 구조를 가진 고래와 돌고래에 대한 보고는 여섯 건 이상이 나와 있고,[2] 크기도 러시아 향고래의 배에 붙은 작은 혹에서부터 1919년에 캐나다 밴쿠버 섬 근처에서 붙잡힌 혹등고래에게 있던 120센티미터 길이의 부속지까지 다양하다.[3] 하지만 다른 모두와 달리, 하루카는 살아 있다.[4] 하루카는 우리에게 뒷다리가 헤엄에 어떤 영향을 미치는지, 그리고 무엇보다 고래가 왜 뒷다리를 잃었는지를 가르쳐줄 수 있을지도 모른다.

하루카가 다른 이유를 이해하려면, 다른 포유류에서는 사지가 어떻게 발생하는지를 이해할 필요가 있다. 사지발생학은 어류에서 조류를 거쳐 포유류까지, 척추동물 전역에서 비교적 비슷하다. 발생 초기의 배아는 머리, 등을 따라 늘어선 마디들, 꼬리를 가지고 있지만 사지는 없는 벌레와 흡사하다. 인간의 배아도 이처럼 생겼지만 수정 후 4주째에, 배아가 아직 콩알보다 작을 때, 가슴 부위에서 작은 혹 두 개가 자란다. 넷째 주 후반에는 꼬리의 기부에 작은 혹 두 개가 나타난다. 사지싹은 모든 척추동물에서 이런 식으로 형성되지만, 차이점도 많다. 시기가 그중 하나다. 예컨대 생쥐에서는 사지싹이 훨씬 더 일찍, 약 열흘째에 형성된다. 임신 기간이 서로 다른 종들의 배아를 더 쉽게 비교하기 위해, 발생학자들은 발생 시기를 이른바 카네기 발생기로 분할했다. 포유류의 대부분에서 사지싹은 카네기 발생 13기에서 형성되기 시작한다.[15]

사지싹은 두 가지 세포로 구성되어 있다. 바깥쪽은 도로를 포장하듯 배아를 덮는 한 층의 납작한 세포들로 덮여 있다. 이를 상피세포라 한다. 안쪽에서는 싹 전체가 중간엽을 구성하는 미분화한 세포들로 채워져 있다. 사지싹 위쪽의 상피세포는 꼭대기외배엽능선, 또는 AER이라 불리는 능선을 형성한다. 사지싹이 자라면 싹 안쪽에서 세포 뭉치들이 응집해, 나중에 뼈로 변하는 연골 막대를 형성한다. 어깨와 팔꿈치 사이에—나중에 위팔뼈가 되는—그러한 막대 하나가 형성된다. 팔꿈치와 손목 사이에는 두 개의 막대, 즉 아래팔뼈인 노뼈와 자뼈가 형성된다. 손 안에서는 손가락의 전구체인 다섯 개의 구별되는 연골 막대들이 형태를 갖춘다. 포유류의 대부분에서, 대충 같은 막대들이 아래쪽 사지싹에서도 형성되어 다리와 발가락의 뼈들을 만든다. 연골 막대가 형성되고 나면, 근육을 형성할 세포들이 몸에서, 발생 중인 사지 속으로 이동한다. 처음에는 손 안의 손가락도, 발 안의 발가락도 뚜렷하게 분리되어 있지 않다. 연골 막대들이 납작한 조직 덩이에 심겨 있고, 손과 발은 엄지조차 없는 벙어리장갑처럼 보인다. 손과 발이 발달하면서 손가락과 발가락 사이의 조직들이 얇아지다 마침내 사라지고 독립적으로 움직이는 다섯 개의 손가락과 발가락이 된다.

이 모두를 조절하는 유전자는 꽤 잘 알려져 있다(《그림 50》). 처음에 AER(꼭대기외배엽능선)에서 FGF8이라는 단백질을 생산하면,[6] FGF8이 그 밑의 중간엽으로 새어 들어간다. 다른 영역과 교신하는 데에 쓰이는 단백질을 생산하는 이와 같은 영역을 신호전달 중추라 한다. 사지싹 뒤쪽에 있는 일군의 중간엽 세포들도 일종의 신호전달 중추인 극성화구역ZPA이 된다. ZPA가 이제 (비디오 게임 주인공의 이름을 딴) 소닉헤지호그, 보통 줄여서 SHH로 부르는 단백질을 생산하기 시작한다. SHH는 그 주위 조직으로 확산해 들어가며, AER이 이 단계에서 계속 살아서 작동하도록 하는 데에 필수적인 역할을 맡는다. AER 바로 밑의 중간엽 세포들이 분열하면 사지싹이 점점 더 길어지면서 연골 막대가 형성되고, 이것이 사지를 여러 마디로, 다시 말해 앞다리에서는 어깨에서 팔꿈치, 팔꿈치에서 손목, 손으로, 뒷다리에서는 엉덩이에서 무릎, 무릎에서 발목, 발로 나눈다.[7]

ZPA는 일찍부터 AER과 힘을 합쳐 사지싹의 성장을 완성하는 역할을 한다. ZPA는 발생 과정에서 나중에, 손가락과 발가락이 형성되는 동안에 다시 한몫을 한다. ZPA가 생산한 SHH는 주위의 중간엽으로 스며드는데, ZPA는 손의 새끼손가락(새끼발가락) 쪽(뒤쪽)에 위치하기 때문에, SHH는 엄지손가락(엄지발가락)을 향해 가는 동안 농도가 떨어진다. 성장이 계속되는 동안, 엄지 쪽으로 더 멀리 떨어진 세포일수록 더 낮은 농도의 SHH에 더 짧은 기간 동안 노출될 것이다. 이것이 서로 다른 손가락과 발가락을 만드는 신호다. 다시 말해, 집게손가락은 낮은 농도의 SHH에 잠깐 동안만 노출되고, 새끼손가락은 더 높은 농도의 SHH에 더 오래 노출되며, 나머지 손가락은 그 중간 조건에 노출된다.[8] 이것이 손가락과 발가락의 특정한 모양을 통제한다.

많은 포유류에서는 앞다리와 뒷다리가 같은 경로를 따르지만, 고래목에서는 그렇지 않다. 앞다리에서는[9] 발생이 처음에는 대부분의 다른 포유류에

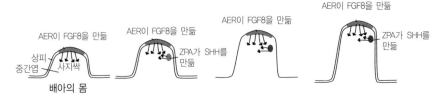

그림 50 척추동물의 사지 발생도. 앞다리와 뒷다리는 처음에는 체벽에서 튀어나오는 작은 사지싹(왼쪽 그림)으로 형성된다. 시간이 가면(그림이 오른쪽으로 갈수록) 사지싹이 자랄 것이고, 결국은 그 안에서 골격이 형성될 것이다. AER은 꼭대기외배엽능선, FGF8은 섬유모세포성장인자8(일종의 단백질), ZPA는 극성화구역, SHH는 소닉헤지호그(다른 종류의 단백질)다.

서처럼 진행되다가, 손가락들을 연결하는 무른 조직이 사라지지 않아 손가락들을 별개로 만드는 데에 실패한다. 뿐만 아니라, 다른 많은 포유류와 달리 고래목은 많은 종이 손가락 하나당 손가락뼈(발가락 하나당 발가락뼈)를 세 개 이상 형성한다(〈그림 12〉). 이 모두가 매끄러운 비대칭의 지느러미발, 즉 물을 가르고 방향을 조종하는 데에 쓰이는 날을 만든다.

고래목의 뒷다리가 따르는 경로는 앞다리의 경로와 전혀 다르다. 현생 고래목에서는 발생이 잘못되었을 경우—하루카와 같은 동물에서—만 뒷다리가 겉으로 나타나지만, 모든 현생 고래목이(아마 화석 고래목도) 배아기에는 뒷다리싹을 가지고 있었다(〈그림 51〉). 그러한 싹들이 형성되지만, 발생 경로가 단축되면서 결국은 출생하기 오래전에 사라진다. 그래서 생식기에 붙은 안쪽의 구조 일부만 남는다(〈그림 14〉).

뒷다리싹은 고래목의 배아에서 오래전에 발견되었는데, 그 이야기에는 오늘날의 우리를 위한 교훈이 담겨 있다. 다윈은 『종의 기원』에서 발생학이 진화에 기여한 바를 중시하지 않았지만, 유럽 본토의 발생학자들은 진화에 관한 다윈의 발상들을 열광적으로 받아들였다. 그럼으로써 이전에는 설명할 수 없었던 배아의 특징들을 해석할 수 있었기 때문이다. 독일의 발생학자 빌리 퀴켄탈은 다윈의 책이 나온 지 30년 뒤인 1893년에, 쇠돌고래 배아의 배 아래쪽에 난 혹 두 개를 뒷다리싹으로 해석했다. 퀴켄탈의 발표[10]는 그보

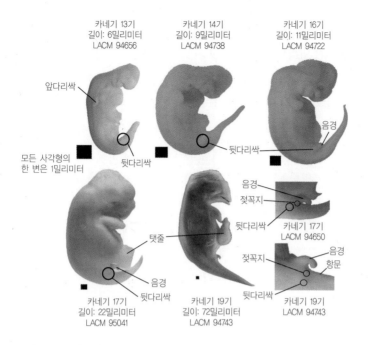

카네기 13기
길이: 6밀리미터
LACM 94656

카네기 14기
길이: 9밀리미터
LACM 94738

카네기 16기
길이: 11밀리미터
LACM 94722

앞다리싹

음경

모든 사각형의
한 변은 1밀리미터

뒷다리싹

뒷다리싹

음경
젖꼭지

뒷다리싹   카네기 17기
            LACM 94650

음경
항문

젖꼭지

탯줄

음경

뒷다리싹   카네기 19기
            LACM 94743

카네기 17기
길이: 22밀리미터
LACM 95041

뒷다리싹

카네기 19기
길이: 72밀리미터
LACM 94743

그림 51 다양한 발생 단계에 있고 축척은 같지 않은(검은 네모들은 모든 표본에서 한 변이 1밀리미터) 돌고래(점박이돌고래의 배아들. 이 사진들은 앞다리싹이 커지면서 지느러미발로 발달해가는 과정을 보여준다. 뒷다리싹이 커지다가(첫 번째와 두 번째 사진) 뒤이어 줄어들어서 사라지는 과정도 보여준다. 돌고래의 젖꼭지는 생식기 옆에 있고, 오른쪽 아래의 두 사진에서 볼 수 있다. 배아의 단계들은 카네기 발생기로 일컬어진다. 배아는 급속히 자라기 때문에, 배아의 길이(CRL, 머리엉덩길이(crown-rump length))는 일령의 훌륭한 지표다.

다 2~3년 앞서 어느 강연에서 출생 전의 고래목에게 있는 뒷다리싹에 관해 이야기했던 그의 노르웨이인 동료 구스타브 굴베르그에게는 너무도 원통한 일이었다. 그러나 굴베르그의 싹은 퀴켄탈의 싹과 같은 자리에 있지 않았고, 발생 시기도 달랐다. 학계의 탄탄대로에서 멀리 떨어진 베르겐의 작은 연구소에서 일하던 굴베르그는 자신이 발견한 내용을 공식적으로 발표하는 데에 실패했었다. 그는 예나에 있는 유명한 대학 출신의 교수에게 자기 몫을 가로채였다고 느꼈지만, 예의를 지키며 이렇게 말했다. "따라서 나는 다소 놀랐다. … 그 연구결과에서… 내 친구 퀴켄탈 교수는… 자신이 25밀리미터 길이의 쇠돌고래 배아에서 보여준 게 발생 초기 단계의 뒷다리라고 믿는 듯하다." 굴베르그는 퀴켄탈의 혹들이 뒷다리싹이라고 하기에는 몸에서 너무 멀리 앞쪽에 붙어 있다면서, 대신에 추가로 7, 17, 18밀리미터의 쇠돌고래 배아에서 더 이른 발생 단계를 입증하는 싹들을 기재했다.[11] 퀴켄탈은 "굴 베르그가 뒷다리싹이 17 및 18밀리미터 배아에 있는 두 돌출물이라 여긴다 는 것을 읽는 순간, 걱정스러운 의구심이 일었다"[12]라고 쓰면서, 굴베르그 의 싹을 사지가 아닌 포유류 분비샘의 전조로 일축했다.

이것은 겉보기만큼 바보 같은 혼동이 아니다. 초기 배아에서 싹트고 있 는 뒷다리와 젖샘은 그다지 다르지 않다. 둘 다 중간엽으로 채워져 있고 상 피세포로 덮여 있으며, 상피세포의 한 조각이 두꺼워져 조그맣게 부어올라 시작된다. 뿐만 아니라, 현대 고래목의 젖꼭지는 실제로 생식기의 양 옆, 다 리가 있을 만한 곳 가까이에 있다. 두더지나 다람쥐 같은 육상 포유류는 사 타구니에 젖꼭지가 있고, 이러한 젖꼭지는 배아의 생식기와 뒷다리 사이에 서 낮게 부풀어올라 형성된다.[13] 그러나 젖꼭지는 사지싹보다 한참 뒤에 형 성되기 시작한다. 인간의 젖꼭지는 발생 7주째, 카네기 17기 동안에 형성 된다.

굴베르그는 이번에는 철저한 기술을 통해 반격을 폈다.[14] 더 많은 배아 를 구할 수 있기를 바랐지만 그렇게 되지 않았으므로, 그는 이미 가지고 있 는 것을 다시 연구하는 수밖에 없었다. "퀴켄탈 교수의 짧은 논문이 내 연 구결과에 어두운 그림자를 드리웠는지도 모르지만… 자세한 재연구는 모든 방향에서 내my'(굴베르그가 이탤릭체를 썼다) 발견을 확증했다." 여기서 대화 가 중단되었다가, 마침내 역시 노르웨이 사람인 마르가 안데르센이 20여 년 뒤 굴베르그의 해석을 입증했다.[15] 그녀는 쇠돌고래 발생의 훨씬 더 넓은 범 위를 망라하는 더 많은 배아를 채집해 연구했다. 그리고 바깥쪽 부기, 즉 뒷 다리싹이 먼저 발생해서 결국 사라지는 반면, 안쪽 부기는 나중에 발생하기 시작해 결국 젖샘이 된다는 것을 의심할 여지 없이 입증했다.

더 폭넓은 교훈은 이 옛날의 발생학자들이 자료 부족으로 방해를 받았다는 것이다. 그들에게는 배아가 두세 개밖에 없었다. 그들에게 필요한 것은 개체발생의 연속물, 즉 길이가 2~3밀리미터밖에 안 되는 단계부터 이미 성체의 축소판처럼 생긴 단계(고래목에서는 이 단계가 생쥐의 크기다)까지, 한 종의 모든 발달 단계를 망라하는 배아들이었다. 그런데 굴베르그와 퀴켄탈, 두 사람의 채집물에는 결정적 배아인 7밀리미터와 17밀리미터 사이의 배아들이 빠져 있었던 것이다.

진화 과정에서 뒷다리를 잃는다는 것을 아는 상태에서 뒷다리의 발생학과 그것을 조절하는 유전자에 관해 읽고 있으니, 마음이 들뜬다. 여기에는 진화를 더 깊은 수준에서 이해할 수 있는 진정한 힘이 숨어 있다. 보아하니, 다른 포유류에서 뒷다리를 만드는 유전적 프로그램이 고래목에서도 아직까지 작동한다. 발생 초기에는 통상적으로 출발하지만, 그런 다음 2~3주 뒤에 서서히 멈출 뿐이다. 거기에 현대 고래목들 사이의 엄청난 차이를 더해보라. 돌고래는 뒷다리 부근에 뼈가 골반 하나밖에 없는 반면, 북극고래와 같은 다른 고래들(《컬러도판 6》)은 골반, 넙다리뼈, 정강이뼈 모두가 안쪽에 심겨 있다. 이는 발생 프로그램이 고래마다 다른 시기에 꺼짐을 시사한다. 사지 발생의 유전학에 관한 그토록 많은 정보와 전이를 입증하는 극적인 화석들을 가지고, 사지 유전자들 중 어떤 것이 발생 중에 바뀌었으며 그 진화적 변화가 고래목의 역사에서 언제 일어났는지를 알아낼 수 있다면 굉장할 것이다. 하지만 고래목 배아들의 개체발생적 연속물을 어떻게 구하지?

나에게 길을 알려주는 사람은 캘리포니아 라호이아에 있는 국립해양대기청의 과학자 빌 페린이다. 빌은 과거 1980년대에, 참치 어업에서 얼마나 많은 고래들이 죽는가에 대해 경종을 울리기 시작한 사람이었다. 그는 마침내 세상을 돌고래에게 더 안전한 곳으로 만든 운동을 주도했다. 그 과정에서 과학자들이 참치잡이 그물에 걸려 익사하고 만 수많은 돌고래에게 접근해, 새끼를 밴 돌고래의 배아들을 채집했다. 배아들은 결국 로스앤젤레스 자연사박물관의 고래 과학자 존 헤이닝에게로 왔다. 내가 연락하자 그가 돌고래의 뒷다리를 형성하는 유전자에 관한 내 궁금증에 즉시 흥미를 보여서, 우리는 몇몇 돌고래 종의 개체발생적 연속물 전체가 작은 알코올 병들에 보관되어 있는 박물관의 수장고로 간다. 우리에게 필요한 바로 그 재료다.

발생에서 어떤 단백질이 어떤 시점에 활동하는지를 연구하기 위해, 우리는 모든 단계의 배아를 아주 얇게 저민 뒤 거기서 사지를 만드는 데에 관련되는 특정 단백질을 찾는다. 콩알 크기의 배아에서 7마이크로미터 두께의 절편이 1000개쯤 나온다. 그 절편들을 유리 슬라이드에 얹으면 워낙 얇아서 빛이 통과하므로, 현미경으로 연구할 수 있다(《그림 52》). 이제 기관들을 쉽게 알아볼 수 있어서, 사지싹과 그것의 AER을 연구할 수 있다. 배아가 만든 단백질, 예컨대 FGF8이, 그것이 처음에 들어 있던 기관에 심긴 채로 지금은 유리 슬라이드에 꽂혀 있다. 다음엔 또 다른 단백질, 즉 FGF8 단백질을 찾아내 오직 그 단백질에만 결합하도록 설계된 항체로 절편을 적신다. 특수 염료를 항체와 결합시켜, 이 FGF8-항체 복합체가 자리잡은 영역들을 밤빛으로 드러낸다. 다른 염료들을 써서 조직을 자주, 분홍, 파랑, 빨강으로 염색하면, 마침내 아주 작은 배아 절편이 찬란하고 정보로 가득한 표현주의 그림처럼 보인다.

돌고래 배아를 연구하면서, 우리는 앞다리싹과 뒷다리싹 둘 다의 AER에서 FGF8을 찾아낸다. 이는 물론 예상한 결과다. 다음으로 SHH에 결합하는 항체를 사용하자, 항체가 앞다리에는 ZPA가 있지만 뒷다리에는 SHH를 생산하는 ZPA가 없음을 가리킨다. 따라서 뒷다리에서 SHH는 사지를 만드는 데에 필요한 유전자들의 사슬 중 끊어진 고리다. 우리는 AER이 처음에는 앞다리와 뒷다리 모두에 있었고 기능도 했지만, 돌고래의 뒷다리에서는 SHH를 생산하는 ZPA가 없는 결과로, 성숙하기 전에 죽는다고 결론 짓는다.[16]

돌고래 배아에서 관찰한 그 결과는 현생 고래마다 사지뼈가 다른 이유를 설명하는 데에 도움이 된다. 돌고래에게는 골반이 남아 있지만, 뒷다리뼈는

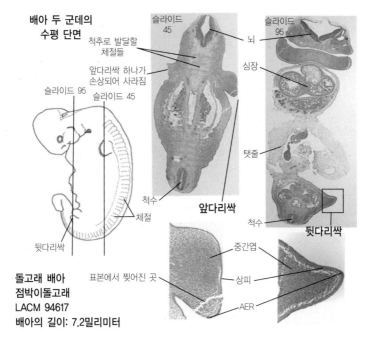

배아 두 군데의
수평 단면

척추로 발달할
체절들

앞다리싹 하나가
손상되어 사라짐

슬라이드 95   슬라이드 45

슬라이드
45

슬라이드
95

뇌

심장

탯줄

척수

체절

뒷다리싹

앞다리싹

척수

뒷다리싹

중간엽

표본에서 찢어진 곳

상피

AER

돌고래 배아
점박이돌고래
LACM 94617
배아의 길이: 7.2밀리미터

그림 52 뒷다리싹이 가장 큰 단계의 돌고래 배아. 배아를 가로지르는 선들은 이 표본에서 (오른쪽에 보이는) 절편들을 취한 영역을 표시한다. 이 절편들이 현미경 슬라이드에 고정된다. 그러한 절편 두 장이 뒷다리싹의 단면을 보여주는 확대된 영역과 함께 보인다. 발생이 진행되면, 뒷다리싹은 퇴화하다가 사라질 것이다.

남아 있지 않다(《그림 53》). 이는 뒷다리싹에 SHH가 전혀 없는 결과로 AER이 일찍 죽는다는 것을 암시한다. 그러나 북극고래에게는 언제나 넙다리뼈, 그리고 정강이뼈에 해당하는 연골 또는 뼈의 조각이 있고, 심지어 발의 일부(《그림 14》)가 있을 때도 있다. 이는 AER의 더 긴 수명으로 설명할 수 있을 것이다. ZPA가 더 오래 존재하면 AER도 계속 살아갈 것이다. 물론, 이 발상을 입증하려면 북극고래의 배아들이 필요할 것이다.

만일 SHH가 고래의 진화 과정에서 변하는 단백질이라면, 화석 고래의 뒷다리 모양을 이해하는 데에도 도움이 될지 모른다. 제2장에서 나왔던, 조그만 뒷다리에 아직도 넙다리뼈, 정강이뼈, 종아리뼈에 더해 발가락뼈가 두 개씩 달린 발가락 세 개가 붙어 있던 바실로사우루스가 떠오른다. 그래서 그

투명염색한 두 돌고래 태아
(점박이돌고래)

LACM 94671

1cm

분수공

골반

분수공

확대한
지느러미발

엉치뼈

LACM 94310

좌우 골반

그림 53 투명염색한 돌고래(점박이돌고래)의 태아. 작은 개체일수록 뼈가 적다는 데에 유의하라. 지느러미발의 사진은 이 태아가 태어나기 오래전에 아주 작을 때도 벌써 손의 모든 뼈가 존재함을 보여준다. 기법에 대한 설명은 〈컬러도판 6〉을 참조하라.

발 모양에 SHH가 어떻게 기여할 수 있느냐고? 우리가 보았듯이, SHH는 중간엽이 손가락과 발가락을 형성하도록 지시하는 데에 도움을 준다. 발가락이 세 개인 바실로사우루스의 발은 마이크 샤피로라는 발생생물학자가 연구한, 스킨크라 불리는 도마뱀들을 상기시킨다.[17] 스킨크의 일부 종에서는 발가락의 수가 개체마다 달라서, 둘도, 셋도, 넷도 될 수 있다. 마이크는 배아의 손발이 SHH에 더 오래 또는 더 짙게 노출될수록 손발가락이 더 많이 형성됨을 알아냈다. 그렇게 해서 우리는 SHH가 돌고래의 독특한 뒷다리에서 한몫을 한다는 것도 알고, SHH가 없으면 실험을 통해 생쥐에서, 자연에서는 스킨크에서 발가락이 사라진다는 것도 안다. 종합하면, 이 모두는 4000만 년도 더 전에 바실로사우루스의 발가락이 줄어든 원인이 발에서 일어난 SHH의 감소였음을, 그 감소가 후대의 고래들에서 뒷다리 요소가 모두 사라질 전조였음을 시사한다. 유전자, 배아, 화석에서 나오는 데이터가 여기서 서로를 멋지게 보완하여 고래목 뒷다리의 진화 패턴과 현대의 생김새를 설명할 수 있는 것이다.

홍미롭게도, 에오세 고래의 진화 기간 중 바실로사우루스 이전의 고래들은 사지의 다양한 부분의 모양이 고래마다 엄청나게 달랐다. 제4장에서는 그 차이를 기능과 연관시켰다. 그러나 모양과 기능은 서로 다를지언정, 이동에서 뒷다리의 기능이 사라지는 바로 그 순간에도, 에오세의 고래는 언제나 넙다리뼈, 정강이뼈·종아리뼈, 발을 보유하고 있다. 그러므로 뒷다리의 기능은 SHH 작용의 변화 없이 일찍부터 축소되었던 것이다. 이는 사지 발생에서 일어난 매우 근본적인 변화들이 마침내 현대 종에서 뒷다리를 아무것도 아닌 것으로 축소시키긴 했지만, 다양한 이동행동과 관련된 중요한 기능적 변화들의 원동력은 아니었음을 사실상 암시한다(〈그림 54〉).

어떤 발생생물학자들은 배아에서 매우 초기에 일어나는 사소한 유전적 변화들이 진화의 원동력이라 믿는다. 이 믿음은 그러한 변화의 결과로 개체를 매우 근본적으로 개조할 기회가 생긴다는 이해를 토대로 한다. 그러나 고래의 뒷다리 진화의 경우에 개체발생 초기의 발생적 변화가 일어난 시점은 뒷다리가 이동기관의 기능을 잃기 시작하고서도 한참이 지난 다음이었다.

실험과 자연에서 얻은 SHH에 관한 이 모든 지식을 고려하면, 다이지의 돌고래 하루카에게는 무슨 일이 일어난 것인지 궁금해진다. 하루카는 육상 포유류에게 정상적으로 존재하는 뼈들인 넙다리뼈, 정강이뼈, 종아리뼈와 발목뼈의 일부를 가지고 있는 것으로 보인다. 발가락이 두세 개 있고, 발가락 하나에 뼈 여러 개를 가지고 있다. 패턴이 대략 바실로사우루스 및 스킨크와 비슷하다는 사실이, 하루카가 배아였을 때 SHH가 발현되는 시기와 자리에 영향을 미치는 어떤 돌연변이가 일어나 뒷다리를 만들어내는 데에 도움을 주었음을 시사한다.[18]

하루카는 또한 다른 포유류에서 뒷다리를 만드는 발생 과정이 고래목의 유전체 안에 아직까지 갇혀 있음을, 그것이 정상 개체에서는 꺼져 있을 뿐임을 상기시킨다. 아마도 하루카의 AER은 뒤쪽에 작은 지느러미발을 만들기에 충분할 만큼 오래 살아 있었을 것이다. 이 동물의 DNA 서열을 분석해 다른 돌고래들의 것과 비교할 수 있다면 굉장할 것이다. SHH 단백질은 너무도 많은 과정에 연관되므로, 정상 돌고래들과 하루카의 SHH 뉴클레오티

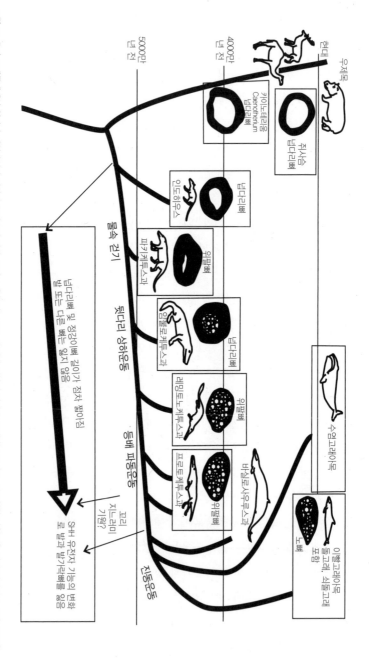

그림 54 초기 고래들에게서 일어난 헤엄방식의 진화와 꼬리뼈의 변화, 그리고 추론되는 SHH 유전자 기능의 변화를 요약하는 분기도, 불규칙한 타원들은 뼈의 단면이고, 검은 부분은 치밀한 겉질뼈, 구멍이 송송 뚫린 부분은 해면뼈, 하얀색은 골수강을 가리킨다.

드 서열이 다를 것 같지는 않다. 거기서 일어난 돌연변이는 아마도 배아에서 치명적인 기형을 유발할 것이다. 뒷다리에서 SHH 유전자를 켜고 끄는 데에 관여하는 어떤 유전자가 달라서, SHH가 발현되는 시기에 차이가 생겼을 가능성이 더 높다. 그러한 유전자를 조절유전자라 한다.

우리가 하루카 유전체의 전체 서열을 분석할 수 있더라도 다른 병코돌고래들과의 차이는 수천 가지나 있을 테고, 차이의 대부분은 뒷다리의 발생과 무관할 것이다. 그러나 실제로 뒷다리싹의 성장을 지속시킨 차이들도 거기에 있을 것이다. 그리고 그러한 조절유전자에는 고래목 진화의 지문들이 찍혀 있을 것이다. 같은 조절유전자들이 돌고래 해부구조의 다른 부분에도 영향을 미칠 것이므로, 동일한 유전자들이 에오세 고래목의 해부구조의 다른 부분들을 형성하는 데에 관여하여, 고래목에서 진화 중이던 여러 특징들이 독립적으로 유전되지 않도록 했을 수도 있다. 하루카에 관해 생각하는 동안 이런 생각들이 머리를 스친다. DNA 서열을 분석하는 과학기술이 더 저렴하고 더 빨라지면, 병코돌고래들의 유전자 서열을 분석해 이들의 차이점이 무엇인지 알아내는 일은 그리 어렵지 않을 게 틀림없다. 그리고 우리가 발생에 관해 더 많이 알게 되면, 그것을 화석증거와 합치는 순간 정말로 설득력 있는 이야기가 만들어질 것이다. 물론 하루카에게서 채취한 DNA에 접근할 권리가 필요할 것이다. 그리고 그것을, 나는 가지고 있지 않다.

다이지의 고래잡이

다이지로 돌아와서. 우리의 하루카 방문이 끝난다. 본관에서 박물관장이 기념품점으로 가더니 우리 각자에게 하루카 모양의 넥타이핀을 가져다준다. 수족관의 포스터는 하루카를 수족관의 주된 명물로 부각시킨다. 일련의 화석 고래—파키케투스, 암불로케투스, 로도케투스, 바실로사우루스—의 윤곽선이 포스터의 맨 아래를 장식한다. 나는 일본어를 읽을 수 없지만, 내가 너무도 잘 아는 고래들이 이 인적이 드문 아주 작은 마을까지 와 있고, 이 곳에서는 모든 사람이 고래의 진화에 관심을 가진다는 사실이 나를 흥분시킨다. 학예사가 우리를 데리고―고래고기가 나오는―점심을 먹으러 나가서 우리에게 다이지의 경치를 보여준다. 수족관으로 이송될 돌고래들을 가둬두는 곳, 그리고 다른 돌고래들이 죽임을 당하는 작은 만이 보인다. 어부들이 긴 칼로 그 동물들을 찔러 죽이는 동영상이 떠오른다. 슬프고 화가 치민다.

해양공원의 박물관에 있던 다이지의 역사에 관한 전시물을 회상한다. 다이지는 척박한 바위투성이 해안의 작은 마을이었다. 작물을 키울 평지라고는 없고, 과거에 이 마을과 다른 마을은 느린 꼬부랑길로만 이어져 있었다. 암초가 너무 많아 화물선이 접근할 수 없었기 때문에, 연안 무역도 불가능했다. 작은 배를 타고 해물을 잡으러 나가는 것이 사람들이 할 수 있는 전부였다. 고래나 돌고래 포획은 처음에는 운에 달려 있었지만, 1600년 무렵에는 고래잡이가 일종의 산업이 되었다. 높은 지점에 사람들이 망을 보러 올라가 있다가, 깃발을 써서 이미 대양에 나가 기다리고 있는 나무배에 신호를 보내 고래를 즉시 추격할 수 있도록 했다. 약 여덟 명이 노를 젓는 배가 커다란 고래를 뒤쫓으면서 그물 안으로 몰아 고래의 속도를 떨어뜨렸다. 고래가 충분히 가까워지면, 작살을 든 사냥꾼이 뱃고물에 서서 무기를 던지곤 했다. 이것이 주된 사업이었으니 배 스무 척쯤은 쉽게 끌어들였을지도 모른다. 우리는 근처 언덕에 올라, 1874년의 고래잡이 재난을 되새기는 기념비를 방문한다. 마을은 굶주리고 있었는데, 고래 한 마리가 눈에 띄었다. 그 고래에게는 새끼가 있었고, 고래잡이들도 평소에는 새끼가 딸린 어미를 뒤쫓지 않았다. 사람들을 먹일 수 있도록 고래를 잡자고 밀어붙이는 쪽과 그냥 놓아주자고 주장하는 쪽으로 파가 나뉘면서, 사냥꾼들의 감정이 격해졌다. 폭풍이 다가오고 있었다. 주린 배를 채우자는 주장이 이겼고, 조그만 나무배들이 바다로 나갔다. 폭풍이 사냥꾼들을 조여왔다. 그 뒤로 며칠에 걸쳐서 젊은 남자들, 늙은 남자들, 소년들의 시체가 바닷가로 떠밀려 왔다. 111명이 살아 돌아오지 못했다.

나들이에서 돌아온 후에, 나는 도쿄에서 우리가 돌고래에서 뒷다리의 발생을 연구해 알아낸 결과들을 발표한다. 아직 시차에 적응되지 않아, 새벽 3시인데 잠들지 못하고 프로그램을 훑어본다. 내 강연 뒤에는 일본에서 포경을 관할하는 정부기관인 고래연구소의 소장 오스미 세이지大隅淸治의 강연이 있을 것이다. 그의 연구소는 외부 세계에 대한 일본 포경산업의 얼굴이다. 일본의 포경산업에서는 그들이 연구를 위해 고래를 잡는다고 주장한다. 이른바 '과학적 포경', 아무도 속지 않는, 일본의 상업적 고래고기 산업을 위한 다소 가소로운 은폐 공작이다. 오스미와 그의 동료들은 고래 보존을 주장하는 세계에서는 기모노를 입은 악마로 여겨진다. 오스미의 강연은 '지느러미 모양의 뒷부속지를 가진 병코돌고래'라고 한다. 그가 아마도 내 발표를 볼 거라고 생각한다.

나는 하루카를 연구하고 싶지만, 몰이사냥에는 찬성할 수 없다. 한편, 사냥에 동의하는 게 조건이라는 얘기는 전해 들은 것이다. 내가 만일 사냥 도중에 붙잡힌 하루카에 관해 연구한다면, 그 자체가 사냥에 찬성한다는 의미를 함축할까?

내가 찍은 하루카의 사진들 중 몇 장을 발표자료에 추가하면서, 꼬리표를 달아 그것을 어디에서 찍었는지 분명히 밝힌다. 무엇이 이 개체에서 이 특정한 이상을 일으켰을지 언급할 준비도 한다. 나는 발생 도중에 SHH가 다른 고래목에서보다 늦게 꺼졌을 것으로 추정하고 있다.

오스미가 내 뒤에 이야기한다. 그는 검버섯이 핀 피부에 작은 눈을 가진, 일흔은 훌쩍 넘었을 듯싶은 노인이다. 그 세대의 일본인은 격식을 차리므로 그는 잿빛 양복 웃옷을 걸치고 있는 반면, 컨퍼런스의 참석자 대부분은 첫날 이후 웃옷을 벗고 있었다. 그가 2006년 10월 28일에 붙잡힌 돌고래 떼를 거론한다. 일부는 작은 만으로 모는 사이에 도망쳤지만, 돌고래 118마리가 붙잡혔다. 이 가운데 열 마리가 돌고래 쇼와 수족관용으로 '보관'되었으니, 나머지는 만을 살아서 떠나지 못했다는 뜻이다. 하루카는 운 좋은 열 마리 가운데 하나였다. 오스미는 1919년에 캐나다의 서해안 근처에서 붙잡힌 혹등고래와 러시아의 향고래를 포함해, 고래목의 뒷다리 이상발생으로 알려진 다른 사례들을 검토한다. 다음엔 번식군, 기능군, 유전학군, 형태학군을 망라하는 그 동물의 관리 및 연구 조직도를 보여준다. 마지막으로, 그 동물을 연구하는 데에 관심이 있는 사람들은 화면에 띄운 전자우편 주소로 연락하라고 용기를 북돋는다. 그것을 적기 시작한다. "haruka@"—그리고 다음 순간 멈칫한다. 나는 여기에 참여할 수 없다.

나중에 한 일본인 과학자에게 말을 거니, 그가 고래연구소는 일본 학계의 과학자 대부분과 사이가 좋지 않다고 설명한다. 학계의 과학자들은 과학적 포경 연구에서 믿을 만한 데이터가 나온다고 믿지 않는다. 정치적 동기가 결과를 좌우한다고 여긴다.

"일본 안에도 양편이 있지만, 포경은 일본 과학의 이름에 먹칠을 하고 있어요." 그가 말한다.

이 모든 죽은 돌고래의 내장들이, 아직 자궁에 들어 있는 초기 배아들을 포함해, 내가 며칠 전에 있던 곳 근처의 검은 바위들 위에 놓여 있다는 사실을 생각한다. 믿기 힘든 기회인 동시에, 끝없이 심란해지는 심상이다.

쟁점의 미묘한 차이에 관해 생각한다. 돌고래는 고래와 달리, 더 영리하고 더 사회적이다. 어느 시점에, 다이지초 대표는 자기 마을이 밍크고래 50마리만 사냥하게 해주면 돌고래 사냥을 그만두겠다고 제안했다. 풍부하고 그다지 영리하지 않은 종을 빠르게 추격해 죽이는 포경은 돌고래 사냥보다는 인간적이고 지속가능해 보인다. 내가 볼 때는 고려할 가치가 있는 발상이다. 그러나 IWC는 콩가루 집안 같아서, 타협하기에는 포경 찬성파와 반대파의 사이가 너무 멀다. 이 싸움에는 승자가 없다. 고래를 포함해, 모두가 진다.

하루카는 자신의 황금 감옥에서 훌륭한 보살핌을 받으며, 그리고 일본 포경산업을 위한 선전도구를 제공하며, 자신의 삶을 살 것이다.[19] 바라건대 하루카가 덩달아 방문객들에게 고래에 대한 관심을 불러일으키기를. 어쩌면 거기서 뭔가 좋은 일이 생길지도.

고래목에서 일어난 뒷다리 진화에 관해 더 알아내려면, 우제목—오래된, 그리고 기왕이면 고래목이 기원한 인도나 파키스탄 출신의 우제목—을 연구할 필요가 있다. 다시 한번, 나는 해성 암석에서 초점을 돌려 육생동물을 담고 있는 암석들을 파기 시작해야 한다는 사실을 맞닥뜨린다.

14

고래 이전

미망인의 화석들

2005년 3월, 인도의 갠지스 평원, 운전 중. 데라둔까지의 드라이브는 길고 상쾌한 코스다. 처음에는 곧게 뻗은 도로를 달린 다음, 갑자기 수평선에서 히말라야가 나타나고, 한 시간 뒤에는 한 차선 반 너비의 도로가 히말라야에 이르러 그 앞자락을 구불구불 가로지른다. 오늘, 우리는 대포 호송 차량들의 한복판을 지나가며 트럭들을 한 대씩 통과하느라 애먹고 있다. 통과해도 소용이 없다. 한 쌍의 트럭-대포 앞에는 또 한 쌍의 트럭-대포가 버티고 있다. 마치 인도 군대가 가진 모든 화기가 데라둔으로 옮겨지고 있는 것 같다. 어느 산을 통과하는 터널에 이르자 차가 멈추고, 우리 앞의 트럭에 실려가는 대포의 포신이 우리의 바람막이 창을 똑바로 겨눈다. "장전되어 있지나 않았으면 좋겠군요." 조수인 브룩이 말한다. 나는 묵묵히, 이것이 우리의 파견지에서 불꽃놀이가 벌어질 징조일까 아닐까 생각에 잠긴다.

　인도의 지질학자 안네 랑가 라오의 미망인 프리트린데 오베르크펠 박사를 만나러 가는 길이다. 랑가 라오는 히말라야 안의 통제선 부근, 카슈미르의 분쟁 지역에 속한 칼라콧 마을 근처에서 풍부한 화석산지를 발견했다. 그곳에는 인도 아대륙에서 나오는 것으로 알려진 에오세 화석 포유류들이 가장 많이, 그러니까 칼라치타 구릉에 있는 독일인 교수 뎀의 현장, 그리고 웨스트, 킹그리치, 나 자신을 비롯해 그 전에 여기 왔던 모든 화석 채집가의 현장에 모여 있는 것보다 더 많이 모여 있는 것으로 드러났다. 인도 고생물학계의 유력자인 아쇽 사니가 이에 관해 들었고, 그도 그 현장으로 자신의 학생을 보내 채집을 시켰다. 랑가 라오는 자신의 산지를 도둑맞고 있다며 격노했다. 그는 부자이기도 해서, 사람들을 시켜 현장을 통째로 발굴했다. 트럭들이 화석이 담긴 암석들을 데라둔에 있는 그의 사유지로 실어날랐다. 뎀 교수의 초대를 받은 랑가 라오는 독일로 가서 에오세 화석을 연구했다. 그리고 독일에서 뎀의 조수 프리트린데 오베르크펠을 만나 결혼했다. 랑가 라오는 고생물학계에서 자신의 화석을 제대로 연구하고 발표할 수 없는 외톨이였다. 사니 일이 그와 그의 아내를 은둔과 비밀주의로 몰아갔다. 두세 점의 화석을 추출해 발표할 수 있었지만, 대부분은 삼베 자루에 든 채 지하실에 버려져 있었고, 화석이 든 암석 한 무더기는 지금도 그의 안마당을 차지하고 있다. 편집증이 악화된 그는 술을 마시고 줄담배를 피워대다가, 결국은 뇌종양으로 죽었다. 그가 죽은 뒤 말조차 통하지 않는 나라에 홀로 남겨진 그의 아내는 피포위 심리*를 고수했다. 그녀는 그 어느 과학자에게도 그 화석들을 연구하게 해주지 않았고, 심지어 고생물학자들과 맺는 가장 순수한 교류에도 최대한 의심을 품고 접근했다.

그럼에도, 나는 인도에 갈 때마다 그녀를 찾아가 그녀와 관련한 내 운을 시험해왔다. 유럽 태생에다 독일어를 할 줄 아는 나 자신을 그녀가 어여삐 여겨주기를 기대한다. 이유가 있다. 이곳에 인도에서 나오는 에오세의 우제목이 가장 많이 모여 있는 이상, 우리에겐 그것이 고래의 가장 가까운 친척

---

* 항상 적들에게 둘러싸여 있다고 믿는 강박관념.

을 찾을 최선의 방책인 것이다. 이 우제목들이 올바른 장소에, 올바른 시기에 있다는 것은 다른 고래 연구자들도 잊어본 적이 없는 사실이다.[1)]

브룩과 인도인 몇 명과 함께 올해도 저 높이 히말라야 고지의 비탈, 데라둔의 더없이 환상적인 동네에 있는 사유지를 다시 찾아간다. 인도인 중 한 명은 랑가 라오의 친한 친구이자 동료였던 라주 박사다. 털모자를 쓴 늙은 하인이 저택을 둘러싸는 투박한 벽돌담 안에서 대문으로 다가와 우리를 들여보낸다. 잿빛과 자줏빛의 셰일이 집 옆에 산더미처럼 쌓여 있다. 그 안에 화석들이 들어 있음을 알지만—그 더미가 나에게는 황금보다 값지지만—계속 걷는다. 비가 올 모양이다.

집은 유령처럼 보인다. 집을 둘러싸는 베란다들이 건축 자재로 뒤덮여 있다. 온갖 모양과 크기의 큰 창문들이 있지만, 안쪽은 어둡다. 사람이 살지 않는 집처럼 보이고, 집의 일부는 다 지어지지도 않았다. 안주인이 큰 집 뒤쪽의 더 작은 집에서 우리를 맞이한다. 그녀는 주름지고 노리끼리한 피부, 나이 들어 구부정한 자세, 웃음기 없이 찌푸린 상태로 굳어버린 얼굴을 한 자그마한 여성이다. 빗질하지 않은 백발을 틀어서 쪽을 지고, 줄무늬 잠옷 바지에 꽃무늬 블라우스를 입고 있다. 하지만 과거의 그녀는 늘씬하고 강하고 아름다웠으리라는 것도 알 수 있다. 상대를 꿰뚫는 그녀의 연푸른 눈이 심장을 똑바로 들여다본다.

다 같이 앉아서 차를 마신다. 이야기는 대부분 그녀가 한다. 그녀는 할 말이 많다. 나머지 우리는 말을 들려주기 어렵다. 그녀가 영 듣지를 못하기 때문이다. 그녀가 처음엔 고생물학자들이, 다음엔 목수에서 은행원을 거쳐 식료품점 주인에 이르는, 그녀의 돈과 물건을 훔쳐간 모든 인도인이 자신과 남편에게 저지른 부당행위들을 늘어놓는다.

그녀의 일대기는 고집과 강박과 슬픔의 이야기다. 그녀의 부친은 제1차 세계대전 때는 군인이었지만, 제2차 세계대전 때는 나치가 꺼리는 반전주의자였다. 그녀는 독일군이 프랑스, 벨기에, 내 모국 네덜란드를 침공하기 직전에 결혼했다. 엔지니어였던 그녀의 새신랑은 군대에 있다가 그 침공으로 죽었다. 전체주의와 군국주의로 미끄러져 들어가고 있던 나라에서, 그녀는 새파란 여학생이었다. 그러나 그녀는 겁먹지 않고 엄청난 노력으로, 독일 과학의 최고 지성들 밑에서 학교 공부를 계속했다. 그녀의 교수들 중 한 사람이 현대 계통분류학의 아버지인 빌리 헤니히였다. 헤니히는 독일이 전쟁에서 승리할 것이라고 믿었다. 그녀는 강한 의견을 결코 감추지 않고, 독일이 질 거라고 말하며 그에게 대들었다.

"우리는 여우들에게 포위되어 오도 가도 못하는 산토끼라고요. 아무 데도 달아날 곳이 없어요." 그녀가 자신이 한 말을 들려준다. 헤니히의 대답이 자신 있게 돌아왔다. "우리는 산토끼가 아니야."

전공 분야로 고생물학을 선택한 뒤, 그녀는 박사학위를 따기 위해 뮌헨의 뎀 교수 밑에서 일했다. 뎀은 전쟁이 터졌을 때 화석 채집 장기 여행을 떠나 있다가 오스트레일리아에서 발이 묶였다. 그는 독일로 돌아올 수 없었다. 당국은 그가 자신의 명예를 걸고 독일군 병사가 되지 않겠다는 서약서에 서명하는 조건으로 그를 보내주었다. 그는 서명을 했고, 약속대로 전쟁에는 발을 들이지 않았다. 그가 못마땅했던 나치는 나치의 심장부인 바이에른에 있던 그의 직장에서 그를 밀어내 과학적으로도 사회적으로도 오지인 스트라스부르로 보내버렸다.

독일이 박살나며 전쟁이 끝난 뒤 뎀은 뮌헨으로 돌아왔고, 오베르크펠 여사는 그의 조수가 되었다. 연합국은 그녀에게 그녀가 나치와 관련된 적이 없음을 보여주는 증명서를 주었다. 그녀가 20여 년 뒤 랑가 라오를 만나고 결혼한 곳이 바로 거기였다.

그녀가 나를 쳐다본다. "인도인을 믿으면 안 돼. 인도인은 모두 거짓말쟁이야." 제정신이 아닌 독일인 할머니 한 분과 내가 신뢰하고 존경하는 인도인 동료 네 명과 함께 거기 앉아 있는 나는 움찔하지만, 입을 열지 않는다.

주제를 바꿔보려고, 그 화석들은 중요하고 내가 그것을 연구하고 싶다고 설명한다. 그녀에게 허락해주겠느냐고 묻는다. 그녀는 대꾸를 하지 않는다. 어쩌면 들리지 않는지도 모르지만, 나는 그녀가 듣고 있다고 생각한다. 그녀는 우리에게, 그 화석들은 그녀와 고인이 된 남편이 설립한 위탁업체 몫이라고 말한다. 화석은 그녀의 감독 아래 위탁업체에서 처리되고 연구될 것이라고. 이 집을 남편이 찾은 화석들을 연구하는 본부로 만들고 싶다고. 그녀가 우리를 이끌고 큰 집을, 여사와 랑가 라오의 깨어진 희망들이 출몰하는 해골 같은 저택을 구경시킨다. 30년도 더 전에 그녀와 함께 유럽에서 건너왔을 때부터 아직까지 열지도 않은 상자들이 있고, 조명기구나 가구는 하나도 없다. 그녀의 조카가 나선형의 계단통을 올라가며 비틀거리는 그녀의 손을 잡아준다. 계획은 웅장하다. 여기는 수집한 화석들의 방이 될 것이고, 여기는 서재고, 여기는 지도 방이다. 그러나 그 장소에 대한 그녀의 상상은 억눌린 강박관념일 뿐, 실제로 부당했건 그녀만 부당하다고 느꼈건, 그녀에게는 부당함으로 남아 있는 과거의 경험들이 그녀의 결단력을 약화시켜 여러 해 동안 여기서는 아무 일도 일어나지 않았다.

"여기에 얼마나 오래 있을 건가?" 그녀가 내게 묻는다.

나는 우물쭈물한다. "저희는 내일 데라둔을 떠납니다." 그녀에게 들리도록 목소리를 높여 말한다.

"너무 짧군. 그걸로는 아무것도 할 수 없어."

이해가 안 간다. 뭘 하기에 너무 짧다는 거지? 내가 화석을 연구해도 좋다는 암묵적 허가인가? 터널 끝의 한 줄기 빛?

하지만 거기서 대화는 진전을 보지 못하고, 날이 저물어간다. 그녀가 사연을 되풀이하고, 사니, 랑가 라오에 관해, 그리고 이곳에서 그녀의 삶이 얼마나 힘든가에 관해 더 이야기한다. 나는 패배를 인정하고, 다른 사람들에게 떠나야겠다는 신호를 보낸다.

이제 밖에는 비가 퍼붓는다. 우리는 암석 더미가 한눈에 들어오는 커다란 집의 현관에 선다. 그녀가, 먼저 채집물을 집안에 들여서 제대로 진열해야 누구든 그것과 씨름할 수 있겠지만, 나라면 언제든 찾아와도 좋다고 말한다. 다음 순간, 내게 기회가 온다.

"저 더미에는 칼라콧에서 가져온 돌들밖에 없는데," 그녀가 말을 잇는다. "아마 미화석을 찾는 데에는 쓸모가 있을 게야."

"제가 몇 덩어리만 가져가서 미화석을 찾을 수 있는지 봐도 되겠습니까?"

"물론 그래도 되지. 거기엔 큰 화석은 없고 먼지뿐인 걸. 화석이라면 우리가 밖에 두지 않았을 거야." 내가 진지한 표정을 유지하는 동안 머릿속에서는 승리의 종이 울린다. 나는 저 암석들 속에 포유류 화석이 있다는 걸 알고 있고, 이는 그것을 얻을 기회다. 불행히도, 날은 저물었고 내리고 있는 굵은 빗줄기에 차로 가는 길은 흙탕물이 흐르는 개울이 되어버렸다.

"좋습니다." 내가 말한다. "저희가 내일 다시 와서 저 더미에서 몇 덩어리만 가져가겠습니다."

"그렇게 해." 그녀가 말한다. "몇 시에?"

"아홉 시에서 열 시 사이에요." 비를 누르고 그녀의 고장난 귀에 침투하기 위해, 내가 소리친다.

"내가 아침을 대접하겠네." 그녀가 말한다.

차 안의 분위기는 의기양양하다. 우리는 도중에 차를 세우고 맥주와 위스키를 사서, 축하할 준비를 한다. 라주가 그의 아내에게 전화를 걸어 안주를 마련해달라고 부탁한다. 그때 휴대폰이 울린다. 라주가 받는다. 대화는 힌디 말이다. 그가 전화를 끊는다. "안 좋은 소식이야." 그가 말한다.

차를 타고 가는 동안 마음을 졸이며 앉아 있다가, 도착해서, 파티를 시작한다. 라주의 마음을 읽어보려 하지만 읽을 수가 없다. 그래서 답답해 죽을 지경이지만, 나는 인도인의 접대 규칙을 따라 정해진 절차를 밟아야만 한다. 우리는 그의 손님이므로, 다음에 무엇을 할지는 그가 정한다. 한참 뒤, 배들이 차고 잔들이 비자 그가 설명한다. 털모자를 쓴 하인이 여사에게 그 더미에는 돌들만 있는 게 아니라 실제로 화석들이 있다고 말했으며, 그 결과로 그녀가 마음을 바꿨다고. 다시 말해, 우리가 아무것도 가져가지 못하게 내일 만남을 취소해버렸다고. 파티의 분위기는 처음엔 절망으로, 하지만 다음에는 전략의 재평가로 바뀐다. 이번엔 나 혼자서 그녀를 찾아가 독일 말로 이야기하고 싶다. 그녀가 인도인을 신뢰하지 않는다면, 그게 관건이다. 나는 인도인이 아니니, 그녀가 나는 믿을 게 틀림없다. 인도인 동료들이 동의한다.

그러나 나는 하인들을 설득해 나를 위해 대문을 열어주도록 할 수가 없을 것이다. 라주 박사의 부인이 나와 함께 가기로 한다. 그녀는 상냥하고 친절한 여성이고, 젊어 보이지만 30대의 아들이 있다. 게다가 오베르크펠 여사를 알고, 비록 모국어의 문법과 억양이 넘쳐나긴 해도, 영어를 한다.

"여사는 굽히지 않으실 거예요." 그녀의 주장이다.

"저는 지금도 거절당한 상태이고," 내가 대답한다. "일어날 수 있는 최악의 경우는 한 번 더 거절당하는 거예요."

그녀에게 들려주고 싶은 말을 독일어로, 그 언어로 기억나지 않는 '신뢰하다'와 '속이다'라는 낱말을 피해 너댓 번 연습한다. 차를 몰고 몇 시간 동안 데라둔을 헤집고 다닌 끝에 그녀를 누그러뜨릴 선물로 와인 한 병을 찾아낸다.

예고도 없이, 라주 부인과 함께 차를 타고 그 집으로 가는 동안, 둘 다 긴장해서 아무 말도 하지 않는다. 부인은 검은빛과 잿빛의 사리, 기본적으로 복잡하게 접고 쑤셔넣고 주름을 잡는 일련의 방법으로 몸에 둘둘 감은 기다란 천인, 매우 비실용적이지만 아름다운 옷을 입고 있다. 조금만 움직여도 옷 한 벌이 통째로 해체될 수 있으므로, 점잖지 못한 상황이 펼쳐지지 않도록 한 손은 반드시 비워두어야 한다.

대문은 잠겨 있다. 라주 부인이 하인들의 이름을 부르고 우리 차의 경적도 울려보지만, 아무도 나오지 않는다. 우리는 30분 동안 기다린 뒤, 다시 시도한다. 반응이 없다. 라주 부인이 나이와 사리 차림을 무릅쓰고, 이제 한 손으로 몸을 가누는 동안 다른 한 손으로 사리를 다잡으면서, 1미터 높이의 거친 벽돌담을 타고 넘는다. 그녀가 집 쪽으로 사라진다. 15분이 지나고 그녀가 돌아온다. 한 하녀가 마님은 편찮으셔서 방해할 수 없다고, 상심해서 잠을 이루지 못했다고 말했단다. 우리는 단념하기로 한다. 나는 와인과 카드만 남기려 한다. 바로 그때 털모자를 쓴 하인이 시장에서 신선한 채소를 사 들고 집으로 온다. 라주 부인이 그와 이야기를 나눈 뒤, 둘 다 담을 타 넘어 사라진다. 또 한 번 15분 동안 내 인내심을 시험받은 다음, 대문이 활짝 열린다. 절반은 이긴 전투다.

집은 어둡고, 마님은 소파 위에 작은 담요 뭉치가 되어 있다. 하지만 여전히 혈기왕성하게, 또 다시 그녀의 것을 훔쳐가는 사람들에게 비난을 퍼붓기 시작한다. 나는 끼어들 여지를 찾지 못하고 무슨 말로 끼어들지도 모르는 채 묵묵히 앉아 있다. 라주 부인이 나서서, 목소리를 높여 대꾸한다. 마님은 매우 불편하고 똑같은 주장을 되풀이하고 또 되풀이한다. "라주와 이분만 믿으시면 되잖아요." 자신의 남편과 내가 인류의 나머지보다 낫다고, 라주 부인이 말한다. 그녀의 새끼손가락이 허공을 휙 가르며 아래쪽 반원을 그린다. 인도인이 강조할 때 하는 전형적인 몸짓이다.

여사는 설득되지 않는다. 내가 끼어들어 몇 마디 주장을 해보지만, 독일어는 생략한다. "뎀 교수가 자신의 명예를 걸고 오스트레일리아를 떠나겠다고 맹세했듯이, 저도 맹세합니다. 저는 네덜란드 사람이고, 제 명예를 걸겠으니 제 말을 믿으셔도 됩니다. 설사 인도 사람 모두가 나쁜 사람이라고 해도요."

"자네는 인도인들과 같이 일하잖아, 그렇지?" 여사가 나를 저격한다.

"그렇습니다. 저는 구자라트에서 화석 고래를 연구하는 인도인들과 같이 일하고, 그건 어쩔 수 없는 일입니다. 여사님은 인도인과 결혼하셨잖아요, 그렇지요?"

"자네는 그들을 믿으면 안 돼. 어떤 인도인도 이 화석들을 연구할 수 없어. 난 자네의 조급함을 이해할 수 없어. 자네는 연구 중인 다른 것들이 있잖아. 어째서 지금 이 화석들에 달려들고 싶은 거지? 나는 그걸 줘버리지 않을 거야. 화석들은 아무 데도 안 가."

"여사님이 돌아가시면, 인도인들이 이 돌들을 가져다가 강에 던져 넣을 거예요. 그 사람들한테는 이건 그냥 돌입니다. 그들은 여사님이나 저 같은 고생물학자가 아니란 말입니다."

"자네가 자네의 인도인들과 다른 화석을 연구하지 않는 이유는 뭔데?"

"이건 중요한 채집물입니다. 부군의 작업은 완성되지 않았어요. **이 화석들이 연구되어야 합니다.**"

라주 부인이 다시 끼어들어, 여사의 등을 받치는 베개를 고쳐준다. 여사가 큰소리로 역정을 내지만, 라주 부인은 그만두지 않는다.

"그 더미는 아무 데도 가지 않아. 자네가 나중에, 위탁이 시행되었을 때 그걸 연구하면 돼."

"그 화석들은 비와 태양 속에 있습니다. 침식되고 있어요. 망가지고 있단 말입니다."

그녀가 푸른 눈에 눈물을 담고 다시 옆으로 축 늘어진다. 그 눈물이 곧 감정인 것 같지는 않지만, 나는 모른다.

"그 더미에서 두 덩어리만 가져가고 싶습니다. 화석이 있다면, 그걸 추출할 겁니다. 저에게는 화석처리 담당자가 있습니다. 제가 찾아내는 것은 내년에 여사님께 돌려드릴 겁니다. 제 명예를 걸고 돌려드리겠다고 맹세합니다. 여사님은 잃으실 게 아무것도 없어요. 제가 가져갈 것은 돌 두 개가 전부이고, 그건 지금은 아무짝에도 쓸모가 없어요. 여사님 입으로 그렇다고 하셨잖아요. 저는 그걸 돌려드릴 테고, 그러면 저를 믿을 수 있다는 걸 아실 겁니다."

라주 부인이 다시 끼어든다. "테우손을 믿으세요. 그는 인도인이 아니잖아요." 그녀에게는 내 이름이 어렵지만, 나는 그 억양이 마음에 든다.

"그걸 여기서 처리하지 않는 이유는 뭔가?" 여사가 묻고, 라주 부인이 같은 걸 묻는 표정을 내게 던진다.

"처리에는 엄청난 장비, 물, 전기가 필요합니다. 일이 빠르지도 않고요. 여기서는 할 수 없어요."

"나도 물은 보장할 수 없어. 자주 끊기지. 시에서 공급하질 않아."

나는 내 명예를 건 맹세가 뎀의 서약만큼 믿을 만하다는 계획된 연설을 반복한다.

"이 채집물에 관해서는 어떻게 알아냈나? 누가 말해줬어? 인도인들 말고는 그걸 아는 사람이 없는데."

예상했던 질문이다. "닐 웰스 박사에게서 처음 들었습니다. 오래전, 20년 전에 그 채집물을 보러 데라둔으로 랑가 라오를 찾아왔던 사람이요."

"누구?"

"닐 웰스 박사요. **닐 웰스.**"

"누구라고?"

"닐, 웰, 스요."

"뉴웰? 난 뉴웰이라는 사람 몰라."

라주 부인이 뛰어든다. "니일 웨엘스요." 그녀와 내가 입을 모아 이름을 거듭 외친다. 마치 그것이 근처 사원에서 굿판을 벌이는 사람들이 은혜를 구하며 끊임없이 외치는 '하레 람, 하레 람, 하레 람'과 같은, 어느 신의 이름이라도 되는 것처럼. 우리 역시 은혜를 구하는 기도를 올리는 중이고, 나도 이 방문이 다소 익살극 같다는 걸 모르지 않는다. 그러나 지금 당장은, 웃으면 안 된다. 마침내 그녀가 알아듣는다.

"그 사람은 모르지만, 그 사람이 우릴 찾아온 적이 있다면, 내가 잊었을 수도 있지."

그녀가 몸을 세우고 앉아 또 한 번 인도인을 비난하는 장광설로 들어간다. 목수가 어떻게 그녀의 물건을 훔쳤는지. 일꾼들이 어떻게 그녀가 독일에서 들여온 찻잔, 그녀의 중국 도자기들을 가져갔는지. "어떤 화석도 떠나지 않을 거야. 아무도 믿을 수 없어."

"제가 맹세합니다. 제 맹세가 아무 의미도 없다는 뜻입니까? 제가 거짓말쟁이라는 말씀이세요?"

라주 부인이 다시 나선다. "두 사람을 믿으세요. 라주와 이 사람을."

이제는 창백하고 주름진 얼굴에 둘러싸인, 그녀의 연푸른 눈이 갑자기 나를 똑바로 바라본다. "자루를 가져다가 더미에서 돌을 좀 담는 게 어때. 그걸 여행가방에 넣고, 어떤 인도인에게도 보여주지 말고, 자네가 다시 올 때 돌려주는 거야. 나는 이의 없네. 자네는 믿을 수 있어."

충격으로 말문이 막힌다. 어쩌다 나 자신의 제안이 마치 그녀의 명령인 것처럼 역전되었다. 내가 스위치를 놓친 것이다.

"화석을 추출하려면 시간이 걸릴 겁니다. 저는 일주일 뒤에 미국으로 떠납니다. 인도로 다시 올 때 돌려드리겠습니다. 저는 해마다 오니까요."

"자네가 정직하다는 건 의심하지 않지만, 인도인은 한 명도 끌어들여선 안 돼."

"그건 염려하지 마세요. 돌은 제 여행가방에 넣겠습니다. 자루에 덩어리를 넣어가지고 다시 집으로 와서 제가 뭘 꺼냈는지 여사님께 보여드리겠습니다."

"나한테 보여줄 필요는 없네. 자넬 믿어."

어제 내린 비 때문에 미끄러운 더미 위로 쏜살같이 달려가, 그녀가 마음을 바꾸기 전에 얼른 고른다. 이 무더기는 원리적으로, 화석이 아니다. 털모자를 쓴 네팔인 하인 바하두르가 와서 도와준다. 그에게는 이빨이 박힌 돌이 보인다. 그는 안목이 있고 나를 돕는 게 기쁜 듯하다.

자루를 다시 집으로 가져가지만, 그녀는 내용물을 보려 하지 않는다. 나는 만족스럽게, 그리고 희망에 차서 데라둔을, 그리고 인도를 떠난다.

고래의 조상들

화석들이 처리되고, 나는 어김없이 이듬해에 그것을 돌려줌으로써 더 많은 덩어리를 미국으로 가져온다. 마침내 턱뼈와 넓다리뼈, 복사뼈와 무명뼈 들이 오래된 암석 감옥에서 모습을 드러낸다. 대다수가 같은 종, 즉 파키스탄에서 나오는 키르타리아와 유연관계가 가까운, 인도히우스*Indohyus*라 불리는 너구리만 한 우제목의 것이다. 인도히우스는 원래 랑가 라오에 의해, 그가 이 암석들 속에서 이 동물의 턱뼈 몇 개를 찾았을 때 발견되었다.[2] 가장 중요한 것은 머리뼈다. 우리는 머리뼈를 네 개 가지고 있다. 내 새 화석처리 담당자 릭은 대단한 인내심을 가지고 실낱 같은 잔금들에서 자줏빛과 잿빛의 퇴적물을 긁어내면서도 새하얀 뼈를 손상시키지 않고 일을 멋지게 해낸다. 나는 날마다 그의 진도를 점검하고, 그와 함께 다음에는 어떤 덩어리에 달려들까에 관해 이야기한다. 릭은 태어날 때부터 소리를 듣지 못해서, 우리의 대화는 과장해서 또박또박 발음하기, 반복하기, 가리키기, 그리고 그가 입술을 읽는 동안 그의 눈이 화석에서 내 입술로 뛰어다니기의 혼합물이다. 그러던 어느 날 내가 처리실로 걸어 들어가자, 릭이 머리뼈 하나에서 한 조각을 부러뜨렸다고 사과한다. 똑바로 부러졌고 없어진 조각도 없으니 쉽게 다시 붙을 거라고 말한다. 처리하다 뼈가 부러지는 일은 드물지 않고, 부러진 부위가 깨끗하기만 하다면, 고치는 것은 큰일이 아니다. 머리뼈를 살펴보다가, 나는 부러진 뼈가 고실뼈임을 깨닫는다. 정확히 중간을 가르며 뚝 부러져서, 퇴적물이 채워진 중이강이 노출되어 있다. 충격적이게도, 고실뼈의 안쪽 벽이 바깥쪽보다 훨씬 더 두껍다. 인도히우스도 고래와 마찬가지로 새뼈집을 가지고 있었던 것이다. 릭의 사고가 불러온 굉장한 발견이었다(《그림 55》). 이 뼈는 다시 붙이지 맙시다!

이제 작업에 미친 듯이 속도가 붙고, 2007년, 우리는 발표할 준비를 마친다. 바로 그때, 7월에, 프리트린데 오베르크펠 박사가 세상을 떠났다는 소식이 당도한다. 그녀가 30년 동안 갈구한, 남편의 화석들이 인정받는 순간

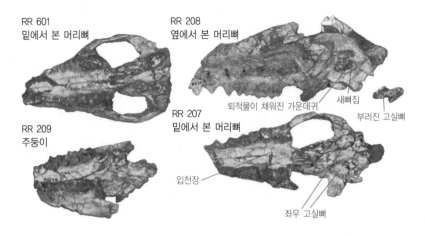

RR 601
밑에서 본 머리뼈

RR 208
옆에서 본 머리뼈

퇴적물이 채워진 가운데귀   새뼈집

부러진 고실뼈

RR 209
주둥이

RR 207
밑에서 본 머리뼈

입천장

좌우 고실뼈

그림 55 인도히우스의 화석 머리뼈. RR 208이 본문에서 이야기한 부러진 고실뼈를 보여준다.

을 앞두고 죽은 것은 슬픈 일이다. 그녀는 모든 재산을 랑가 라오의 화석을 연구하기 위해 세운 위탁업체 앞으로 남기고, 너무나 놀랍게도 그 화석들을 연구할 주된 사람으로 나를 지명한다. 그녀의 소원에 따라, 그녀는 첫 남편의 군복 윗도리와 얇고 헐렁한 인도 바지 샬와르를 입고 그녀의 사유지에 묻힌다. 나는 유럽에 있는 그녀의 친척들과 편지를 주고받은 뒤, 그녀 남편의 친척들을 보러 남인도로 간다. 우리는 그해 12월, 인도히우스에 관한 우리의 연구결과를 발표한다.[3]

인도히우스

인도히우스(《그림 56》)는 아쇽 사니가 랑가 라오를 기려 명명한 라오일라과 우제목 중 일부다. 라오일라과는 거의 모두 이빨만 알려져 있고, 머리뼈와 골격은 라오일라과의 한 속인 인도히우스의 것만이 알려져 있다. 알려진 머리뼈와 뼈는 모두 데라둔에 있는 랑가 라오의 안마당에 있던 덩어리들에서 나왔다. 이 동물들은 아주 작고 다소 체격이 좋은 사슴처럼 생겼다(《컬러도판 9》). 아닌

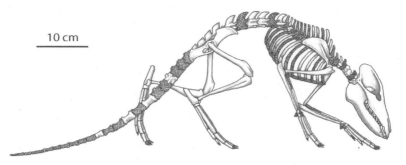

그림 56 인도히우스의 골격. 발견되지 않은 부분은 어둡게 칠해져 있다. J. G. M. Thewissen, L. N. Cooper, M. T. Clementz, S. Bajpai, and B. N. Tiwari, "Whales Originated from Aquatic Artiodactyls in the Eocene Epoch of India," *Nature* 450(2007): 1190–94에서 재인쇄.

게 아니라, 중앙아프리카와 동남아시아의 깊은 숲속에 사는 매우 작은 현대의 우제목(쥐사슴속과 물꼬마사슴속)인 쥐사슴이 이들과 비슷하다.

라오일라과는—미얀마에서도 나왔다는 의심스러운 기록이 있기는 하지만[4]—남아시아, 파키스탄, 인도에서만 나오는 것으로 알려져 있다(〈그림 20〉). 가장 오래된 라오일라과는 5200만 년 전 무렵 파키스탄의 초르갈리층에서 나왔고, 가장 최근 것은 아마도 대략 4600만 년 전의 칼라콧에서 나온 라오일라과일 것이다. 이 과는 그다지 통일성 있는 집단이 아니다. 과학자들이 이미 알려진 화석 표본을 모두 연구하지 않은 채로 새로운 화석 표본들을 이 집단에 속하는 것으로 해버리는 바람에, 이 집단은 다소 무질서한 조립물이 되었다. 누군가가 이 집단 전체를 세심하게 연구한다면 쓸모가 있을 것이다. 하지만 그러한 계통분류적 수정이 쉽지는 않을 것이다. 많은 종이 이빨 몇 개만을 토대로 알려져 있고, 화석들은 세 대륙에 걸쳐 열 군데의 실험실과 박물관에 분산되어 있다. 머리뼈와 골격은 인도히우스의 경우만 알려져 있고, 키르타리아나 쿤무넬라*Kunmunella*와 같은 다른 속의 경우는 주로 이빨이 알려져 있는데, 일부가 실제로는 우제목의 다른 과에 속할 가능성도 있다.

고실뼈의 두꺼워진 가장자리인 새뼈집이 우리에게 인도히우스가 고래와 가까운 친척이라는 단서를 주지만, 이 발상은 더 공식적으로 조사되어야 한다. 우리의 분기분석(제10장 참조)은 고래가 정말로 하마를 포함한 다른 어떤 우제목보다도 인도히우스와 가까운 관계였음을 보여준다. 뿐만 아니라 나중에 하마는 라오일라과—고래목 집단의 가장 가까운 친척인 것으로 밝혀졌다(《그림 57》).[5] 이 결과는 하마와 고래가 가장 가까운 친척임을 보여주는 분자 데이터와 실제로 모순되지 않는다. 분자 연구는 화석 동물을 포함시킬 수 없었기 때문이다. 다시 말해, 하마는 여전히 고래와 가장 가까운 **현생** 친척일 수 있는데, 멸종한 인도히우스가 더욱더 가까운 것뿐이다. 새뼈집의 존재 말고도, 인도히우스는 위쪽 앞니들이 턱 안에 앞뒤 방향으로 배열된 점, 뒤쪽 작은어금니들의 치관이 높은 삼각형인 점 등, 이빨의 특징 몇 가지를 공유한다. 이빨 마모 패턴도 고래목과 같은 특수화를 보여준다(《그림 44》).

이와 함께, 고래목의 유연관계라는 쟁점이 마침내 해결된 것 같다. 메소닉스목은 고래목과 관계가 없다. 화석증거가 고래목은 에오세 어느 원시 우제목에서 유래했으며, 고래목의 가장 가까운 현대 친척은 하마임을 보여준다.

그러나 이것은 이야기의 끝이 아니다. 약간 다른 자료들에 기초한 또 다른 분기분석[6]은 방금 거론한 결과들 대부분을 입증했지만, 이 관점이 예전의 메소닉스목 발상보다 약간 더 강하게 뒷받침될 뿐임을 발견했다. 마치 그 맹렬한 포식자들이 조그만 채식주의자 인도히우스를 덮쳐 위풍당당한 고래의 옆자리를 되찾기 위해 아직도 호시탐탐 노리고 있는 듯하다. 어느 유명한 포유류학자의 말대로, 계통분류학은 생물학의 연속극이다.

고래들의 유연관계를 모조리 재배열한 이상, 우리는 인도히우스를 고래목의 바로 바깥에 두는 대신 이 집단 속에 실제로 포함시키는 편이 유용할지 그렇지 않을지 의문을 품어야 한다. 어쨌거나, 파키케투스를 원시 고래목으로 두어야 할 신성한 이유는 전혀 없으니까. 그리고 인도히우스에서는 고래목을 정의하는 주된 특징인 새뼈집도 눈에 띈다. 뿐만 아니라, 만일 이름이 한 조상과 그 조상의 모든 후손을 포함하는 집단(단계통군)을 가리키는 데에

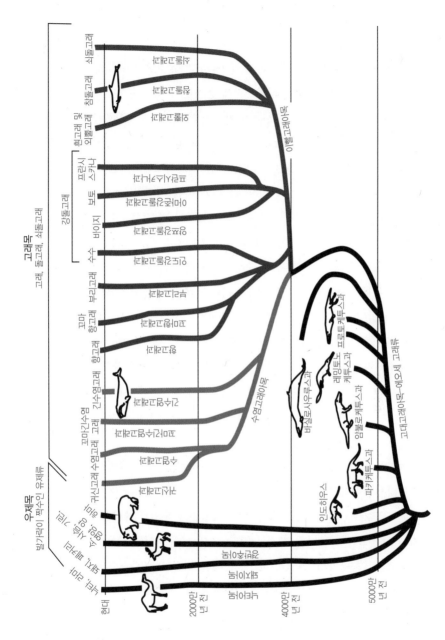

그림 57 고래목과 우제목의 유연관계. 이 그림에는 현대 우제목과 고래목의 모든 집단이 포함되어 있다. 이 책에서 거론하지 않는, 다수의 멸종한 집단은 보여주지 않는다.

쓰여야 한다면, 고래목도 조상 우제목의 후손이므로, 우제목이라는 용어는 이제 모든 고래목까지 포함해야 한다.

어떤 저자들은 실제로 고래목과 우제목의 의미를 이런저런 방식으로 바꾸는 방안을 지지해왔지만,[7] 나는 거기에 동의하지 않는다. 우제목이라는 용어는 지금까지 150년이 넘도록 돌아다녔고, 안정되고 생물학적으로 일관된 의미를 지니고 있었다. 이제 와서 그것을 바꾸면, 특히 모든 저자가 같은 의미를 따르지 않는다면, 혼란만 일으킬 것이다. 신입생들에게는 특히 좋지 않을 것이다. 그들은 언제 누가 사용하느냐에 따라 의미가 달라지는 이름들 때문에 금세 혼란스러워질 것이다. 내가 선호하는 방안은 우제목이 고래목을 포함하지 않는 그 낱말의 옛날 의미를 고수하고, 우제목이 그 최초 조상의 모든 후손을 포함하지는 않는다는 사실을 인정하는 것이다. 과학자들은 이것을 측계통군이라 부르므로, 우제목은 측계통군의 하나가 될 것이다.

유사하게, 고래목도 수십 년 동안 파키케투스와 그것의 모든 후손을 의미해왔다. 비록 일부는 다리를 가지고 걸었지만, 고래목은 물에 사는 포식자들로 이루어진 생물학적으로 일관된 집단이다. 인도히우스를 이 집단에 보태면 물이 흐려진다. 인도히우스는 생물학적으로 너무 달라서, 고래목이라는 용어에는 계통분류학적 의미를 **빼면** 아무 의미도 없어질 거라는 말이다.

섭식과 먹이. 일반적으로, 인도히우스는 매우 전형적인 우제목의 이빨을 가지고 있다. 다시 말해, 치식이 3.1.4.3/3.1.4.3이고, 교두가 네 개인 위쪽 큰어금니, 교두가 두 개인 높은 삼각분대와 역시 교두가 두 개인 낮은 거분대를 지닌 아래쪽 큰어금니를 가지고 있다(〈그림 30〉). 이러한 교두의 모양은 라오일라과마다 달라서, 인도히우스와 쿤무넬라에서는 교두들이 날카롭고 약한 능선으로 연결되어 있는 반면, 키르타리아에서는 교두들이 낮고 뭉툭하다. 현대의 포유류 사이에서는 전자의 큰어금니 유형이 잎사귀를 먹는 포유류에서 흔한 반면에 후자는 과일을 먹는 포유류에서 흔하지만, 이 차이가 라오일라과에도 해당되는지는 불분명하다. 그러한 이빨의 차이가 어떤 식으로든 식습관 및 음식물 가공과 관계가 있는 것은 틀림없으나, 어떻게 관계가 있는지도 불분명하다. 탄소의 안정 동위원소 데이터는 인도히우스와 키르타리아가 둘 다 육상식물을 먹고 살았음을 암시한다.[8]

음식물 가공에 대한 또 다른 단서는 아래턱과 머리뼈 사이 관절의 상대적 위치에서 나온다. 머리뼈에 있는 구멍에 공처럼 생긴 연결부인 아래턱관절융기가 들어가 맞는데, 〈그림 23〉에서 보이듯이, 사슴과 같은 초식동물에서는 이 관절융기가 치열의 수준보다 한참 위에 있다. 반면에 고기를 먹는 동물에서는 이 그림에서 보이는 고래처럼 관절융기가 치열과 같은 높이에 있다. 인도히우스의 턱은 예상대로 초식동물의 모양을 하고 있다.

인도히우스의 큰어금니는 그다지 특수화하지 않은 반면, 이들의 이빨 마모는 특수화했다. 초기 고래들은 아래쪽 큰어금니에 거의 전적으로 1단계 마모만 일어난 것이 특징이다(〈그림 44〉, 제11장 참조). 에오세 우제목은 1단계, 2단계, 첨두 마모의 조합을 보여준다. 인도히우스에는 세 가지 마모 유형이 모두 존재하지만, 1단계가 우세하다. 인도히우스가 먹은 육상식물은 다른 에오세 우제목들이 음식물을 가공한 방식과는 다른 방식으로 가공된 것으로 보인다. 치열도 섭식에 대한 다른 단서들을 제공한다. 인도히우스는 길고 뾰족한 주둥이와 함께, 좌우가 아니라 앞뒤로 배열된 앞니들을 가지고 있었다. 이는 어떤 식물들을 뜯어먹기 위해 전문화한 장치였을 것이다. 뿐만 아니라, 작은어금니들은 옆쪽에 날카로운 날을 지닌 높은 치관을 가지고 있다. 현재로서 이 특징들의 기능은 알려져 있지 않지만, 칼라콧에서 나온 인도히우스의 화석 수백 점을 가지고 2~3년만 더 연구하면 알게 될 것이라고, 나는 기대에 부풀어 있다.

시각과 청각. 인도히우스의 눈은 육상 포유류에서 흔히 그렇듯, 그리고 거의 모든 화석 고래와 달리, 머리뼈의 옆쪽에 달려 있다(〈그림 46〉). 머리뼈의 이 부분은 모든 에오세 고래에서 매우 가변적이며 특수화한 곳인데, 인도 히우스에서는 이러한 특수화가 보이지 않는다. 인도히우스의 눈확과 뇌 사이, 즉 관자사이 영역의 거리는 다른 우제목들과 비슷하고, 에오세의 고래 들과는 다르다.

수백만 년 전에는 아시아와 인도 사이의 대륙 충돌과 관계가 있던 힘들 이 오늘날은 우리가 인도히우스를 얼마나 잘 연구할 수 있느냐에 실제로 영 향을 준다. 조산운동이 암석들과 암석 안의 화석들을 변형시키면서, 머리뼈 들을 뭉개고 뼈들을 부수었다. 동물의 머리뼈들은 으스러졌고, 섬세한 구조 들은 지워졌다. 인도히우스의 귀에 관해서는 새뼈집의 존재 말고는 알려진 것이 거의 없다.

걷기와 헤엄. 전반적인 인도히우스의 골격은 육상 이동에 적응된, 특별할 것 없는 우제목을 닮았고, 달리는 동물에게서 흔히 발견되는 약간의 특수 화를 보인다.[9] 손가락 다섯 개와 발가락 너덧 개를 가지고, 발굽을 써서 발 가락 끝으로 걷는(제행蹄行) 우제목 친척들과 달리, 개처럼 발가락으로 걸었 다(지행趾行).

그럼에도 불구하고, 인도히우스가 완전히 땅에서만 사는 종은 아니었음 을 암시하는 두 계열의 증거가 있다. 첫째, 인도히우스의 뼈들 중 일부는 두 꺼운 바깥층, 즉 동물이 물속에 있는 동안 바닥짐이 되는 기능을 겸했음을 시사하는 겉질층을 가지고 있다(〈그림 54〉). 이 점은 이러한 뼈경화증 성향을 훨씬 더 심하게 보이는 파키케투스과를 닮았다. 산소 동위원소도 흥미롭다. 제9장에서는 동위원소가 초기 고래 일부가 마신 물의 출처를 조사하는 데에 사용되었지만, 여기서는 다른 문제를 푸는 데에 도움을 줄 수 있다. 어떤 동 물의 몸 안의 물에 들어 있는 ^{18}O과 ^{16}O의 비는 그 동물의 뼈와 이빨에서 반 영된다. 동물은 몇 가지 다른 방법으로, 예컨대 오줌을 눌 때, 그리고 암컷의 경우는 젖을 낼 때 몸의 수분을 잃는다. 물이 피부를 통해 증발할 때에도 몸의 수분을 잃는다. 흥미롭게도, 피부를 통한 증발 역시 동위원소가 분류되는 과정이다. 가벼운 산소 동위원소로 이루어진 물이 무거운 동위원소로 이루어진 물보다 기체 상태로 바뀌어 몸에서 사라질 가능성이 높다는 말이다. 그 결과로, 몸속 수분의 다량을 피부를 통해 잃는 동물들은 무거운 동위원소 쪽으로 치우친 동위원소 서명을 나타낸다. 물에서 사는 포유류는 땀을 흘리거나 물을 증발시키지 않으므로, 동위원소 비가 이들이 수생동물인지 아닌지를 식별하는 데에 도움이 될 수 있다. 과연, 인도히우스의 산소 동위원소 값은 이들이 물속에서 시간을 보냈음을 가리킨다.

서식지와 생태. 인도히우스는 모순을 드러낸다. 한편으로 탄소 동위원소 값과 어금니 모양은 육상생활을 시사하고, 다른 한편으로 산소 동위원소와 뼈 경화증은 민물 수서생활을 시사한다. 모순을 해결할 방책은 현대 포유류의 일종인 쥐사슴을 연구하는 데에서 나온다. 쥐사슴은 땅 위에서 육생식물의 꽃, 잎, 과일을 먹고 산다. 그러나 언제나 강가에서 발견되고, 위험해지면 물에 뛰어들어 숨는다.[10] 쥐사슴은 뼈가 경화증인 것도 아니고, 인도히우스와 가까운 관계인 것도 아니다. 그러나 생태적으로는 완벽하게 동등할 수 있다. 그렇다면 여기, 초기 우제목 조상들에게 있었던 포식자 회피행동에 고래가 물에서 살게 된 기원에 대한 열쇠가 있을 수 있다.

인도히우스가 풍부한 화석현장 칼라콧은 퇴적학적으로 연구된 적이 없어서, 이 동물들이 살고 있던 서식지에 관해서는 알려진 것이 별로 없다. 알려진 것은 수백 구의 인도히우스 골격이 전부 씻겨와 함께 묻혔고 다른 동물의 골격은 조금밖에 섞이지 않은 게 틀림없다는 것이다. 여기서 발견된 뼈의 일부는 관절을 이루고 있지만, 대부분은 그렇지 않다. 많은 골격의 관절이 부패되어 해체될 시간이 있었던 것으로 보인다. 이곳은 동물들이 살아가고 죽어가는 강의 범람원이었을 수 있다. 범람원에 쌓인 골격들이 청소동물들에 의해 흩어졌다가, 다음 홍수 때에 한꺼번에 개울로 씻겨 들어간 것이다.

화석 위탁업체

인도히우스를 담고 있는 암석 더미는 바하두르와 그의 아내가 지키는 근처의 프리트린데 오베르크펠 무덤과 함께, 아직도 라지푸르로路의 사유지에 놓여 있다. 추출된 화석들은 아직 덜 지어진 집에 안전하게 들어가 있고, 우리는 지하실에 있는 화석 자루들을 샅샅이 살펴보기 시작했다. 날마다 더 많은 화석이 추출되고 있지만 작업은 더디고, 화석처리 담당자를 고용할 돈은 없다. 인도히우스 화석을 관리하는 위탁업체에는 집도 있고 화석도 있고, 화석을 연구할 임무도 있지만, 장래에 연구를 출범시켜 인도히우스 화석들을 구해낼 자금은 없다. 피하길 바라지만, 그곳이 통째로 문을 닫을 가능성도 있다. 슬프게도, 어쩌면 그것이 프리트린데 오베르크펠과 안네 랑가 라오의 비극적 이야기에 어울리는 결말일 것이다.

15

앞으로 나아갈 길

중대한 의문

나는 고래의 진화에 관해 이야기하기를 정말 좋아하고, 내 청중은 초등학교 5학년생을 비롯해 우리 동네 봉사클럽을 거쳐 국제회의에 참석한 고래학자에 이르기까지 정말로 다양하다. 고래의 진화가 얼마나 극적인가를 적시하기 위해, 나는 평소에 사람들에게 두 가지 환상적인 탈것을 떠올리도록 주문하는 것으로 시작한다. 탄환열차와 핵잠수함을 이용할 수도 있겠지만, 그보다는 덜 무서운 배트모빌과 비틀스의 노란 잠수함을 떠올리라고 한다. 고래는 매우 정교하게 완성된, 육상생활에 적응된 몸을 가지고 시작했다. 그리고 그것을 약 800만 년 만에, 대양에 완벽하게 조율된 몸으로 바꾸었다. 나는 청중에게 공학자 한 팀을 모아서 배트모빌을 해체한 다음, 그것의 부품들로 노란 잠수함을 짓는 상상을 해보라고 한다. 땅 위에서 잘 작동하는 거의 모든 것이 물속에서는 비참하게 무용지물이 될 것이다. 이동기관을 비롯해 감각기관, 삼투압 조절 기관, 번식기관에 이르는 모든 기관계가 바뀌어야 한다. 그리고 물론, 진화 과정에 있던 모든 중간 종은 자신의 환경에서 제구실을 했다. 이 조건을 보탠다는 것은, 공학자들이 퇴근할 때마다 그래도 여전히 작동하는 탈것을 제시할 수 있어야 한다는 말일 것이다. 이는 불가능한 일일 테고, 그래서 이것이 정말로 얼마나 놀라운 전이였는가를 암시한다. 그리고 이제는, 놀랍게도, 그것이 화석들에 의해 전부 입증된다.

그러한 대중강연 뒤에 내가 가장 흔히 받는 질문은 고래가 **왜** 물로 들어갔느냐는 것이다. 아직은 모르는 것이 많지만, 모든 세부사항에서 물러나 눈을 가늘게 뜨면, 흐릿한 영화 한 편이 보이기 시작한다(〈그림 57〉). 작은 너구리만 한 우제류들이 꽃과 이파리를 뜯어먹다가, 위험을 피해 물속에 숨었다. 이들의 후손들은 포식자로서 물속에 숨어 먹잇감을 정찰하며, 물속에 머물렀다. **뒤이은** 후손들이 빠르게 헤엄치는 법을 알아냈고, 새로운 먹잇감을 쫓았고, 땅 위에서 돌아다니는 능력을 조금씩 잃어버렸다. 다양한 방식의 헤엄을 실험한 뒤, 이들은 마침내 자신의 몸을 미끈한 유선형으로 바꾸었다. 따라서 육지에 대한 모든 유대가 끊어졌다. 한 집단이 먹잇감의 위치를 찾아내려고, 이미 고도로 발달된 청각계에 소리 방출계를 추가했다. 바로 반향정위를 하는 이빨고래다. 다른 집단은 크릴 들판에서 크릴을 뜯는 데에 쓰이는 수염을 진화시켰다. 바로 수염고래다. 뭍에서 물로 보내는 단 하나의 동인 따위는 없었다. 고래목은 일직선이 아닌 작은 단계들을 밟았고, 대부분이 어떤 식으로든 섭식 및 식습관과 관계가 있었다. 그러한 단계들은 각각이 우발적이었고, 실패한 실험들이 허다했다.

우리가 이미 무엇을 알건 흥미로운 질문들이 많이 남아 있지만, 한 의문은 특히 중대하게 느껴진다. 포유류는 일반적으로 완성도가 높고 파충류나 어류 같은 집단보다 제약이 많은 청사진을 기초로 지어져 있다. 예컨대 태반포유류의 치식은 3.1.4.3/3.1.4.3이고 숫자가 올라가는 일은 거의 없다(〈그림 10〉과 제2장을 참조). 또한 포유류에는 손가락마다 손가락뼈가 많아야 세 개, 엄지에 두 개 있고(〈그림 12〉), 엉치뼈 앞에는 약 스물여섯 개의 척추뼈가 있다(제12장). 설계의 모든 면에서, 포유류는 어류, 양서류, 파충류보다 더 많은 제약을 받는다. 하지만 고래목은 예외다. 이들은 포유류의 법칙을 우롱하며 이빨의 수, 가락뼈의 수, 엉치앞뼈의 수가 마구 왔다갔다한다. 마치 발생을 지배하는 매우 기본적인 포유류의 법칙 일부가 깨진 것 같다. 그리고 역설적으로, 그 보통보다 훨씬 큰 편차에도 불구하고, 현대의 모든 고래목이 겉으로는 꽤나 비슷해 보인다. 모두 유선형의 몸을 가지고 있고, 기본적으로 털이 없고, 목이 없고, 앞다리 대신 지느러미발이 있고, 뒷다리를 없애버렸고, 꼬리 대신 수평의 꼬리지느러미를 진화시켰다. 이들이 느슨한 청사진을 토대로 지어진다면, 어째서 겉으로는 그토록 비슷한 걸까? 내 중대한 의문은 청사진을 느슨하게 만든 유전적 스위치들, 그리고 그 스위치들이 보수적인 외형의 모순에 영향을 미치는 방식에 관한 것이다.

그 의문의 첫 부분은 이미 너무나 광범위해서, 과학자 대부분이 작업하는 방식으로 검증할 수 있는 명시적 가설로 진술할 수 없다. 대신, 우리는 그것을 더 작고, 더 구체적이고 답변 가능한 질문들로 쪼갤 필요가 있다. 그러한 답들 중 일부는 화석에서 나올 것이다. 화석만이 진화에서 실제로 무슨 일이 일어났는지를 보여줄 수 있다. 하지만 답들 중 다수는 배아의 발생에 길을 열어주는 유전자를 연구하는 데에서 나올 것이다. 이는 현대의 고래에서만 연구할 수 있다.

답변 가능한 질문들을 탐색하는 동안, 우리는 단 하나의 기관계에서 출발해 발생 데이터와 고생물학 데이터가 함께 무엇을 제공해야 하는지를 이해해야 한다. 섭식의 진화가 초기 고래의 진화에서 중심축임을 고려하면, 거기서 출발하는 것이 타당하다.

이빨의 발생

고래목의 배아를 얻기가 어려운 만큼, 이 연구과제를 시작하는 가장 간단한 방법은 내가 몇 해 전 뒷다리 상실을 연구하고 있을 때 존 헤이닝과 빌 페린이 나에게 준 돌고래 배아들을 살펴보는 것이다. 그 배아들은 모두 점박이 돌고래라는 한 종에서 나온 것이다. 이 종은 성체가 되면 아래턱과 위턱 각 각에 서른다섯 개가 넘는 이빨을 가지게 되고, 이는 이 종의 에오세 조상들 이 가지고 있던 열한 개에 비해 월등히 많은 숫자다. 또한 〈그림 23〉의 참 돌고래에서 보이듯이, 이빨은 아주 작다. 턱 반쪽당 열한 개가 넘는 이빨을 과잉치라고 한다. 과잉치는 포유류에서 고래목 말고는 매너티와 왕아르마 딜로 두 집단에서만 눈에 띈다. 점박이돌고래는 과잉치일 뿐만 아니라 동 형치이기도 하다. 모든 이빨이 똑같이 생겼다는 말이다. 앞니, 송곳니, 작은 어금니, 큰어금니의 구분이 없다. 동형치는 아직 이빨을 가지고 있는 모든 현대 고래목에서 어느 정도 눈에 띄지만, 다른 포유류에는 드물다. 흥미롭 게도, 내가 연구하는 에오세의 고래목들은 동형치도 아니고 과잉치도 아니 다. 두 가지 특징 모두 점진적으로, 하지만 3400만 년 전 무렵부터 거의 동 시에 모습을 드러낸다. 초기 수염고래들은 아직도 이빨을 가지고 있고, 턱 마다 15~20개의 이빨이 있다. 이러한 이빨들은 에오세 고래들의 이빨과 더 비슷하지만, 동형치를 향해 가는 확실한 경향이 있다. 이와 무관하게, 초기 이빨고래에서도 같은 일이 일어난다. 그래서 나는 동형치와 과잉치 사이에 어떤 관계가 있다고 생각한다.

우리는 주로 생쥐를 대상으로 한 생체의학적 연구를 통해, 이빨의 발생 에 관해 많이 알고 있다. 배아가 아직 아주 작을 때, 그리고 이빨이 나기 오 래전에, 턱의 앞쪽에서 BMP4라는 머리글자로 통하는 단백질이 만들어진 다.[1] 턱의 뒤쪽에서는 FGF8이라는 다른 단백질이 만들어진다. 흥미롭게도, BMP4가 턱 전체에서 눈에 띄고, FGF8은 이 단계에서 이빨 발생에 관여하 지 않는 다른 척추동물들도 있다.[2] 그리고 물론, 이러한 다른 척추동물들은 동형치이거나 동형치에 가깝다. 생쥐 배아를 대상으로 한 실험에서도, 아니 나 다를까, 배아를 조작해 턱의 뒤쪽 또한 BMP4를 만들도록 하면, 생쥐의 큰어금니들이 더 단순해져서 모든 이빨이 앞니처럼 보인다.[3] 돌고래의 배

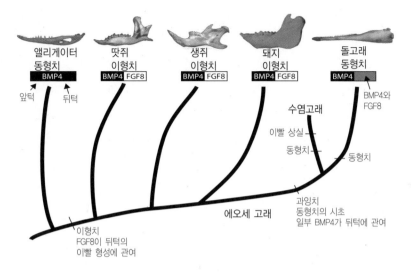

그림 58 이빨의 형태를 결정하는 유전자들이 단백질 BMP4(검은 막대)와 FGF8(흰 막대)을 만든다. 이 단백질들은 다양한 척추동물의 턱에서 둘 다 눈에 띄는데, 파충류(앨리게이터)와 포유류(위 그림의 나머지 모두) 사이의 패턴이 서로 다르다. 돌고래에게 있는 이 단백질들의 패턴은 다른 포유류들의 것과 다르다. 앨리게이터와 돌고래는 치열 전체에 걸쳐 비슷한 이빨(동형치)을 가지고 있지만, 이들의 이빨 형태는 서로 다른 유전자 발현 패턴에서 비롯된다. 분기도는 맨 아래에 단백질 분포의 변화로 이어지는 진화적 사건들을 요약한다. 이 책에 나오는 에오세 고래들은 수염고래와 돌고래로 가는 선분 상에 있다.

아에는 BMP4가 여전히 앞쪽에 존재하고 FGF8이 뒤쪽에 있지만, 턱의 뒤쪽에도 BMP4가 있는 것으로 드러난다.[4] 그렇다면 턱 안에서 일어나는 이 두 단백질 사이의 상호작용이 중요한 진화적 스위치의 일부일 수도, 다시 말해 FGF8이 치아 발생에서 한 역할을 맡는 것이 포유류에서 일어난 혁신이고, 고래목에서는 그 역할에 BMP4의 확장이 겹쳐지는 것일 수도 있다고 본다(〈그림 58〉). 배아에서 이 단백질들의 존재는 실제로 이빨의 형태적 징후가 있기 오래전에 눈에 띄는 반면, 형태적 결과(동형치 또는 이형치)는 이빨이 형성되는 때, 즉 발생에서 훨씬 나중에 이르러야만 볼 수 있다는 점도 관계가 있다. 이 시점에 확신할 수는 없지만, 그렇다면 과잉치와 동형치라는 두 패턴이 발생에서 단일 시점에 일어난 한 가지 단순한 유전적 사건의 결과일 가능성은 낮아질 것이다.

우리는 돌고래의 이빨 발생에 관해 연구함으로써, 이빨의 모양과 그 모양을 낳는 유전자를 이해하는 길에서 괜찮은 첫걸음을 내디뎠다.[5] 그 연구는 동형치에 관한 뭔가를 말했지만 동형치와 과잉치를 연결하는 직접적 기제는 발견하지 못했고, 이빨고래의 단 한 종만을 관련시켰다. 나는 더 많은 종, 구체적으로 말해 돌고래와 관계가 가깝지 않은, 수염고래와 같은 종들의 배아가 필요하다. 그리고 그것은 돌고래의 배아보다도 더 구하기가 힘들다.

이빨로서의 고래수염

수염고래는 이빨이 없지만, 수염고래의 배아는 이빨이 있다.[6] 뒷다리싹과 마찬가지로, 이빨도 아주 작은 배아의 턱 안에서 형성되었다가 발생 후반에 이 이빨의 전구체들이 성장을 멈추면서 시들고 만다. 이 조그만 이빨 싹들은 일부 수염고래에서 아주 작게 광물화한 구조로 자라기까지 하지만,[7] 어떤 수염고래에서도 결코 잇몸을 뚫고 나오지는 않는다. 이빨이 사라질 때가 가까워오면, 위턱의 같은 곳에서, 그러니까 이빨이 나던 영역에서 수염이 발생하기 시작한다.[8] 시기가 유사한 까닭에, 수염 형성과 이빨 형성의 중단이 어떤 식으로든 연결되어 있으리라는 추측을 솔깃하게 만든다. 화석기록도 약간의 단서를 준다. 수염은 화석이 되지 않지만, 화석 고래에게 수염이 있었느냐는 입천장에 난 홈들을 토대로 추론할 수 있다는 의견이 제기되어왔다.[9] 이 홈들은 혈관을 나르는데, 수염처럼 빠르게 자라는 조직에는 공급할 피가 많이 필요하다. 이 논리에 따라, 일부 올리고세 수염고래는 아직 이빨이 있었음에도 수염을 형성하기 시작했을 거라는 의견이 제시되었다. 실제로 그러한 고래들의 치열은 과잉치였고 상당한 정도로 동형치였다. 유사하게, 수염판도 수가 많고 모두 다 매우 비슷하다.

수염은 위턱의 상피가 두꺼워지면서 형성되고, 흥미롭게도 이빨 역시 처음에는 입속의 상피가 두꺼워지면서 형성된다. 이빨의 경우는 두꺼워지면서 저절로 아래 조직인 중간엽으로 파묻힌다. 두 과정이 연결된다면, 나라면 이빨 형성에 관여하는 유전자의 부분집합이 수염 형성에도 관여한다고 예상할 것이다. 다양한 기관을 지으면서 같이 일하는 경우가 많은 유전자들을 유전적 도구상자라 일컫는다. 수염고래의 진화 초기에, 이빨을 짓던 도구상자가 대신 수염을 짓도록 프로그램이 다시 짜였을 수 있다. 그러한 도구상자의 임무 교체로 이빨이 사라진 것이다. 이와 같이 기존 과정에 새로운 기능이 생기는 것을 창출적응이라 불러왔다. 만일 내가 같은 유전적 도구상자가 이빨 상실과 수염 형성 둘 다에 관여한다는 것을 보일 수 있다면, 다음 질문은 그 도구상자가 다른 과정—배아에서 털 발생도 치아 발생과 유사점들이 있으므로, 예컨대 털 발생의 부재—에서도 작동하느냐가 될 것이다. 작동한다면, 조절유전자의 핵심 집단에서 일어난 약간의 변화가 고래목의 온갖 기관에 영향을 미쳐 그 집단의 진화를 몰아가게 되는 일이 가능해진다.

이런 생각을 하면서, 알래스카의 노스슬로프*에 있는 도시 배로로 날아간다. 거기서, 이누피아트족 에스키모가 예부터 수확해온 수염고래의 일종인 북극고래의 배아들을 연구하길 기대한다. 북극 주위의 토착민들은 수세기 동안 북극고래에 의지해 연명해왔고, 국제포경위원회는 그것이 당장은 늘어나고 있는 북극고래의 개체군에 영향을 미치지 않도록, 엄격하게 규제한다. 북극고래 발생과 관련한 가장 간단한 질문들조차도 답하려면 몇 년이 걸리겠지만, 이는 나로 하여금 1991년의 그 첫 번째 파키스탄 여행을 되돌아보게 한다. 나는 결국은 내가 답하게 된 질문들에 답을 하러 파키스탄에 간 것이 아니었고, 전쟁이 터져서 내 첫 번째 탐사 일정은 초주검이 되었다. 내가 여기까지 올 수 있었던 것은 오로지 끈기와 행운에 의해서였고, 그 탐사 일정이 훗날 내가 일부가 된 흥분되는 발견들로 가는 길을 닦았다. 고래

---

* 북극해와 맞닿은 북쪽 경사면 일대.

목의 배아들이 화석 이야기를 얼마나 개선할 수 있을지를 보여주려면 10년은 더 필요할 것이다.

우선은, 이 책이 우리가 고래의 기원을 이해하는 데에서 이룬 놀라운 진전을 요약한 것에 만족한다. 이 주제는 과거에는 자료도 없고, 개념적으로 파악하기도 힘들고, 화석이 없다는 이유로 창조론자들의 총애를 받던 주제였다. 지금은 그것이 진화생물학 교과서의 총아다. 풍부한 중간화석, 다수의 뚜렷한 기능적 고리, 그 모두를 몰아가는 분자 기제에 대한 이해의 단초들을 갖춘, 잘 아는 주제라는 말이다. 아직 많은 질문이 남아 있고, 이 이야기의 단편들은 우리가 더 많은 것을 알게 되는 순간 다시 쓰여야 할 것이 틀림없다. 하지만 그것은 과학의 정상적인 동역학의 일부다. 새로운 발견이 과거의 결론을 검증하는 데에 쓰이고, 한 걸음씩 내디딜 때마다 우리는 진정한 이해에 가까워진다. 그것은 인생살이의 정상적인 동역학의 일부이기도 하다. 인간이 경험을 할 때마다, 성장이 일어나고 낡은 관념들이 다시 새겨진다. 고래의 기원의 경우, 지난 20년 사이에 굉장한 것들을 알게 되었고, 나는 새로운 세대의 싹트기 시작한 과학자들이 고래의 진화에 대한 우리의 이해를 현재의 지평 너머로 힘차게 밀어주기를 바란다. 이제 여러분 차례다. 파이팅.

옮기고 나서

에오세 초기의 바다는 그 어느 때보다도 생명의 다양성이 높았지만, 일부 생태적 틈새는 여전히 비어 있었다. 거대 해양 포식자의 자리는 백악기 말에 해양 파충류가 멸종한 이후 빈자리로 남아 있었고, 팔레오세의 바다에서는 작은 상어보다 큰 포식자는 볼 수 없었다. 그러나 엄청나게 다양한 어류와 연체동물은 영원히 그대로 두어서는 안 될 중요한 자원이었다. 더 이상 파충류가 거대 척추동물의 자리를 차지하고 있지 않았기 때문에 해양 포식자로 진화할 기회는 포유류에게 돌아갔고, 포유류에서는 신생대 동안 수차례에 걸쳐 이런 진화가 일어났을 것이다. 이와 같은 포유류의 해양 침공이 최초로 일어난 시기는 에오세 초기였는데, 그 진화적 추이는 다른 어떤 화석 기록보다도 흥미진진하고 잘 기록되어 있다. 바로 고래가 육지를 떠나 바다로 가는 과정이었다. … 가장 중요한 발견은 요하네스 G. M. 테비센 등(1994)이 기재한 암불로케투스 나탄스였다. … 육상동물인 메소니키드에서 고래로 모습이 변해가는 놀라운 과정은 화석기록에 나타난 진화적 변화를 보여주는 가장 뛰어난 본보기가 되었다. 창조론자들에게는 불편할 수 있겠지만, 화석은 부정할 수 없는 진화의 증거다.
　　　　　　　　　—오파비니아 시리즈 제10권 『공룡 이후』, 고래 이야기 중에서

2014년 10월, 대한민국 서울. "고래의 진화에 관한 증거 자료가 최근에 대

부분 이 지은이의 기여로 갖춰진 게 사실이라면, 이 주제에 관한 한 이후로 이 이상의 책은 나오지 않으리라는 생각이 드네요. 만에 하나 오파비니아 말고 딴 데서 이 책이 나오거나 한다면, 고래는 영원히 '빠이빠이'일 듯." 원서를 검토한 옮긴이의 협박에 '딸라 빚'(?)을 내느라 머리를 쥐어뜯던 뿌리와 이파리 사장님이 이듬해 1월에 답을 보내왔다. "좋은 소식입니다. 오늘 저작권계약 오퍼가 승인되었습니다. 이제 '빠이빠이'가 아니라 '이빠이이빠이' 고래와 걷고 헤엄치시면 되겠습니다."

그 후로, 옮긴이는 고래뿐만 아니라 북극곰, 밍크, 바다사자, 물범, 바다소, 강 수달, 해달, 큰수달 따위의 헤엄 동영상을 보고 또 보며 정말로 팔다리를 허우적대기 시작했다. 그리고 간간이, 인사로 작업 중인 책의 주제를 묻는 분들에게 무심히 '고래'라고 대답했다가 상대의 반응에 내심 놀라곤 했다. 혹시 내가 실수로 '고양이'라고 말했나? 원서의 표지(번역서도 같은 일러스트를 표지로 썼다)가 떠올랐다. 이분들이 반색하며 상상하는 카리스마 넘치는 마스코트와는 말 그대로 4000만 년 쯤 거리가 먼, 듣도 보도 못한 짐승 다섯 마리가 주인공인데, 어쩌나.

　실은 옮긴이조차도 처음엔, 어느 개그맨마냥 단춧구멍만 한 눈들을 게슴츠레 뜨고 있는 다섯 친구의 첫인상이 구매욕을 떨어뜨릴 거라고 생각했지만, 차츰 흐리멍덩한 건 내 눈이었음을 깨닫고 끝에 가서는 원서의 표지를 꼭 살려야 한다고 우기게까지 되었다. 천천히, 하나씩하나씩 알게 되었기 때문이다. 뒷발만 커다란 이 친구는 왜 하필 맹그로브 나무뿌리에 걸터앉아 폼을 잡는지. 늘씬한 꼬리를 자랑하는 저 친구는 왜 한사코 다리만은 풀숲에 감추고 있는지. 화사한 파란빛은 다 어디 두고 왜 배경은 온통 물속처럼 어두컴컴한지. 그리고 '눈'으로 말하자면, 훗날엔 이들의 어느 후손이 눈 감고도 소리만으로 왕방울 눈의 대왕오징어를 낚는 기막힌 사냥꾼이 되리라는 것. 그리고 세월이 흘러 푸른 물도 피와 살도 증발한 자리에 이들이 남긴 뼈의 깊고 넓은 눈구멍은, 단 한 번의 눈길로 인디애나 존스의 심장을 멎게 하리라는 것도.

물론 신생대 에오세에 고래의 조상이 발을 버리고 물로 돌아가기 한참 전, 3억 7500만 년 전 고생대 데본기에 먼저 물에 살던 물고기가 팔을 달고 뭍으로 올라왔다. 닐 슈빈이 2004년에 북극 엘스미어 섬에서 '팔굽허퍼기를 할 수 있는 물고기' 틱타알릭을 발굴한 이야기는 우리의 '한스'가 1992년에 파키스탄의 칼라치타 구릉에서 '걷고 헤엄칠 수 있는 고래' 암불로케투스를 발굴한 이야기와 거울상이다. 슈빈이 쓴 『내 안의 물고기』(김명남 옮김, 김영사, 2009)에 적힌 옮긴이의 말은 마치 테비슨을 마주보며 하는 말 같다.

> 크레바스처럼 깊었던 틈에 불쑥 다리가 놓이고, 극과 극 같았던 지역들이 지름길로 연결되는 광경. 저쪽의 지식이 이쪽으로 흘러 들어와서 오랜 난제를 허무하리만치 간단히 풀어주기도 하고, 여러 문화의 도구들을 동원하여 더욱 어려운 문제를 추구하고 나서는 광경.

처음에 원고를 읽고 나서 생각했다. 전쟁, 발 달린 고래 발견, 화석 위탁 등등…., 어떻게 이 모든 일이 한 사람한테 다 일어날 수가 있지? 에이, 설마. 내가 너무 후딱 읽어서 잘못 안 것이겠지. 하지만 이번에도, 좁은 건 내 시야였다. 테비슨은 정말로 암불로케투스 나탄스뿐만 아니라, 레밍토노케투스과, 파키케투스과, 프로토케투스과의 고래 화석들을 골고루 직접 발굴했다. 정말로 미망인에게서 화석 더미를 위탁받아 고실뼈가 부러지는 '사고로' 인도히우스와 고래가 가까움을 밝혔으며, 정말로 피시라는 수영선수와 헤엄을 연구했다. 테비슨이 고래가 민물에서 짠물로 전이한 과정을 연구하려 하면 자연마저 그에게 강에 사는 고래와 바다에 사는 고래, 바다에 살지만 민물을 먹어야 하는 바다소 따위 표본을 골고루 갖춰주었다.

지은이는 그렇게 소설보다 역동적인 인생살이와 대륙이 충돌하는 히말라야 한복판에 '정말로' 서 있었건만, 옮긴이라는 운명적 거짓말쟁이는 '구름 한 점 없는 쪽빛 하늘, 배경의 노란 석회암 절벽, 지붕에 빨간 타일을 인 페리윙클빛 마을, 물소들이 몸을 식히고 있는 마을의 작은 호수, 카키빛 야산을 등지고 자리잡은 초록빛 날라'를 12색 색연필로 그려봤을 뿐이다. 이 책의 생명인 생생한 현장감이 무지한 옮긴이의 손에 치명상을 입지 않도록 원고를 읽어준 젊은 고생물학자 박진영 선생께 감사드린다. 선생은 『박진영의 공룡 열전』의 지은이이기도 하지만, 「고래류의 형태적 진화와 유영법 변화」라는 논문의 주 저자이기도 하다.

2015년 9월, 옮긴이의 전자우편함. "Tay-fis-son." 네덜란드 태생의 지은이 Thewissen에게 이름의 발음을 물었을 때 돌아온 답이다. 『공룡 이후』에 '테비센'으로 올랐던 이름을 차마 '테이피선'으로 바꿀 수는 없었기에, 우리 문자로는 f와 p가 구분이 안 되므로 'Tay-pis-son'으로 불리게 될 거라고, 지은이를 협박해 f 대신 v가 낫겠다는 자백을 받아내 '테비슨'으로 타협을 보았다. 이야기는 이렇게 만들어진다. 『공룡 이후』 이후에 100만 년도 흐르기 전에, 이 책에서 고래의 '현재 좀 더 유력한' 조상 자체가 메소닉스에서 인도히우스로 바뀐 것은 물론이고, 옮긴이가 메소니키드를 메소닉스과로 '진화'시킨 것도 반드시 '진보'인 것은 아니며, 앞선 이를 탓하려는 '의도'도 전혀 없었음을 말하고 싶다. 진화에서 그렇듯 피하지 못했고 다 말하지 못한 사연이 있었을 뿐이고, 진화에서 그렇듯 앞선 이의 유물은 발판이지 결코 폐물이 아니다. '이후로 이 이상의 책은 나오지 않으리라' 한 옮긴이의 큰소리에 넓적다리 근육이 불끈거린다면, 일단 이 책을 확실히 디뎌라. 속편을 기대한다. 차세대 파이팅.

2016년 6월, 갯가에서 김미선

후주

제1장 헛된 삽질

1. R. M. West, "Middle Eocene Large Mammal Assemblage with Tethyan Affinities, Ganda Kas Region, Pakistan," *Journal of Paleontology* 54 (1980): 508-33.
2. P. D. Gingerich and D. E. Russell, "*Pakicetus inachus*, a New Archaeocete (Mammalia, Cetacea)," *Contributions from the Museum of Paleontology, University of Michigan* 25 (1981): 235-46. P. D. Gingerich, N. A. Wells, D. E. Russell, and S. M. I. Shah, "Origin of Whales in Epicontinental Remnant Seas: New Evidence from the Early Eocene of Pakistan," *Science* 220 (1983): 403-6.
3. D. T. Gish, *Evolution: The Challenge of the Fossil Record* (El Cajon, CA: Creation-Life Publishers, 1985).
4. A. Boyden and D. Gemeroy, "The Relative Position of the Cetacea among Orders of Mammalia as Indicated by Precipitin Tests," *Zoologica* 35 (1950): 145-51. M. Goodman, J. Czelusniak, and J. E. Beeber, "Phylogeny of Primates and Other Eutherian Orders: A Cladistics Analysis Using Amino Acid and Nucleotide Sequence Data," *Cladistics* 1 (1985): 171-85.
5. D. Gish, "When Is a Whale a Whale?" *Acts & Facts* 23 (1994, No. 4). http://www.icr.org/article/when-whale-whale/.
6. 과학자마다 '고래'라는 낱말을 다르게 사용한다. 이 책에서는 화석 종의 경우, '고래whale' 와 '고래목Cetacean'이 교환 가능한 낱말로 쓰인다. 엄밀한 의미의 '고래류whales'에는 화석 돌고래류 및 쇠돌고래류가 포함된다.
7. J. G. M. Thewissen and S. T. Hussain, 1993, "Origin of Underwater Hearing in Whales," *Nature* 361 (1993): 444-5.

제2장 어류냐, 포유류냐, 아니면 공룡?

1. Aristotle, *Historia Animalium*, Book III, http://web.archive.org/web/20110215182616/ http://etext.lib.virginia.edu/etcbin/toccer-new2?id=AriHian.xml&images=images/ modeng&data=/texts/english/modeng/parsed&tag=public&part=3&division=div2.

2. 이빨고래아목과 관계가 있으면서 이빨이 거의 없는 고래목들도 있다. 수컷 외뿔고래는 겨우 하나, 즉 자기 몸보다 더 긴 엄니를 가지고 있는 반면, 암컷 외뿔고래는 잇몸을 뚫고 나오는 이빨이 아예 없고, 많은 암컷 부리고래의 경우도 마찬가지다. 그 대신에, 이빨을 가진 일부 고래류, 예컨대 5000만 년 전에서 3700만 년 전 사이에 살았던 고래들은 이빨고래류가 아니다. 여기서 사용하는 '이빨고래류toothed whales'라는 표현은 이빨고래아목의 고래odontocete를 의미한다.

3. D. W. Rice, *Marine Mammals of the World, Systematics and Distribution*, Special Publication Number 4 (1998), Society for Marine Mammalogy.

4. 새끼에게 어미의 젖을 먹이는 것은 실제로 포유류의 결정적 특징이지만, 수컷의 교미기관은 그렇지 않다. 음경은 예컨대 악어와 거북에게도 있다.

5. H. Melville, *Moby-Dick; or, The Whale* (New York: Random House, 1992), 193-94. 한국어판, 『모비 딕』 제32장 고래학(작가정신, 2011)

6. C. Darwin, *The Origin of Species by Means of Natural Selection or the Preservation of Favoured Races in the Struggle for Life* (Harmondsworth: Penguin, 1968), 215. 한국어판, 『종의 기원』 제6장(한길사, 2014)

7. Quoted in S. J. Gould, "Hooking Leviathan by Its Past," *Natural History*, May 1994: 8-15.

8. R. Harlan, "Notice of the Fossil Bones Found in the Tertiary Formation of the State of Louisiana," *Transactions of the American Philosophical Society, N. S.* 4 (1834): 397-03, pl. 20.

9. R. Owen, "Observations on the *Basilosaurus* of Dr. Harlan (*Zeuglodon cetoides*, Owen)," *Transactions of the Geological Society of London*, Ser. 2, No. 6 (1839): 69-9, pl. 7-. R. Owen, "Observations on the Teeth of the *Zeuglodon, Basilosaurus* of Dr. Harlan," *Proceedings of the Geological Society of London* 3 (1839): 24-28.

10. International Code for Zoological Nomenclature—ee http://www.nhm.ac.uk/hosted-sites/iczn/code/.

11. J. G. Wood, "The Trail of the Sea-Serpent," *Atlantic Monthly* 53 (June 1884): 799-14.

12. D. E. Jones, "Doctor Koch and his 'Immense Antediluvian Monsters,'" *Alabama Heritage* 12 (Spring 1989): 2-9, http://www.alabamaheritage.com/vault/monsters.htm.

13. Quoted in J. D. Dana, "On Dr. Koch's Evidence with Regard to the Contemporaneity of Man and the Mastodon in Missouri, *American Journal of Science and Arts* 9 (35, 1875): 335-6.

14. J. Muller, *U¨ber die fossilen Reste der Zeuglodonten von Nordamerica, mit Rucksicht auf die europaischen Reste dieser Familie* (Berlin: G. Reimer, 1849).

15. *Dallas Gazette* of Cahawba, Alabama, March 30, 1855, quoted in note 12.

16. P. D. Gingerich, B. H. Smith, and E. L. Simons, "Hind Limbs of Eocene *Basilosaurus*: Evidence of Feet in Whales," *Science* 229 (1990): 154-7.

17. J. Gatesy and M.A. O'Leary, "Deciphering Whale Origins with Molecules and Fossils," *Trends in Ecology & Evolution* 16 (2001): 562-70.

18. 관련된 종의 집단은 한 속에 포함되고, 관련된 속의 집단은 한 과에 포함된다. 동물 명명법에서 가장 흔히 쓰이는 위계 수준은 종, 속, 과, 상과, 하목, 목, 강, 문이다. 고래목은 포유강에 속하는 한 목의 이름이다. 27쪽도 참조.

19. 바실로사우루스아과는 바실로사우루스, 크리소케투스*Chrysocetus*, 킨티아케투스*Cynthiacetus*, 바실로트리투스*Basilotritus*를 포함하고, 유럽, 아프리카, 아메리카에서 발견된다. 도루돈아과 중에서 도루돈, 사가케투스, 마스라케투스*Masracetus*, 스트로메리우스*Stromerius*는 이집트에서만 나오는 것으로 알려져 있고, 지고르히자는 북아메리카, 남극, 뉴질랜드에서 살았으며, 오쿠카예아*Ocucajea*와 수파이야케투스*Supayacetus*는 페루에서만 나오는 것으로 알려져 있다.

20. M. D. Uhen, "Form, Function, and Anatomy of Dorudon atrox (Mammalia, Cetacea): An Archaeocete from the Middle to Late Eocene of Egypt," *University of Michigan Papers on Paleontology* 34 (2004): 1-222. 이 논문은 가장 유명한 바실로사우루스과의 한 종을 포괄적으로 다루고, 이 책에서 거론하는 많은 주제를 망라한다. 이 논문을 비롯해 어디에서나 중요한 기타 논문의 출처는 이미 인용한 경우 반복하지 않는다.

21. 위턱과 아래턱에 있는 세 번째 큰어금니는 사랑니다. 이 이빨은 있는 사람도 있지만, 어떤 사람들은 한 개도 나지 않는다.

22. R̠. Kellogg, *A Review of the Archaeoceti* (Washington, DC: Carnegie Institute of Washington, 1936).

23. C. C. Swift and L. G. Barnes, "Stomach Contents of *Basilosaurus Cetoides*: Implications for the Evolution of Cetacean Feeding Behavior, and Evidence for Vertebrate Fauna and Epicontinental Eocene Seas," *Abstracts of Papers, Sixth North American Paleontological Convention* (Washington, DC, 1996).

24. J. M. Fahlke, K. A. Bastl, G. Semprebon, and P. D. Gingerich, "Paleoecology of Archaeocete Whales throughout the Eocene: Dietary Adaptations Revealed by Microwear Analysis," *Palaeogeography, Palaeoclimatology, Palaeoecology* 386 (2013): 690-701. doi:10.1016/j.palaeo.2013.06.032.

25. J. M. Fahlke, "Bite Marks Revisited: Evidence for Middle-to-Late Eocene*Basilosaurus isis*\ Predation on *Dorudon atrox* (Both Cetacea, Basilosauridae)," *Palaeontologia Electronica* 15 (2012): 32A.

26. R. A. Dart, "The Brain of the Zeuglodontidae (Cetacea)," *Proceedings of the Zoological Society, London* 42 (1923): 615-54.

27. L. Marino, "Brain Size Evolution," in *Encyclopedia of Marine Mammals* (2nd ed.),

ed. W. F. Perrin, B. Würsig, and J. G. M. Thewissen (San Diego, CA: Academic Press, 2009), 149-52.

28. T. Edinger, "Evolution of the Horse Brain," *Geological Society of America, Memoir* 25 (1948).

29. L. Marino, M. D. Uhen, B. Frohlich, J. M. Aldag, C. Blane, D. Bohaska, and F. C. Whitmore, Jr., "Endocranial Volume of Mid-Late Eocene Archaeocetes (Order: Cetacea) Revealed by Computed Tomography: Implications for Cetacean Brain Evolution," *Journal of Mammalian Evolution* 7 (2000): 81-94. L. Marino, "What Can Dolphins Tell Us about Primate Evolution?" *Evolutionary Anthropology* 5 (1997, no. 3): 81-85.

30. J. G. M. Thewissen, J. George, C. Rosa, and T. Kishida, "Olfaction and Brain Size in the Bowhead Whale," *Marine Mammal Science* 27 (2011): 282-94.

31. H. J. Jerison, *Evolution of the Brain and Intelligence* (New York: Academic Press, 1973). L. Marino, D. W. McShea, and M. D. Uhen, "Origin and Evolution of Large Brains in Toothed Whales," *Anatomical Record* 281A(2004): 1247-55. 대뇌화지수는 그램 단위 뇌 무게/0.12(그램 단위 몸무게)0.67로 정의된다.

32. 북극고래 08B11의 뇌 크기는 2950그램이었고, 몸무게는 1422만 2000그램이었다. 30번 주 참조.

33. W. C. Lancaster, "The Middle Ear of the Archaeoceti," *Journal of Vertebrate Paleontology* 10 (1990): 117-27.

34. V. de Buffrenil, A. de Ricqles, C. E. Ray, and D. P. Domning, "Bone Histology of the Ribs of the Archaeocetes (Mammalia, Cetacea)," *Journal of Vertebrate Paleontology* 10 (1990): 455-66.

35. M. Taylor, "Stone, Bone, or Blubber? Buoyancy Control Strategies in Aquatic Tetrapods," in *Mechanics and Physiology of Animal Swimming*, ed. L. Maddock, Q. Bone, and J. M. V. Rayner (Cambridge: Cambridge University Press, 1994), 205-29.

36. S. I. Madar, "Structural Adaptations of Early Archeocete Long Bones," in *The Emergence of Whales*, ed. J. G. M. Thewissen (New York: Plenum Press, 1998), 353-78.

37. M. M. Moran, S. Bajpai, J. C. George, R. Suydam, S. Usip, and J. G. M. Thewissen, "Intervertebral and Epiphyseal Fusion in the Postnatal Ontogeny of Cetaceans and Terrestrial Mammals," *Journal of Mammalian Evolution* (2014), doi:10.1007/s10914-014-9256-7. M. D. Uhen, "New Material of *Natchitochia jonesi* and a Comparison of the Innominata and Locomotor Capabilities of Protocetidae," *Marine Mammal Science* (2014), doi:10.1111/mms.12100.

38. 해부학 용어에서는 엉치뼈를 중심으로 양편에 있는 무명뼈를 엉치뼈와 통틀어 골반뼈라 한다. 무명뼈는 볼기뼈로도 불리고 엉덩뼈, 궁둥뼈, 두덩뼈로 이루어진다. 이 책에서는 더 흔한 영어 용례를 따라, '골반'을 무명뼈와 동의어로 취급한다.

39. E. A. Buchholtz, "Implications of Vertebral Morphology for Locomotor Evolution

in Early Cetacea," in *The Emergence of Whales*, ed. J. G. M. Thewissen (New York: Plenum Press, 1998), 325-52.

40. F. E. Fish, "Biomechanical Perspective on the Origin of Cetacean Flukes," in *The Emergence of Whales*, ed. J. G. M. Thewissen (New York: Plenum Press, 1998), 303-24.

41. P. W. Webb and R. W. Blake, "Swimming," in *Functional Vertebrate Morphology*, ed. M. Hildebrand, D. M. Bramble, K. F. Liem, and D. B. Wake (Cambridge, MA: Harvard University Press, 1985), 110-28.

42. H. Benke, "Investigations on the Osteology and the Functional Morphology of the Flipper of Whales and Dolphins (Cetacea)," *Investigations on Cetacea* 24 (1993): 9-252.

43. L. N. Cooper, S. D. Dawson, J. S. Reidenberg, and A. Berta, "Neuromuscular Anatomy and Evolution of the Cetacean Forelimb," *Anatomical Record* 290 (2007): 1121-37.

44. J. G. M. Thewissen, L. N. Cooper, J. C. George, and S. Bajpai, "From Land to Water: The Origin of Whales, Dolphins, and Porpoises," *Evolution: Education and Outreach* 2 (2009): 272-88.

45. L. Bejder and B. K. Hall, "Limbs in Whales and Limblessness in Other Vertebrates: Mechanisms of Evolutionary and Developmental Transformation and Loss," *Evolution & Development* 4 (2002): 445-58.

46. M. D. Struthers, "The Bones, Articulations, and Muscles of the Rudimentary Hind-Limb of the Greenland Right Whale (*Balaena mysticetus*)," *Journal of Anatomy and Physiology* 15 (1881): 142-321. M. D. Struthers, 1893, "On the Rudimentary Hind Limb of the Great Fin-Whale (Balaenoptera musculus) in Comparison with Those of the Humpback Whale and the Greenland Right Whale," *Journal of Anatomy and Physiolog* 27 (1893): 291-335.

47. F. A. Lucas, "The Pelvic Girdle of Zeuglodon, *Basilosaurus cetoide* (Owen), with Notes on Other Portions of the Skeleton," *Proceedings of the United States National Museum* 23 (1900): 327-31.

48. P. D. Gingerich, "Marine Mammals (Cetacea and Sirenia) from the Eocene of Gebel Mokattam and Fayum, Egypt: Stratigraphy, Age, and Paleoenvironments," *University of Michigan Papers on Paleontology* 30 (1992): 1-84.

49. J. Zachos, M. Pagani, L. Sloan, E. Thomas, and K. Billups, "Trends, Rhythms, and Aberrations in Global Climate 65 Ma to Present," *Science* 292 (2001): 686-93.

50. A. Haywood, *Creation and Evolution* (London: Triangle Books, 1985), quoted in note 7.

제3장 다리 달린 고래

1. D. P. Domning and V. de Buffrenil, "Hydrostasis in the Sirenia: Quantitative Data and Functional Interpretations," *Marine Mammal Science* 7 (1991): 331-68.
2. N. A. Wells, "Transient Streams in Sand-Poor Redbeds: Early-Middle Eocene Kuldana Formation of Northern Pakistan," *Special Publication, International Association for Sedimentology*, 6 (1983): 393-403. A. Aslan and J. G. M. Thewissen, "Preliminary Evaluation of Paleosols and Implications for Interpreting Vertebrate Fossil Assemblages, Kuldana Formation, Northen Pakistan," *Palaeovertebrata* 25 (1996): 261-77.
3. R. M. West, "Middle Eocene Large Mammal Assemblage with Tethyan Affinities, Ganda Kas Region, Pakistan," *Journal of Paleontology* 54 (1980): 508-33.
4. P. D. Gingerich and D. E. Russell, "Pakicetus inachus, a New Archaeocete (Mammalia, Cetacea)," Contributions from the Museum of Paleontology, University of Michigan 25 (1981): 235-46. P. D. Gingerich, N. A. Wells, D. E. Russell, and S. M. I. Shah, "Origin of Whales in Epicontinental Remnant Seas: New Evidence from the Early Eocene of Pakistan," *Science* 220 (1983): 403-6.
5. 고래목의 경우는 '주머니bulla'가 '고실뼈'의 동의어다(제1장과 〈그림 2〉 참조).
6. J. G. M. Thewissen, S. T. Hussain, and M. Arif, "Fossil Evidence for the Origin of Aquatic Locomotion in Archaeocete Whales," *Science* 263 (1994): 210-12.
7. S. J. Gould, "Hooking Leviathan by Its Past," *Natural History*, May 1994: 8-15.

제4장 헤엄 배우기

1. S. J. Gould, "Hooking Leviathan by Its Past," *Natural History*, May 1994: 8-15.
2. A. B. Howell, *Aquatic Mammals: Their Adaptations to Life in the Water* (Baltimore, MD: C. C. Thomas, 1930).
3. J. E. King, *Seals of the World* (Ithaca, NY: Cornell University Press, 1983).
4. F. E. Fish, "Function of the Compressed Tail of Surface Swimming Muskrats (*Ondatra zibethicus*)," Journal of Mammalogy 63 (1982): 591-97. F. E. Fish, "Mechanics, Power Output, and Efficiency of the Swimming Muskrat (*Ondatra zibethicus*)," *Journal of Experimental Biology* 110 (1984): 183-210.
5. F. E. Fish, "Dolphin Swimming: A Review," *Mammal Review* 4 (1991): 181-95. F. E. Fish, "Power Output and Propulsive Efficiency of Swimming Bottlenose Dolphins (*Tursiops truncatus*)," *Journal of Experimental Biology* 185 (1993): 179-93.
6. U. M. Norberg, "Flying, Gliding, Soaring," in *Functional Vertebrate Morphology*, ed. M. Hildebrand, D. M. Bramble, K. F. Liem, and D. B. Wake (Cambridge, MA: Belknap Press, 1985), 129-58.

7. P. W. Webb and R. W. Blake, "Swimming," in *Functional Vertebrate Morphology*, ed. M. Hildebrand, D. M. Bramble, K. F. Liem, and D. B. Wake (Cambridge, MA: Belknap Press, 1985), 110-28.

8. 인간도 접영 스트로크를 할 때 발로 양력을 만들어내기는 한다.

9. F. E. Fish, "Kinematics and Estimated Thrust Production of Swimming Harp and Ringed Seals," *Journal of Experimental Biology* 137 (1988): 157-73.

10. A. W. English, "Limb Movements and Locomotor Function in the California Sea Lion," *Journal of Zoology, London*, 178 (1976): 341-64. F. E. Fish, "Influence of Hydrodynamic Design and Propulsive Mode on Mammalian Swimming Energetics," *Australian Journal of Zoology* 42 (1993): 79-101.

11. G. C. Hickman, "Swimming Ability in Talpid Moles, with Particular Reference to the Semi-Aquatic Mole *Condylura cristata*," *Mammalia* 48 (1984): 505-13.

12. F. E. Fish, "Transitions from Drag-Based to Lift-Based Propulsion in Mammalian Swimming," *American Zoologist* 36 (1996): 628-41.

13. T. M. Williams, "Locomotion in the North American Mink, a Semi-Aquatic Mammal, I: Swimming Energetics and Body Drag," *Journal of Experimental Zoology* 103 (1983): 155-68.

14. F. E. Fish, "Association of Propulsive Mode with Behavior in River Otters (Lutra canadensis)," *Journal of Mammalogy* 75 (1994): 989-97.

15. J. G. M. Thewissen and F. E. Fish, "Locomotor Evolution in the Earliest Cetaceans: Functional Model, Modern Analogues, and Paleontological Evidence," *Paleobiology* 23 (1997): 482-490.

16. S. Bajpai and J. G. M. Thewissen, "A New, Diminuitive Whale from Kachchh (Gujarat, India) and Its Implications for Locomotor Evolution of Cetaceans," *Current Science (New Delhi)* 79 (2000): 1478-82. J. G. M. Thewissen and S. Bajpai, "New Skeletal Material for Andrewsiphius and Kutchicetus, Two Eocene Cetaceans from India," *Journal of Paleontology* 83 (2009): 635-63.

17. P. D. Gingerich, "Land-to-Sea Transition in Early Whales: Evolution of Eocene Archaeoceti (Cetacea) in Relation to Skeletal Proportions and Locomotion of Living Semiaquatic Mammals," *Paleobiology* 29 (2003): 429-54.

18. E. A. Buchholtz, "Implications of Vertebral Morphology for Locomotor Evolution in Early Cetacea," in *The Emergence of Whales: Evolutionary Patterns in the Origin of Cetacea*, ed. J. G. M. Thewissen (New York, NY: Plenum Press, 1998), 325-52.

19. R. Dehm and T. zu Oettingen-Spielberg, "Palaeontologische und geologische Untersuchungen im Tertiaer von Pakistan, 2: Die mitteleozaenen Sauegetiere von Ganda Kas bei Basal in Nord-West Pakistan," *Abhandlungen der Bayerischen Akademie der Wissenschaften, Mathematisch.-Naturwissenschaftliche Klasse* 91 (1958): 1-53.

20. S. Bajpai and P. D. Gingerich, "A New Archaeocete (Mammalia, Cetacea) from India and the Time of Origin of Whales," *Proceedings of the National Academy of Sciences* 95 (1998): 15464-68.

21. J. G. M. Thewissen, E. M. Williams, and S. T. Hussain, "Eocene Mammal Faunas from Northern Indo-Pakistan," *Journal of Vertebrate Paleontology* 21 (2001): 347-66.

22. K. K. Smith, "The Evolution of the Mammalian Pharynx," *Zoological Journal of the Linnean Society* 104 (1992): 313-49.

23. J. S. Reidenberg and J. T. Laitman, "Anatomy of the Hyoid Apparatus in Odontoceti (Toothed Whales): Specializations of their Skeleton and Musculature Compared with Those of Terrestrial Mammals," *Anatomical Record* 240 (1994): 598-624.

24. 인간의 설골은 목의 정중선에 위치한 단 한 개의 뼈이지만, 발생학적으로는 세 개의 뼈로 이루어져 있다. 포유류 대부분은 더 많은 설골뼈를 갖고 있다. 예컨대 개에게는 설골뼈가 아홉 개나 있다.

25. E. J. Slijper, *Whales* (New York, NY: Basic Books, 1962).

26. S. Nummela, S. T. Hussain, and J. G. M. Thewissen, "Cranial Anatomy of Pakicetidae (Cetacea, Mammalia),"*Journal of Vertebrate Paleontology* 26 (2006): 746-59.

27. B. Møhl, W. W. L. Au, J. Pawloski, and P. E. Nachtigall, 1999, "Dolphin Hearing: Relative Sensitivity as a Function of Point of Application of a Contact Sound Source in the Jaw and Head Region," *Journal of the Acoustical Society of America* 105 (1999): 3421-24.

28. S. Nummela, J. G. M. Thewissen, S. Bajpai, T. Hussain, and K. Kumar, "Sound Transmission in Archaic and Modern Whales: Anatomical Adaptations for Underwater Hearing," *Anatomical Record* 290 (2007):716-33. S. Nummela, J. G. M. Thewissen, S. Bajpai, S. T. Hussain, and K. K. Kumar, "Eocene Evolution of Whale Hearing," *Nature* 430 (2004): 776-78.

29. S. I. Madar, J. G. M. Thewissen, and S. T. Hussain, "Additional Holotype Remains of *Ambulocetus natans* (Cetacea, Ambulocetidae), and Their Implications for Locomotion in Early Whales," *Journal of Vertebrate Paleontology* 22 (2002): 405-22.

30. Y. Narita and S. Kuratani, "Evolution of the Vertebral Formulae in Mammals: A Perspective on Developmental Constraints," *Journal of Experimental Zoology Part B: Molecular and Developmental Evolution* 15 (2005): 91-106. J. Muller, T. M. Scheyer, J. J. Head, P.M. Barrett, I. Werneburg, P. G. Ericson, D. Polly, and M. R. Sanchez-Villagra, "Homeotic Effects, Somitogenesis and the Evolution of Vertebral Numbers in Recent and Fossil Amniotes," *Proceedings of the National Academy of Sciences* 107 (2010): 2118-23.

31. M. M. Moran, S. Bajpai, J. C. George, R. Suydam, S. Usip, and J. G. M. Thewissen, "Intervertebral and Epiphyseal Fusion in the Postnatal Ontogeny of Cetaceans and

Terrestrial Mammals," *Journal of Mammalian Evolution* (2014), doi:10.1007/s10914-014-9256-7.

32. J. G. M. Thewissen, S. I. Madar, and S. T. Hussain, "*Ambulocetus natans*, an Eocene Cetacean (*Mammalia*) from Pakistan," *Courier Forschungs.-Institut Senckenberg* 190 (1996): 1-86. L. J. Roe, J. G. M. Thewissen, J. Quade, J. R. O'Neil, S. Bajpai, A. Sahni, and S. T. Hussain, "Isotopic Approaches to Understanding the Terrestrial to Marine Transition of the Earliest Cetaceans," in *The Emergence of Whales: Evolutionary Patterns in the Origin of Cetacea*, ed. J. G. M. Thewissen (New York, NY: Plenum Press, 1998), 399-421. S. I. Madar, J. G. M. Thewissen, and S. T. Hussain, "Additional Holotype Remains of *Ambulocetus natans* (Cetacea, Ambulocetidae), and their Implications for Locomotion in Early Whales," *Journal of Vertebrate Paleontology* 22 (2002): 405-22.

33. D. Gish, "When Is a Whale a Whale?" *Acts & Facts* 23 (1994, No. 4). http://www.icr.org/article/when-whale-whale/.

34. K. Miller, *Finding Darwin's God: A Scientist's Search for Common Ground between God and Evolution* (New York, NY: HarperCollins, 1999).

35. L. Van Valen, "Deltatheridia: A New Order of Mammals," *Bulletin of the American Museum of Natural History* 132 (1966): 1-126.

36. M. Goodman, J. Czelusniak, and J. E. Beeber, "Phylogeny of the Primates and Other Eutherian Orders: A Cladistics Analysis Using Amino Acids and Nucleotide Sequence Data," *Cladistics* 1 (1985): 171-85.

제5장 산들이 자라던 때

1. '히말라야'라는 용어는 두 가지 다른 의미로 쓰인다. 느슨하게는 인도, 파키스탄, 방글라데시의 북쪽에 있는 모든 산을 가리킨다. 더 구체적으로는, 그 영역에 있으면서 다른 산들과 매우 다른 지질학적 역사를 가진 하나의 특정한 산맥을 가리킨다.

2. University of California Museum of Paleontology, "Alfred Wegener (1880-1930)," http://www.ucmp.berkeley.edu/history/wegener.html.

3. G. E. Pilgrim, "Middle Eocene Mammals from Northwest India," *Proceedings of the Zoological Society* 110 (1940): 124-52.

4. R. Dehm and T. zu Oettingen-Spielberg, "Palaontologische und geologische Untersuchungen im Tertiar von Pakistan, 2: Die mitteleozanen Saugetiere von Ganda Kas bei Basal in Northwest Pakistan," *Abhandlungen der Bayerischen Akademie der Wissenschaften, Mathematisch.-Naturwissenschaftliche Klasse* 91 (1958): 1-54.

5. R. M. West, "Middle Eocene Large Mammal Assemblage with Tethyan Affinities, Gan-

da Kas Region, Pakistan," *Journal of Paleontology* 54 (1980): 508-33.

6. J. G. M. Thewissen, S. I. Madar, and S. T. Hussain, 1996, "*Ambulocetus natans*, an Eocene Cetacean (Mammalia) from Pakistan," *Courier Forschungs-Institut Senckenberg* 190 (1996): 1-86. Some years later we were able to go back and to excavate the remainder of the holotype of *Ambulocetus natans*. Those fossils are described in S. I. Madar, J. G. M. Thewissen, and S. T. Hussain, "Additional Holotype Remains of *Ambulocetus natans* (Cetacea, Ambulocetidae), and Their Implications for Locomotion in Early Whales," *Journal of Vertebrate Paleontology* 22 (2002): 405-22.

7. A. Sahni, "Enamel Ultrastructure of Fossil Mammalia: Eocene Archaeoceti from Kutch," *Journal of the Palaeontological Society of India* 25 (1981): 33-37.

8. M. C. Maas and J. G. M. Thewissen, "Enamel Microstructure of *Pakicetus* (Mammalia: Archaeoceti)," *Journal of Paleontology* 69 (1995): 1154-63.

제6장 인도로 가는 길

1. 펀자브Panjab는 인도의 한 주state이고, 펀자브Punjab는 파키스탄의 한 주province다. 영국이 인도를 통치하던 때는 둘이 하나였는데, 나라가 둘로 쪼개졌을 때 그 주도 나뉘었다.

2. A. B. Wynne, "Memoir on the Geology of Kutch," *Memoirs of the Geological Survey of India* 9 (1872).

3. A. Sahni and V. P. Mishra, "A New Species of *Protocetus* from the Middle Eocene of Kutch, Western India," *Palaeontology* 15 (1972): 490-95.

4. A. Sahni and V. P. Mishra, "Lower Tertiary Vertebrates from Western India," *Monographs of the Palaeontological Society of India* 3 (1975).

5. R. Kellogg, *A Review of the Archaeoceti* (Washington, DC: Carnegie Institute of Washington, 1936).

6. S. Bajpai and J. G. M. Thewissen, "Middle Eocene Cetaceans from the Harudi and Subathu Formations of India," in *The Emergence of Whales: Evolutionary Patterns in the Origin of Cetacea*, ed. J. G. M. Thewissen (New York, NY: Plenum Press, 1998), 213-34.

제7장 바닷가 나들이

1. S. K. Biswas, "Tertiary Stratigraphy of Kutch," *Memoirs of the Geological Society of India* 10 (1992): 1-29.

2. S. K. Mukhopadhyay and S. Shome, "Depositional Environment and Basin Development during Early Paleaeogene Lignite Deposition, Western Kutch, Gujarat," *Journal*

of the Geological Society of India 47 (1996): 579-92.

제8장 수달 고래

1. S. Bajpai and J. G. M. Thewissen, "A New, Diminuitive Whale from Kachchh (Gujarat, India) and Its Implications for Locomotor Evolution of Cetaceans," *Current Science* (*New Delhi*) 79 (2000): 1478-82.

2. A. Sahni and V. P. Mishra, "Lower Tertiary Vertebrates from Western India," *Monographs of the Palaeontological Society of India* 3 (1975).

3. K. Kumar and A. Sahni, "*Remingtonocetus harudiensis*: New Combination, a Middle Eocene Archaeocete (Mammalia, Cetacea) from Western Kutch, India," *Journal of Vertebrate Paleontology* 6 (1986): 326-9.

4. P. D. Gingerich, M. Arif, and W. C. Clyde, "New Archaeocetes (Mammalia, Cetacea) from the Middle Eocene Domanda Formation of the Sulaiman Range, Punjab, Pakistan," *Contributions of the Museum of Paleontology, University of Michigan* 29 (1995): 291-30.

5. J. G. M. Thewissen and S. Bajpai, "Dental Morphology of the Remingtonocetidae (Cetacea, Mammalia)," *Journal of Paleontology* 75 (2001): 463-5.

6. J. G. M. Thewissen and S. T. Hussain, "*Attockicetus praecursor*, a New Remingtonocetid Cetacean from Marine Eocene Sediments of Pakistan," *Journal of Mammalian Evolution* 7 (2000): 133-6.

7. V. Ravikant and S. Bajpai, "Strontium Isotope Evidence for the Age of Eocene Fossil Whales of Kutch, Western India," *Geological Magazine* 147 (2012): 473-7.

8. P. D. Gingerich, M. Ul-Haq, W. V. Koenigswald, W. J. Sanders, B. H. Smith, and I. S. Zalmout, "New Protocetid Whale from the Middle Eocene of Pakistan: Birth on Land, Precicial Development, and Sexual Dimorphism," *PLoS One* 4 (2009): E4366.

9. L. N. Cooper, T. L. Hieronymus, C. J. Vinyard, S. Bajpai, and J. G. M. Thewissen, "Feeding Strategy in Remingtonocetinae (Cetacea, Mammalia) by Constrained Ordination," in *Experimental Approaches to Understanding Fossil Organisms*, ed. D. I. Hembree, B. F. Platt, and J. J. Smith (Dordrecht, Plenum, 2014), 89-107.

10. 그 이빨이 살아 있는 동안에 빠졌다면, 이빨이 박혀 있던 턱 안의 공간(이틀)이 새로운 뼈로 채워졌을 것이다.

11. J. G. M. Thewissen and S. Bajpai, "New Skeletal Material of *Andrewsiphius* and *Kutchicetus*, Two Eocene Cetaceans from India," *Journal of Paleontology* 83 (2009): 635-63.

12. R. Elsner, "Living in Water: Solutions to Physiological Problems," in *Biology of Marine Mammals*, ed. J. E. Reynolds III and S. A. Rommel (Washington, DC: Smithsonian

Institution Press), 73-116.

13. S. Nummela, S. T. Hussain, and J. G. M. Thewissen, "Cranial Anatomy of Pakicetidae (Cetacea, Mammalia)," *Journal of Vertebrate Paleontology* 26 (2006): 746-59.

14. R. M. Bebej, M. Ul-Haq, I. S. Zalmout, and P. D. Gingerich, "Morphology and Function of the Vertebral Column in *Remingtonocetus domandaensis* (Mammalia, Cetacea) from the Middle Eocene Domanda Formation of Pakistan," *Journal of Mammalian Evolution* 19 (2012): 77-104. doi:10.1007 /S10914-11-184-.

15. F. Spoor, S. Bajpai, S. T. Hussain, K. Kumar, and J. G. M. Thewissen, "Vestibular Evidence for the Evolution of Aquatic Behaviour in Early Cetaceans," *Nature* 417 (2002): 163-66.

16. A. Williams and J. Safarti, "Not at All Like a Whale," *Creation* 27 (2005): 20-22.

제9장 대양은 사막이다

1. K. Schmidt-Nielsen, *Animal Physiology: Adaptation and Environment* (Cambridge: Cambridge University Press, 1997).

2. M. E. Q. Pilson, "Water Balance in California Sea Lions," *Physiological Zoology* 43 (1970): 257-69.

3. D. P. Costa, "Energy, Nitrogen, Electrolyte Flux and Sea Water Drinking in the Sea Otter *Enhydra lutris*," *Physiological Zoology* 55 (1982): 35-44.

4. R. M. Ortiz, "Osmoregulation in Marine Mammals," *Journal of Experimental Biology* 204 (2001): 1831-44.

5. C. Hui, "Seawater Consumption and Water Flux in the Common Dolphin *Delphinus delphis*," *Physiological Zoology* 54 (1981): 430-40.

6. J. G. M. Thewissen, L. J. Roe, J. R. O'Neil, S. T. Hussain, A. Sahni, and S. Bajpai, "Evolution of Cetacean Osmoregulation," *Nature* 381 (1996): 379-80.

7. M. T. Clementz, A. Goswami, P. D. Gingerich, and P. L. Koch, "Isotopic Records from Early Whales and Seacows: Contrasting Patterns of Ecological Transition," *Journal of Vertebrate Paleontology* 26 (2006): 355-70.

8. L. J. Roe, J. G. M. Thewissen, J. Quade, J. R. O'Neil, S. Bajpai, A. Sahni, and S. T. Hussain, "Isotopic Approaches to Understanding the Terrestrial-to-Marine Transition of the Earliest Cetaceans," in *The Emergence of Whales: Evolutionary Patterns in the Origin of Cetacea*, ed. J. G. M. Thewissen (New York, NY: Plenum, 1998), 399-422.

제10장 조각 골격 맞추기

1. L. Van Valen, "Deltatheridia, a New Order of Mammals," *Bulletin of the American Museum of Natural History* 132 (1966): 1-126.

2. X. Zhou, R. Zhai, P. Gingerich, and L. Chen, "Skull of a New Mesonychid (Mammalia, Mesonychia) from the Late Paleocene of China," *Journal of Vertebrate Paleontology* 15 (2009): 387-400.

3. Z. Luo and P. D. Gingerich, "Terrestrial Mesonychia to Aquatic Cetacea: Transformation of the Basicranium and Evolution of Hearing in Whales," *University of Michigan Papers on Paleontology* 31 (1999), 1-98. M. A. O'Leary and J. H. Geisler, "The Position of Cetacea within Mammalia: Phylogenetic Analysis of Morphological Data from Extinct and Extant Taxa," *Systematic Biology* 48 (1999): 455-90. M. D. Uhen, "New Species of Protocetid Archaeocete Whale, *Eocetus wardii* (Mammalia, Cetacea) from the Middle Eocene of North Carolina," *Journal of Paleontology* 73 (1999): 512-28.

4, 5. J. G. M. Thewissen, E. M. Williams, L. J. Roe, and S. T. Hussain, "Skeletons of Terrestrial Cetaceans and the Relationship of Whales to Artiodactyls," *Nature* 413 (2001): 277-81.

6. 4번 주 참조.

7. P. D. Gingerich, M. U. Haq, I. S. Zalmout, I. H. Khan, and M. S. Malkani, "Origin of Whales from Early Artiodactyls: Hands and Feet of Eocene Protocetidae from Pakistan," *Science* 293 (2001): 2239-42.

8. M. C. Milinkovitch, M. Berube, and P. J. Palsbøl, "Cetaceans Are Highly Derived Artiodactyls," in *The Emergence of Whales: Evolutionary Patterns in the Origin of Cetacea*, ed. J. G. M. Thewissen (New York, NY: Plenum Press, 1998), 113-131. M. Nikaido, A. P. Rooney, and N. Okada, "Phylogenetic Relationships among Cetartiodactyls Based on Insertions of Short and Long Interspersed Elements: Hippopotamuses Are the Closest Extant Relatives of Whales," *Proceedings of the National Academy of Sciences* 96 (1999): 10261-66. J. Gatesy and M. A. O'Leary, "Deciphering Whale Origins with Molecules and Fossils," Trends in Ecology and Evolution 16 (2001): 562-70.

제11장 강고래

1. K. S. Norris, "The Evolution of Acoustic Mechanisms in Odontocete Cetaceans," in *Evolution and Environment*, ed. E. T. Drake (New Haven, CT: Yale University Press, 1968), 297-324. T. W. Cranford, P. Krysl, and J. A. Hildebrand, "Acoustic Pathways Revealed: Simulated Sound Transmission and Reception in Cuvier's Beaked Whale (*Ziphius cavirostris*)," *Bioinspiration and Biomimetics* 3 (2008): 016001. doi:10.1088/1748-3182/3/1/016001.

2. J. G. McCormick, E. G. Wever, G. Palin, and S. H. Ridgway, "Sound Conduction in the Dolphin Ear," *Journal of the Acoustical Society of America* 48 (1970): 1418-28.

3. S. Hemila, S. Nummela, and T. Reuter, "A Model of the Odontocete Middle Ear," *Hearing Research* 133 (1999): 82-97.

4. T. W. Cranford, P. Krysl, and M. Amundin, "A New Acoustic Portal into the Odontocete Ear and Vibrational Analysis of the Tympanoperiotic Complex," *PLoS One* 5 (2010): E11927. doi:10.1371/Journal.Pone.0011927.

5. W. C. Lancaster, "The Middle Ear of the Archaeoceti," *Journal of Vertebrate Paleontology* 10 (1990): 117-27. S. Nummela, J. G. M. Thewissen, S. Bajpai, S. T. Hussain, and K. Kumar, "Eocene Evolution of Whale Hearing," *Nature* 430 (2004): 776-78. S. Nummela, J. E. Kosove, T. E. Lancaster, and J. G. M. Thewissen, "Lateral Mandibular Wall Thickness in *Tursiops truncatus*: Variation Due to Sex and Age," *Marine Mammal Science* 20 (2004): 491-97. S. Nummela, J. G. M. Thewissen, S. Bajpai, S. T. Hussain, and K. Kumar, "Sound Transmission in Archaic and Modern Whales: Anatomical Adaptations for Underwater Hearing," *Anatomical Record* 290 (2007): 716-33.

6. D. M. Higgs, E. F. Brittan-Powell, D. Soares, M. J. Souza, C. E. Carr, R. J. Dooling, and A. N. Popper, "Amphibious Auditory Responses of the American Alligator (*Alligator mississippiensis*)," *Journal of Comparative Physiology* 188 (2002): 217-23.

7. R. Rado, M. Himelfarb, B. Arensburg, J. Terkel, and Z. Wollberg, "Are Seismic Communication Signals Transmitted by Bone Conduction in the Blind Mole Rat?" *Hearing Research* 41 (1989): 23-29.

8. 현대의 고래들도—제구실을 하는 고막이나 바깥귀길이 없음에도 불구하고—여전히 공기 중에서 들을 수 있지만 물속에서 훨씬 더 잘 듣는다.

9. S. Nummela, J. E. Kosove, T. Lancaster, and J. G. M. Thewissen. "Lateral Mandibular Wall Thickness in *Tursiops truncatus*: Variation Due to Sex and Age," *Marine Mammal Science* 20 (2004): 491-97.

10. R. M. West, "Middle Eocene Large Mammal Assemblage with Tethyan Affinities, Ganda Kas Region, Pakistan," *Journal of Paleontology* 54 (1980): 508-33. P. D. Gingerich and D. E. Russell, "*Pakicetus inachus*, a New Archaeocete (Mammalia, Cetacea)," *Contributions from the Museum of Paleontology, University of Michigan* 25 (1981): 235-46. K. Kumar and A. Sahni, "Eocene Mammals from the Upper Subathu Group, Kashmir Himalaya, India," *Journal of Vertebrate Paleontology* 5 (1985): 153-68. J. G. M. Thewissen and S. T. Hussain, "Systematic Review of the Pakicetidae, Early and Middle Eocene Cetacea (Mammalia) from Pakistan and India," *Bulletin of the Carnegie Museum of Natural History* 34 (1998): 220-38.

11. S. I. Madar, "The Postcranial Skeleton of Early Eocene Pakicetid Cetaceans," *Journal of Paleontology* 81 (2007): 176-200.

12. L. J. Roe, J. G. M. Thewissen, J. Quade, J. R. O'Neil, S. Bajpai, A. Sahni, and S. T. Hussain, "Isotopic Approaches to Understanding the Terrestrial to Marine Transition of the Earliest Cetaceans," in *The Emergence of Whales: Evolutionary Patterns in the Origin of Cetacea*, ed. J. G. M. Thewissen (New York, NY: Plenum Press, 1998), 399-421. M. T. Clementz, A. Goswami, P. D. Gingerich, and P. L. Koch, "Isotopic Records from Early Whales and Sea Cows: Contrasting Patterns of Ecological Transition," *Journal of Vertebrate Paleontology* 26 (2006): 355-70.

13. M. A. O'Leary and M. D. Uhen, "The Time of Origin of Whales and the Role of Behavioral Changes in the Terrestrial.Aquatic Transition," *Paleobiology* 25 (1999): 534-56. J. G. M. Thewissen, M. T. Clementz, J. D. Sensor, and S. Bajpai, "Evolution of Dental Wear and Diet During the Origin of Whales," *Paleobiology* 37 (2011): 655-69.

14. P. S. Ungar, *Mammal Teeth: Origin, Evolution, and Diversity* (Baltimore, MD: Johns Hopkins Press, 2010).

15. A. D. Foote, J. Newton, S. B. Piertney, E. Willerslev, and M. T. P. Gilbert, "Ecological, Morphological, and Genetic Divergence of Sympatric North Atlantic Killer Whale Populations," *Molecular Ecology* 18 (2009): 5207-17.

16. S. Nummela, S. T. Hussain, and J. G. M. Thewissen, "Cranial Anatomy of Pakicetidae (Cetacea, Mammalia)," *Journal of Vertebrate Paleontology* 26 (2006), 746-59.

17. G. Dehnhardt and B. Mauck, "Mechanoreception in Secondarily Aquatic Vertebrates," in *Sensory Evolution on the Threshold: Adaptations in Secondarily Aquatic Vertebrates*, ed. J. G. M. Thewissen and S. Nummela (Berkeley, CA: University of California Press, 2008), 295-316.

18. N. M. Gray, K. Kainec, S. Madar, L. Tomko, and S. Wolfe, "Sink or Swim? Bone Density As a Mechanism for Buoyancy Control in Early Cetaceans," *Anatomical Record* 290 (2007): 638-53.

19. S. I. Madar, "The Postcranial Skeleton of Early Eocene Pakicetid Cetaceans," *Journal of Vertebrate Paleontology* 81 (2007): 176-200.

20. 12번 주 참조.

21. J. G. M. Thewissen, L. N. Cooper, M. T. Clementz, S. Bajpai, and B. N. Tiwari. "Whales Originated from Aquatic Artiodactyls in the Eocene Epoch of India," *Nature* 450 (2007): 1190-95.

제12장 고래, 세계를 제패하다

1. M. Nikaido, A. P. Rooney, and N. Okada, "Phylogenetic Relationships among Cetartiodactyls Based on Insertions of Short and Long Interspersed Elements: Hippopotamuses Are the Closest Extant Relatives of Whales," *Proceedings of the National*

Academy of Sciences 96 (1999): 10261-66.

2. J.-R. Boisserie, F. Lihoreau, and M. Brunet, "The Position of Hippopotamidae within Cetartiodactyla," *Proceedings of the National Academy of Sciences* 102 (2005): 1537-41.

3. J. G. M. Thewissen and S. Bajpai, "New Protocetid Cetaceans from the Eocene of India," *Palaeontologia Electronica* (in review).

4. Paleobiology Database, http://fossilworks.org/?a=home.

5. A. Sahni and V. P. Mishra, "Lower Tertiary Vertebrates from Western India," *Monograph of the Palaeontological Society of India* 3 (1975): 1-48. P. D. Gingerich, M. Arif, M. A. Bhatti, M. Anwar, and W. J. Sanders, "*Protosiren* and *Babiacetus* (Mammalia, Sirenia and Cetacea) from the Middle Eocene Drazinda Formation, Sulaiman Range, Punjab (Pakistan)," *Contributions from the Museum of Paleontology, University of Michigan* 29 (1995): 331-57. P. D. Gingerich, M. Arif, and W. C. Clyde, "New Archaeocetes (Mammalia, Cetacea) from the Middle Eocene Domanda Formation of the Sulaiman Range, Punjab (Pakistan)," *Contributions from the Museum of Paleontology, University of Michigan* 29 (1995): 291-330. P. D. Gingerich, M. Haq, I. S. Zalmout, I. H. Khan, and M. S. Malkani, "Origin of Whales from Early Artiodactyls: Hands and Feet of Eocene Protocetidae from Pakistan," *Science* 293 (2001): 2239-42. P. D. Gingerich, M. ul-Haq, W. v. Koenigswald, W. J. Sanders, B. H. Smith, and I. S. Zalmout, "New Protocetid Whale from the Middle Eocene of Pakistan: Birth on Land, Precocial Development, and Sexual Dimorphism," *PLoS One* 4 (2009): e4366, doi:10.1371/journal.pone.0004366.

6. E. M. Williams, "Synopsis of the Earliest Cetaceans: Pakicetidae, Ambulocetidae, Remingtonocetidae, and Protocetidae," in *Emergence of Whales: Evolutionary Patterns in the Origin of Cetacea*, ed. J. G. M. Thewissen (New York: Plenum Press, 1988), 1-28. G. Bianucci and P. D. Gingerich, "*Aegyptocetus tarfa* n. gen. et sp. (Mammalia, Cetacea), from the Middle Eocene of Egypt: Clinorhynchy, Olfaction, and Hearing in a Protocetid Whale," *Journal of Vertebrate Paleontology* 31 (2011): 1173-88. P. D. Gingerich, "Cetacea," in *Cenozoic Mammals of Africa*, ed. L. Werdelin and W. J. Sanders (Berkeley: University of California Press, 2010), 873-99.

7. R. C. Hulbert, Jr., R. M. Petkewich, G. A. Bishop, D. Bukry, and D. P. Aleshire, "A New Middle Eocene Protocetid Whale (Mammalia: Cetacea: Archaeoceti) and Associated Biota from Georgia," *Journal of Paleontology* 72 (1998): 907-26. J. H. Geisler, A. E. Sanders, and Z.-X. Luo, "A New Protocetid Whale (Cetacea: Archaeoceti) from the Late Middle Eocene of South Carolina," *American Museum Novitates* 3480 (2005): 1-65. S. A. McLeod and L. G. Barnes, "A New Genus and Species of Eocene Protocetid Archaeocete Whale (Mammalia, Cetacea) from the Atlantic Coastal Plain," *Science*

Series, *Natural History Museum of Los Angeles County* 41 (2008): 73-98. M. D. Uhen, "New Specimens of Protocetidae (Mammalia, Cetacea) from New Jersey and South Carolina," *Journal of Vertebrate Paleontology* 34 (2013): 211-19.

8. M. D. Uhen, N. D. Pyenson, T. J. Devries, M. Urbina, and P. R. Renne, "New Middle Eocene Whales from the Pisco Basin of Peru," *Journal of Paleontology* 85 (2011): 955-69.

9. M. T. Clementz, A. Goswami, P. D. Gingerich, and P. L. Koch, "Isotopic Records from Early Whales and Sea Cows: Contrasting Patterns of Ecological Transition," *Journal of Vertebrate Paleontology* 26 (2006): 355-70.

10. 〈그림 44〉 참조.

11. S. Bajpai and J. G. M. Thewissen, 1998, "Middle Eocene Cetaceans from the Harudi and Subathu Formations of India," in *Emergence of Whales: Evolutionary Patterns in the Origin of Cetacea*, ed. J. G. M. Thewissen (New York: Plenum Press, 1988), 213-33.

12. P. D. Gingerich, M. ul-Haq, I. H. Khan, and I. S. Zalmout, "Eocene Stratigraphy and Archaeocete Whales (Mammalia, Cetacea) of Drug Lahar in the Eastern Sulaiman Range, Balochistan (Pakistan)," *Contributions from the Museum of Paleontology, University of Michigan* 30 (2001): 269-319.

13. P. D. Gingerich, I. S. Zalmout, M. ul-Haq, and M. A. Bhatti, "*Makaracetus bidens*, a New Protocetid Archaeocete (Mammalia, Cetacea) from the Early Middle Eocene of Balochistan *(Pakistan)*," *Contributions from the Museum of Paleontology, University of Michigan* 31 (2005): 197-210.

14. J. G. M. Thewissen, J. C. George, C. Rosa, and T. Kishida, "Olfaction and Brain Size in the Bowhead Whale (*Balaena mysticetus*)," *Marine Mammal Science* 27 (2011): 282-94.

15. H. H. A. Oelschlager and J. S. Oelschlager, "Brain," in *Encyclopedia of Marine Mammals* (1st ed.), ed. W. F. Perrin, B. Wursig, and J. G. M. Thewissen (San Diego, CA: Academic Press, 2002), 133-58.

16. S. J. Godfrey, J. Geisler, and E. M. G. Fitzgerald, "On the Olfactory Anatomy in an Archaic Whale (Protocetidae, Cetacea) and the Minke Whale *Balaenoptera acutorostrata* (Balaenopteridae, Cetacea)," *Anatomical Record* 296 (2013): 257-72.

17. T. Edinger, "Hearing and Smell in Cetacean History," *Monatschrift fur Psychiatrie und Neurologie* 129 (1955): 37-58.

18. P. A. Brennan and F. Zufall, "Pheromonal Communication in Vertebrates," *Nature* 444 (2006): 308-15.

19. J. Henderson, R. Altieri, and D. Muller-Schwarze, "The Annual Cycle of Flehmen in Black-Tailed Deer (*Odocoileus hemionis columbianus*)," *Journal of Chemical Ecology*

6 (1980): 537-57.

20. J. E. King, *Seals of the World* (New York: Cornell University Press, 1983).

21. R. A. Dart, "The Brain of the Zeuglodontidae (Cetacea)," *Proceedings of the Zoological Society, London* 42 (1923): 615-54.

22. S. Bajpai, J. G. M. Thewissen, and A. Sahni. "Indocetus (Cetacea, Mammalia) Endocasts from Kachchh (India),"*Journal of Vertebrate Paleontology* 16 (1996): 582-84

23. H. J. Jerison, *Evolution of the Brain and Intelligence* (New York: Academic Press, 1973).

24. L. Marino, "Cetacean Brain Evolution: Multiplication Generates Complexity," *International Journal of Comparative Psychology* 17 (2004): 1-16.

25. 앞다리로 헤엄치는 바다사자에서는 가장 긴 손가락이 팔의 첫 부분(위팔뼈)보다 1.7배나 길다. 뒷다리로 헤엄치는 물범에서는 가장 긴 발가락/넙다리뼈의 비가 2.4다. 암불로케투스에서는 이 비가 1.1이고, 프로토케투스과인 로도케투스와 마이아케투스에서는 각각 0.95와 0.79다. 프로토케투스과의 작은 발은 그것이 암불로케투스과의 발보다 추진에 덜 관여함을 시사한다.

26. A. W. English. "Limb Movements and Locomotor Function in the California Sea Lion (*Zalophus californianus*)," *Journal of the Zoological Society of London* 178 (1976): 341-64.

27. P. D. Gingerich, "Land-to-Sea Transition of Early Whales: Evolution of Eocene Archaeoceti (Cetacea) in Relation to Skeletal Proportions and Locomotion of Living Semiaquatic Mammals," *Paleobiology* 29 (2003): 429-54.

28. M. D. Uhen, "Form, Function, and Anatomy of *Dorudon atrox* (Mammalia, Cetacea): An Archaeocete from the Middle to Late Eocene of Egypt," *University of Michigan, Papers on Paleontology* 34 (2004): 1-222.

29. V. de Buffrenil, A. de Ricqles, C. E. Ray, and D. P. Domning, "Bone Histology of the Ribs of the Archaeocetes (Mammalia, Cetacea)," *Journal of Vertebrate Paleontology* 10 (1990): 455-66.

30. Y. Narita and S. Kuratani, "Evolution of the Vertebral Formulae in Mammals: A Perspective on Developmental Constraints," *Journal of Experimental Zoology B: Molecular and Developmental Evolution* 15 (2005): 91-106.

31. J. G. M. Thewissen, L. N. Cooper, and R. R. Behringer, "Developmental Biology Enriches Paleontology," *Journal of Vertebrate Paleontology* 32 (2012): 1224-34.

32. E. M. Williams, "Synopsis of the Earliest Cetaceans: Pakicetidae, Ambulocetidae, Remingtonocetidae, and Protocetidae," in *Emergence of Whales: Evolutionary Patterns in the Origin of Cetacea*, ed. J. G. M. Thewissen (New York: Plenum Press, 1988), 1-28.

33. P. D. Gingerich, M. ul-Haq, W. v. Koenigswald, W. J. Sanders, B. H. Smith, and I.

S. Zalmout, "New Protocetid Whale from the Middle Eocene of Pakistan: Birth on Land, Precocial Development, and Sexual Dimorphism, *PLoS One* 4 (2009): e4366, doi:10.1371/journal.pone.0004366.

34. E. Fraas, "Neue Zeuglodonten aus dem unteren Mitteleozan von Mokattam bei Cairo," *Geologische und Palaontologische Abhandlungen* 6 (1904): 199-220.

제13장 배아에서 진화까지

1. 이 사냥은 2009년에, 아카데미상을 수상한 영화〈더 코브〉를 통해 세상에 알려졌다.

2. Reviewed in L. Bejder and B. K. Hall, "Limbs in Whales and Limblessness in Other Vertebrates: Mechanisms of Evolutionary and Developmental Transformation and Loss," *Evolution and Development* 4 (2002): 445-58.

3. R. C. Andrews, "A Remarkable Case of External Hind Limbs in a Humpback Whale," *American Museum Novitates* 9 (1921): 1-6.

4. 글을 쓰던 당시에는 하루카가 살아 있었지만, 이 돌고래는 2013년 4월에 죽었다.

5. R. O'Rahilly and F. Muller, *Developmental Stages in Human Embryos* (Washington, DC: Carnegie Institute of Washington, 1987).

6. 단백질은 흔히 놀랍도록 부적절하거나, 거창하거나, 바보 같은 이름을 가지고 있어서, 출판물에서는 보통 그냥 이와 같은 문자-숫자 조합으로 언급한다.

7. J.-D. Benazet and R. Zeller, "Vertebrate Limb Development: Moving from Classical Morphogen Gradients to an Integrated 4-dimensional Patterning System," *Cold Spring Harbor Perspectives on Biology* 1(2009): a001339.

8. B. D. Harfe, P. J. Scherz, S. Nissin, H. Tiam, A. P. McMahon, and C. J. Tabin, "Evidence for an Expansion-Based Temporal SHH Gradient in Specifying Vertebrate Digit Identities," *Cell* 118 (2004): 517-28.

9. L. N. Cooper, A. Berta, S. D. Dawson, and J. S. Reidenberg, "Evolution of Hyperphalangy and Digit Reduction in the Cetacean Manus," *Anatomical Record* 290 (2007): 654-72.

10. W. Kukenthal, "Vergleichend anatomische und entwicklungsgeschichtliche Untersuchungen an Waltieren," *Denkschrifte der Medizinische-Naturwissenschaftliche Gesellschaft, Jena* 75 (1893): 1-448.

11. G. Guldberg and F. Nansen, *On the Development and Structure of the Whale, Part 1: On the Development of the Dolphin* (Bergen, Norway: J. Grieg, 1894).

12. W. Kukenthal, "Ueber Rudimente von Hinterflosse bei Embryonen von Walen," *Anatomischer Anzeiger* (1895): 534-37.

13. E. Bresslau, *The Mammary Apparatus of the Mammalia in the Light of Ontogenesis and Phylogenesis* (London: Methuen, 1920).

14. G. Guldberg, "Neue Untersuchungen uber die Rudimente von Hinterflossen und die Milchdrusenanlage bei jungen Delphinenembryonen," *Internationales Monatschrift fur Anatomie und Physiologie* 4 (1899): 301-20.

15. M. S. Anderssen, "Studier over mammarorganernes utvikling hos *Phocaena communis*," *Bergens Museum Aarbok, Naturvidensk. R.* 3 (1917-1918): 1-45. http://www.biodiversitylibrary.org/item/130733#page/

16. J. G. M. Thewissen, M. J. Cohn, L. S. Stevens, S. Bajpai, J. Heyning, and W. E. Horton, Jr., "Developmental Basis for Hind-Limb Loss in Dolphins and the Origin of the Cetacean Bodyplan," *Proceedings of the National Academy of Sciences* 103 (2007): 8414-18.

17. M. D. Shapiro, J. Hanken, and N. Rosenthal, "Developmental Basis of Evolutionary Digit Loss in the Australian Lizard Hemiergis," *Journal of Experimental Zoology* 297 (2003): 48-57.

18. H. Ito, K. Koizumi, H. Ichishima, S. Uchida, K. Hayashi, K. Ueda, Y. Uezu, , H. Shirouzu, T. Kirihata, M. Yoshioka, S. Ohsumi, and H. Kato, "Inner Structure of the Fin-Shaped Hind Limbs of a Bottlenose Dolphin (*Tursiops truncatus*)," *Abstracts, Biennial Conference on the Biology of Marine Mammals, Tampa, Florida* (2011), 142.

제14장 고래 이전

1. J. H. Geisler and M. D. Uhen, "Morphological Support for a Close Relationship between Hippos and Whales," *Journal of Vertebrate Paleontology* 23 (2003): 991-96.

2. A. Ranga Rao, "New Mammals from Murree (Kalakot Zone) of the Himalayan Foot Hills Near Kalakot, Jammu & Kashmir State, India," *Journal of the Geological Society of India* 12 (1971): 125-34. A. Ranga Rao, "Further Studies on the Vertebrate Fauna of Kalakot, India," Directorate of Geology, Oil and Natural Gas Commission, Dehradun, Special Paper 1 (1972): 1-22.

3. J. G. M. Thewissen, L. N. Cooper, M. T. Clementz, S. Bajpai, and B. N. Tiwari, "Whales Originated from Aquatic Artiodactyls in the Eocene Epoch of India," *Nature* 450 (2007): 1190-94.

4. A. Sahni and S. K. Khare, "Three New Eocene Mammals from Rajauri District, Jammu and Kashmir," *Journal of the Paleontological Society of India*, 16 (1971): 41-53. A. Sahni and S. K. Khare, "Additional Eocene Mammals from the Subathu Formation of Jammu and Kashmir," *Journal of the Palaeontological Society of India* 17 (1973): 31-49. J. G. M. Thewissen, E. M. Williams, and S. T. Hussain, "Eocene Mammal Faunas from Northern Indo-Pakistan," *Journal of Vertebrate Paleontology* 21 (2001): 347-66.

5. J. H. Geisler and J. M. Theodor, "Hippopotamus and Whale Phylogeny," *Nature* 458 (2009): 1-4. J. Gatesy, J. H. Geisler, J. Chang, C. Buell, A. Berta, R. W. Meredith, M. S. Springer, and M. R. McGowen, "Phylogenetic Blueprint for a Modern Whale," *Molecular Phylogeny and Evolution* 66 (2013): 479-506.

6. M. Spaulding, M. A. O'Leary, and J. Gatesy, "Relationships of Cetacea (Artiodactyla) among Mammals: Increased Taxon Sampling Alters Interpretations of Key Fossils and Character Evolution," *Plos One* 4 (2009): E7062.

7. J. Gatesy, J. H. Geisler, J. Chang, C. Buell, A. Berta, R. W. Meredith, M. S. Springer, and M R. McGowen (2013) "A phylogenetic blueprint for a modern whale." *Molecular phylogenetics and evolution* 66: 479-506.

8. 3번 주 참조.

9. L. N. Cooper, J. G. M. Thewissen, S. Bajpai, and B. N. Tiwari, "Postcranial Morphology and Locomotion of the Eocene *Raoellid Indohyus* (Artiodactyla: Mammalia)," *Historical Biology* 24 (2011): 279-310. http://dx.doi.org/10.108 0/08912963.2011.624184.

10. G. Dubost, "Un apercu sur l'ecologie du chevrotain africain *Hyemoschus aquaticus* Ogilby, Artiodactyle Tragulide," *Mammalia* 42 (1978): 1-62. E. Meijaard, U. Umilaela, and G. deSilva Wijeyeratne, "Aquatic Escape Behavior in Mouse-Deer Provides Insights into Tragulid Evolution," *Mammalian Biology* 2009: 1-3.

제15장 앞으로 나아갈 길

1. A. S. Tucker and P. Sharpe, "The Cutting-Edge of Mammalian Development: How the Embryo Makes Teeth," *Nature Reviews, Genetics* 5 (2004): 499-508.

2. J. T. Streelman and R. C. Albertson, "Evolution of Novelty in the Cichlid Dentition," *Journal of Experimental Zoology Part B: Molecular and Developmental Evolution* 306 (2006): 216-26. G. J. Fraser, R. F. Bloomquist, and J. T. Streelman, "A Periodic Pattern Generator for Dental Diversity," *BMC Biology* 6 (2008): 32. doi:10.1186/1741-7007-6-32.

3. P. M. Munne, S. Felszeghy, M. Jussila, M. Suomalainen, I. Thesleff, and J. Jernvall, "Splitting Placodes: Effects of Bone Morphogenetic Protein and Activin on the Patterning and Identity of Mouse Incisors," *Evolution and Development* 12 (2010): 383-92.

4. B. A. Armfield, Z. Zheng, S. Bajpai, C. J. Vinyard, and J. G. M. Thewissen, "Development and Evolution of the Unique Cetacean Dentition," *PeerJ* 1 (2013): E24. doi:10.7717/peerj.24.

5. 4번 주 참조.

6. K. Karlsen, "Development of Tooth Germs and Adjacent Structures in the Whalebone Whale (*Balaenoptera physalus* L.) with a Contribution to the Theories of the Mam-

malian Tooth Development," *Hvalradets Skrifter Norske Videnskaps-Akademi Olso* 45 (1962): 1-56.

7. M. C. V. Dissel-Scherft and W. Vervoort, "Development of the Teeth in Fetal *Balaenoptera physalus* (L.) (Cetacea, Mystacoceti)," *Proceedings of the Koninklijke Nederlandse Akademie Der Wetenschappen, Serie C* 57 (1954): 196-210.

8. H. Ishikawa and H. Amasaki, "Development and Physiological Degradation of Tooth Buds and Development of Rudiment of Baleen Plate in Southern Minke Whale, *Balaenoptera acutorostrata*," *Journal of Veterinary Medical Science* 57 (1995): 665-70. H. Ishikawa, H. Amasaki, A. Dohguchi, A. Furuya, and K. Suzuki, "Immunohistological Distributions of Fibronectin, Tenascin, Type I, III and IV Collagens, and Laminin during Tooth Development and Degeneration in Fetuses of Minke Whale, *Balaenoptera acutorostrata*," *Journal of Veterinary Medical Science* 61 (1999): 227-32.

9. T. A. Demere, M. R. McGowen, A. Berta, and J. Gatesy, "Morphological and Molecular Evidence for a Stepwise Evolutionary Transition from Teeth to Baleen in Mysticete Whales," *Systematic Biology* 57 (2008): 15-37.

찾아보기

지은이 J. G. M. '한스' 테비슨J. G. M. 'Hans' Thewissen은 노스이스트 오하이오 의과대학 해부학 및 신경생물학과의 잉걸스-브라운 석좌교수다. 주된 관심사는 고래, 특히 고래가 수중생활에 적응하고 육상 포유류에서 기원한 경로를 연구하는 것이다. 1994년에 땅 위에서 걸을 수 있었던 고래로 가장 먼저 알려진 암불로케투스의 골격을 발견했고, 파키스탄과 인도에 각각 열 번 이상 탐사대를 이끌고 가서 화석 고래를 채집했다. 『해양 포유류 백과사전Encyclopedia of Marine Mammals』(2002), 『고래의 출현The Emergence of Whales』(1998), 『문턱에서의 감각 진화Sensory Evolution on the Threshold』(2008)의 공저자이기도 하다.

옮긴이 김미선은 주로 표지에 머리가 그려진 책들을 옮겼지만, 발길 가는 데로 머리를 옮긴다. 『의식의 탐구』에서 출발해 걷다 보니 『기적을 부르는 뇌』, 『뇌 과학의 함정』, 『가장 뛰어난 중년의 뇌』, 『뇌, 인간을 읽다』, 『뇌와 마음의 오랜 진화』, 『괴물의 심연』, 『참 괜찮은 죽음』 등으로 이어지는 길에 『진화의 키 산소 농도』, 『지구 이야기』를 거쳐 『걷는 고래』까지 왔다.

<뿌리와이파리 오파비니아>를 내며

지금부터 5억 년 전, 생물의 온갖 가능성이 활짝 열린 시대가 있었다. 우리는 그것을 캄브리아기 대폭발이라 부른다. 우리가 아는 대부분의 생물은 그때 열린 문들을 통해 진화의 길을 걸어 오늘에 이르렀다.

그러나 그보다 많은 문들이 곧 닫혀버렸고, 많은 생물들이 그렇게 진화의 뒤안길로 사라졌다. 흙을 잔뜩 묻힌 화석으로 발견된 그 생물들은 우리의 세상을 기고 걷고 날고 헤엄치는 생물들과 겹치지 않는 전혀 다른 무리였다. 학자들은 자신의 '구둣주걱'으로 그 생물들을 기존의 '신발'에 밀어넣으려고 안간힘을 썼지만, 그 구둣주걱은 부러지고 말았다.

오파비니아. 눈 다섯에 머리 앞쪽으로 소화기처럼 기다란 노즐이 달린, 마치 공상과학영화의 외계생명체처럼 보이는 이 생물이 구둣주걱을 부러뜨린 주역이었다.

뿌리와이파리는 '우주와 지구와 인간의 진화사'에서 굵직굵직한 계기들을 짚어보면서 그것이 현재를 살아가는 우리에게 어떤 뜻을 지니고 어떻게 영향을 미치고 있는지를 살피는 시리즈를 연다. 하시만 우리는 익숙한 세계와 안이한 사고의 틀에 갇혀 그런 계기들에 섣불리 구둣주걱을 들이밀려고 하지는 않을 것이다. 기나긴 진화사의 한 장을 차지했던, 그러나 지금은 멸종한 생물인 오파비니아를 불러내는 까닭이 여기에 있다. 진화의 역사에서 중요한 매듭이 지어진 그 '활짝 열린 가능성의 시대'란 곧 익숙한 세계와 낯선 세계가 갈라지기 전에 존재했던, 상상력과 역동성이 폭발하는 순간이 아니었을까? <뿌리와이파리 오파비니아>는 두 개의 눈과 단정한 입술이 아니라 오파비니아의 다섯 개의 눈과 기상천외한 입을 빌려, 우리의 오늘에 대한 균형 잡힌 이해에 더해 열린 사고와 상상력까지를 담아내고자 한다.

이 장구한 시간의 흐름 속에서
생명이 태어났나니…

이언	대	기	
	신생대	제3기	신제3기
			고제3기
	중생대	백악기	
		쥐라기	
		트라이아스기	
현생이언		페름기	
		석탄기	
	고생대	데본기	
		실루리아기	
		오르도비스기	
		캄브리아기	
	선캄	선캄브리아기	

0
10
20
30
40
50
60
70
80
90
100
110
120
130
140
150
160
170
180
190
200
210
220
230
240
250
260
270
280
290
300
310
320
330
340
350
360
370
380
390
400
410
420
430
440
450
460
470
480
490
500
510
520
530
540
550
560
570
580

4500
4600
(백만 년 전)

생명 최초의 30억 년 –지구에 새겨진 진화의 발자취

오스트랄로피테쿠스, 공룡, 삼엽충……. 이러한 화석들은 사라진 생물로 가득한 잃어버린 세계의 이미지를 불러내는 존재들이다. 하지만 생명의 전체 역사를 이야기할 때, 사라져버린 옛 동물들은, 삼엽충까지 포함한다 하더라도 장장 40억 년에 걸친 생명사의 고작 5억 년에 불과하다. CNN과『타임』지가 선정한 '미국 최고의 고생물학자' 앤드루 놀은 갓 태어난 지구에서 탄생한 생명의 씨앗에서부터 캄브리아기 대폭발에 이르기까지 생명의 기나긴 역사를 탐구하면서, 다양한 생명의 출현에 대한 새롭고도 흥미진진한 설명을 제공한다.

과학기술부 인증 우수과학도서!

앤드루 H. 놀 지음 | 김명주 옮김

"이 책은 고세균처럼 생명의 시작이 되는 아주 오래된 화석을 연구하는 사람이 그리 많지 않다는 점에서 매우 드물고 귀중한 책이다."
–'남극 박사' 장순근(『지구 46억 년의 역사』 지은이)

"전공자뿐 아니라 일반 독자도 재미있어할 만큼 잘 쓰인 이 책에서 지은이는 흥미진진한 과학적 발견과 복잡한 과학적 해석이라는 두 마리의 토끼를 멋지게 잡고 있다." –『퍼블리셔스 위클리』

5억 3,000만 년 전,
캄브리아기 대폭발로 눈을 뜨고

눈의 탄생 –캄브리아기 폭발의 수수께끼를 풀다

동물 진화의 빅뱅으로 불리는 캄브리아기 대폭발! 캄브리아기 초 500만 년 동안에 모든 동물문이 갑작스레 진화한 이 엄청난 사건의 '실체'와 '시기'에 관해서는 그동안 잘 알려져 있었으나, 그 '원인'에 대해서는 지금까지 수많은 가설과 억측이 난무했다. 왜 그때 진화의 '빅뱅'이 일어났던 걸까? 무엇이 그 사건을 촉발시켰을까? 앤드루 파커가 제시하는 놀라운 설명에 따르면, 바로 이 시기에 눈이 진화해서 적극적인 포식이 시작되었다. 곧, 동물이 햇빛을 이용해 시각을 가동한 '눈'을 갖게 되는 사건이 캄브리아기 벽두에 있었고, 그 하나의 사건으로 생명세계의 법칙이 뒤흔들리며 폭발적인 진화가 일어났다는 것이다. 이 책은 영향력을 넓히면서 더욱 인정받아가는 그 이론을 본격적으로 소개한다. 생물학, 역사학, 지질학, 미술 등 다양한 분야를 포괄한 과학적 탐정소설 형식의 『눈의 탄생』은 대중에게 더욱 쉽게 다가가기 위해 간결한 문체와 흥미로운 에피소드를 다양하게 사용하여 대중과학서의 고전으로 자리잡기에 손색이 없다.

한국출판인회의 선정 이달의 책!
과학기술부 인증 우수과학도서!

앤드루 파커 지음 | 오숙은 옮김

"파커는 꼼꼼한 동물학 변호사처럼 자신의 흥미로운 주장을 정리한다 — 찰스 다윈과 똑같은 방식으로." ─매트 리들리(『이타적 유전자』 지은이)

그 눈으로 고생대 3억 년을
지켜본 딱정벌레여!

이언	대	기	
	신생대	제3기	신제3기
			고제3기
	중생대	백악기	
		쥐라기	
		트라이아스기	
현생이언	고생대	페름기	
		석탄기	
		데본기	
		실루리아기	
		오르도비스기	
		캄브리아기	
	선캄	선캄브리아기	

(백만 년 전)

삼엽충—고생대 3억 년을 누빈 진화의 산증인

삼엽충은 5억 4,000만 년 전에 홀연히 등장하여 무려 3억 년이라는 장구한 세월을 살다가 사라졌다. 리처드 포티는 고대 바다 밑에 우글거렸던 이 동물들을 30년 넘게 연구한 학자다. 그는 징그럽게 보일 수도 있는 이 동물들이 우리에게 경이롭고 사랑스럽고 대단히 많은 교훈을 전해준다고 말한다. 이 책에는 그가 삼엽충을 대할 때 느끼는 흥분과 열정, 그리고 그들을 연구하면서 얻은 지식이 고스란히 녹아 있다. 리처드 포티는 이 색다른 동물들의 이야기 속에 진화가 어떻게 이루어졌으며, 과학이 어떤 식으로 발전하고, 얼마나 많은 괴짜 과학자들이 활약했는지를 흥미진진하게 풀어낸다.

한국간행물윤리위원회 선정 이달의 읽을 만한 책!

리처드 포티 지음 | 이한음 옮김

"책은 고대 생물을 그저 단순히 설명하는 방식으로 독자에게 삼엽충을 보여주지 않는다. 삼엽충을 만나기 위해 깎아지른 절벽을 오르내리는 과학자의 여정이 함께 담겨, 읽는이의 호기심을 한층 끌어올린다." —『한국일보』

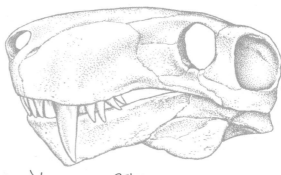

페름기 말,
모든 것이 바람과 함께 사라졌으나

대멸종 - 페름기 말을 뒤흔든 진화사 최대의 도전

지금부터 2억 5,100만 년 전, 고생대의 마지막 시기인 페름기 말에 대격변이 일어났다. 육지와 바다를 막론하고 무려 90퍼센트가 넘는 동물종이 감쪽같이 사라지고 말았다. 지금은 희미한 화석으로만 겨우 알아볼 수 있는 갖가지 동물군이 펼쳐냈던 장엄한 페름기의 생태계가 순식간에 몰락해버렸다. 생명의 역사상 그처럼 엄청난 대멸종의 회오리를 일으킬 만한 것이 대체 무엇이었을까? 운석이 충돌했던 것일까? 초대륙 판게아에서 대규모로 화산활동이 일어났던 것일까? 이 책은 단순한 교과서적 사실의 나열이 아니라 이러한 숱한 궁금증들을 풍부한 자료를 가지고 치밀하게 그려내면서 동시에 페름기 대멸종이라는 주제와 관련된 과학자들의 연구와 숨 막히는 경쟁이 어떻게 펼쳐졌는지를 보여준다.

과학기술부 인증 우수과학도서!

마이클 J. 벤턴 지음 | 류운 옮김

"고생물학 서적이 매력적인 이유는 화석과 지구 환경을 조사해 지질학적 연대기를 구성해내는 과정을 추적자의 심정으로 즐길 수 있어서다. 범인을 추리해나가는 탐정소설을 읽는 기분이랄까? 그런 점에서 벤턴의 글쓰기 방식은 고생물학의 매력을 잘 드러낸다."
─정재승(카이스트 교수)

또 다시 펼쳐지는
위대한 영웅들의 대서사시!

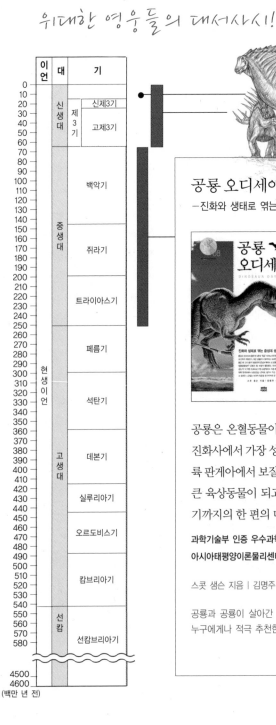

이언	대	기	
	신생대	제3기	신제3기
			고제3기
	중생대	백악기	
		쥐라기	
		트라이아스기	
	고생대	페름기	
		석탄기	
		데본기	
		실루리아기	
		오르도비스기	
		캄브리아기	
	선캄	선캄브리아기	

0
10
20
30
40
50
60
70
80
90
100
110
120
130
140
150
160
170
180
190
200
210
220
230
240
250
260
270
280
290
300
310
320
330
340
350
360
370
380
390
400
410
420
430
440
450
460
470
480
490
500
510
520
530
540
550
560
570
580

4500
4600
(백만 년 전)

현생이언

공룡 오디세이
─진화와 생태로 엮는 중생대 생명의 그물

몸길이 15미터에 몸무게 5톤의 '폭군' 티라노사우루스 렉스는 난폭한 포식자의 제왕이었는가, 죽은 동물이나 뜯어먹는 비루한 청소부였는가? 공룡은 왜 그리 거대한 몸집을 진화시켰고, 어떻게 유지할 수 있었을까? 중생대의 온실세계에서 산 공룡은 온혈동물이었을까, 냉혈동물이었을까? 이 책은 진화사에서 가장 성공적이고 가장 매혹적인 동물이 초대륙 판게아에서 보잘것없는 존재로 생겨나 지구상의 가장 큰 육상동물이 되고 결국은 느닷없는 비극적 죽음을 맞기까지의 한 편의 대서사시다.

과학기술부 인증 우수과학도서!
아시아태평양이론물리센터 선정 '2011 올해의 과학도서'

스콧 샘슨 지음 | 김명주 옮김

공룡과 공룡이 살아간 세계에 관한 가장 포괄적인 책이다. 공룡 팬 누구에게나 적극 추천한다.─『퍼블리셔스 위클리』

공룡 이후 – 신생대 6500만 년, 포유류 진화의 역사

진화사에서 가장 매혹적인 동물이자 중생대를 지배했던 공룡은 지구상에서 홀연히 사라졌다. 그 생태적 빈자리를 채운 것은 엄청난 속도로 신생대의 기후와 환경에 적응한 다양한 육상동물, 특히 포유류였다.『공룡 이후』는 신생대 지구와 생명의 역사를 개괄하면서 포유류는 물론 해양생물, 식물, 플랑크톤에 이르기까지 신생대 생물 진화의 맥락을 소개한다.『공룡 이후』는 과거 지구에 살았던 놀라운 생명체들에 매료된 모든 사람을 위한 책이다.

아시아태평양이론물리센터 선정 '2013 올해의 과학도서'

도널드 R. 프로세로 지음 | 김정은 옮김

노래하는 네안데르탈인 – 음악과 언어로 보는 인류의 진화

인류를 다른 종과 비교했을 때 가장 의아하고 경이로운 특성을 보이는 것이 음악활동이다. 그렇다면 인간은 왜 음악을 만들고 들을까? 스티븐 미슨은 이 의문을 추적하면서 음악과 언어의 밀접한 관계, 음악이 인류의 진화에 미친 영향을 찾아 나선다. 그에 따르면, 현생 인류에게 비교적 최근에 언어능력이 생기기 전까지, 음악은 이성을 유혹하고 아기를 달래고 챔피언에게 환호를 보내고 사회적 연대를 다지는 구실을 했다. 음악과 언어는 공통의 뿌리가 존재하고 공진화해온 역사적 환경으로 말미암아 따로 떼어 설명할 수 없다고 말하는『노래하는 네안데르탈인』은 언어에 가려져 상대적으로 간과되어왔던 음악의 진화적 지위를 되찾아줄 것이다.

스티븐 미슨 지음 | 김명주 옮김

그러나 미토콘드리아 없이는
이 세상도 없을 터이며,

이언	대		기
	신생대	제3기	신제3기
			고제3기
	중생대		백악기
			쥐라기
			트라이아스기
현생이언	고생대		페름기
			석탄기
			데본기
			실루리아기
			오르도비스기
			캄브리아기
	선캄		선캄브리아기

0
10
20
30
40
50
60
70
80
90
100
110
120
130
140
150
160
170
180
190
200
210
220
230
240
250
260
270
280
290
300
310
320
330
340
350
360
370
380
390
400
410
420
430
440
450
460
470
480
490
500
510
520
530
540
550
560
570
580

4500
4600
(백만 년 전)

미토콘드리아
— 박테리아에서 인간으로, 진화의 숨은 지배자

몸속 가장 깊은 곳에서 소리 없이 우리 삶을 지배하는 생명에너지의 발전소이자, 다세포생물의 진화를 이끈 원동력인 미토콘드리아. 핵이 있는 복잡한 세포를 위해 일하는 기관으로만 여겨졌던 미토콘드리아가 이제는 복잡한 생명체를 탄생시킨 주인공으로 인정받고 있다. 이 책은 복잡한 생명체의 열쇠를 쥐고 있는 미토콘드리아를 통해 생명의 의미를 새롭게 바라본다. 우리가 사는 세상을 미토콘드리아의 관점에서 살펴보며 최신 연구결과들을 퍼즐조각처럼 맞춰가면서, 복잡성의 형성, 생명의 기원, 성과 생식력, 죽음, 영원한 생명에 대한 기대와 같은 생물학의 중요한 문제들의 해답을 모색한다.

아시아태평양 이론물리센터 선정 '2009 올해의 과학도서'
책을만드는사람들 선정 '2009 올해의 책(과학)'

닉 레인 지음 | 김정은 옮김

"미토콘드리아를 통해서 본 지구 생물의 역사 최신판"—『한겨레』

"이 책은 단순한 교양과학도서가 아니다. 여느 전문서적에서도 접하기 힘든, 혹은 수많은 전문서적과 논문을 뒤져야 알아낼 법한 연구 결과들을 일목요연하고 유려하게 정리하고 있기 때문이다."
—『교수신문』

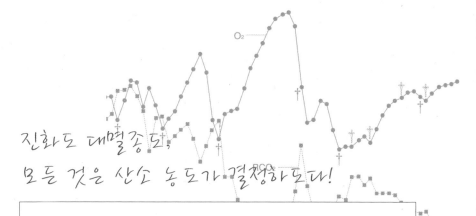

O₂

진화도 대멸종도,
모든 것은 산소 농도가 결정하도다!

진화의 키, 산소 농도 –공룡, 새, 그리고 지구의 고대 대기

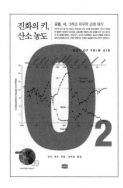

공룡이 그토록 오랜 기간 궤멸하지 않았던 비결은 무엇인가? 캄브리아기 생명체들이 폭발적으로 출현하도록 자극한 요인은 무엇인가? 동물들은 왜 바다에서 육지로 올라왔고, 그중 일부는 왜 다시 바다로 돌아갔는가?

"이 이야기의 결론들은 모두 다 산소의 수준에 관한 새로운 통찰에서 나온다."

지구의 대기 중 산소 농도는 35%에서 12% 사이를 오르내렸다. 산소가 급감하면 생명체 대부분이 사라졌고, 호흡계를 개발하고 몸 설계를 바꾼 자만 살아남아 새 세계를 열었다. 이제 여기, 산소와 이산화탄소 농도의 변동을 보여주는 GEOCARB-SULF로 그려낸 폭발적인 진화와 대멸종의 파노라마가 펼쳐진다.

한겨레신문 선정 '2012 올해의 책'(번역서)

피터 워드 지음 | 김미선 옮김

"워드의 발상들은 면밀하게 살펴볼 가치가 있으며 아마도 널리 논의될 것이다."
—『퍼블리셔스 위클리』

"워드라면 항상 믿어도 된다. 흥미로운 이론을 가정하는 견실한 글을 제공할 것이라고."
—『라이브러리 저널』

광물과 생물의 공진화, 45억 년 지구의 역사를 꿰는 새로운 패러다임!

이언	대	기	
	신생대	제3기	신제3기
			고제3기
	중생대	백악기	
		쥐라기	
		트라이아스기	
현생이언	고생대	페름기	
		석탄기	
		데본기	
		실루리아기	
		오르도비스기	
		캄브리아기	
	선캄	선캄브리아기	

0, 10, 20, 30, 40, 50, 60, 70, 80, 90, 100, 110, 120, 130, 140, 150, 160, 170, 180, 190, 200, 210, 220, 230, 240, 250, 260, 270, 280, 290, 300, 310, 320, 330, 340, 350, 360, 370, 380, 390, 400, 410, 420, 430, 440, 450, 460, 470, 480, 490, 500, 510, 520, 530, 540, 550, 560, 570, 580

4500
4600
(백만 년 전)

지구 이야기
—광물과 생물의 공진화로 푸는 지구의 역사

별면지에서 살아 있는 푸른 행성까지, 지구는 진화한다. 유기분자와 암석 결정 사이의 반응이 지구 최초의 유기체를 낳고, 그 유기체에서 차례로 행성을 이루는 광물들 3분의 2 이상이 생겨났다. 달의 형성, 최초의 지각과 대양, 산소의 급증과 광물 혁명, 눈덩이—온실 지구의 순환을 겪으며 지구는 끊임없이 변화해왔다. 이 책은 지권(암석과 광물)과 생물권(살아 있는 물질)의 공진화로 푸는 파란만장의 지구 연대기다.

로버트 M. 헤이즌 지음 | 김미선 옮김

"『지구 이야기』는 당신의 세계관을 바꿀 수도 있는 참으로 드문 책이다. 폭넓은 시간과 지식을 엮어 빚어낸 또렷하고 유쾌한 글을 통해, 헤이즌은 그야말로 우리 행성을 하나의 이야기로, 그것도 설득력 있는 이야기로 만들어낸다."
—찰스 월포스(『자연의 운명』과 『고래와 슈퍼컴퓨터』 지은이)

"헤이즌은 대중의 언어로 과학을 설명할 줄 아는 재능을 타고났다. 지질학, 화학, 물리학에 최소한의 지식밖에 없는 독자라도 이 책에 매혹될 것이다."—『라이브러리 저널』

"헤이즌이 누구나 읽을 수 있는 책에서 지구와 생명의 기원을 조명하며 다양한 과학 분야를 골고루 섞어 잊지 못할 이야기를 들려준다."—『퍼블리셔스 위클리』

최초의 생명꼴, 세포 -별먼지에서 세포로, 복잡성의 진화와 떠오름

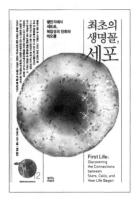

데이비드 디머 지음 | 류운 옮김

별에서 모든 게 시작된다. 그리고 칸에 싸담긴 분자계, 즉 원세포들이 셀 수도 없이 많이 만들어지고, 그 가운데 하나 또는 몇이 성장하고 촉매 기능과 유전정보가 관여하는 어떤 순환을 통합해냈을 때 생명은 비로소 시작되었다. 그런 의미에서 최초의 생명꼴은 분자가 아니라 세포였다. 생명이 탄생하기 이전 환경에서 생명의 기원을 추적해가는 데이비드 디머의 새로운 차원의 답을 발견해가는 과정은 과학의 지형에 생기를 불어넣었다.

내 안의 바다, 콩팥 -물고기에서 철학자로, 척추동물 진화 5억 년

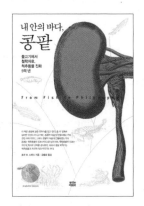

발 달린 물고기가 머리를 들고 물에서 뭍으로 올라오고, 양서류와 파충류와 포유류가 건조한 육지에서 살아남기 위해서는 염류와 물을 몸밖으로 빼앗기지 말아야 했다. 하지만 몸안의 노폐물을 내보내려면 물을 쓰지 않을 수 없었다. 염류가 물을 따라 나가는 건 당연지사였다. 척추동물들은 이를 해결하기 위해 콩팥을 다양하게 진화시켰고, 그 덕분에 지구 위를 활보하고 생태자리를 넓힐 수 있었다. 콩팥이 자신의 일을 제대로 수행하지 않고서는, 생명체가 살아남아 뼈나 근육, 뇌 같은 다른 기관을 진화시킬 수가 없기 때문이다. 피상적으로 보면 콩팥이 하는 일은 오줌을 만드는 것이다. 그러나 좀 더 생각해보면 콩팥은 존재 자체의 철학을 만들어낸다고 볼 수 있다.

호머 W. 스미스 지음 | 김홍표 옮김

걷는고래

그 발굽에서 지느러미까지, 고래의 진화 800만 년의 드라마

2016년 7월 4일 초판 1쇄 펴냄
2022년 3월 18일 초판 2쇄 펴냄

지은이 J. G. M. '한스' 테비슨
옮긴이 김미선

펴낸이 정종주
편집주간 박윤선
편집 박소진 김신일
마케팅 김창덕
디자인 조용진

펴낸곳 도서출판 뿌리와이파리
등록번호 제10-2201호 (2001년 8월 21일)
주소 서울시 마포구 월드컵로 128-4(월드빌딩 2층)
전화 02)324-2142~3
전송 02)324-2150
전자우편 puripari@hanmail.net

종이 화인페이퍼
인쇄 및 제본 영신사
라미네이팅 금성산업

값 22,000원
ISBN 978-89-6462-072-4 (03470)

이 도서의 국립중앙도서관 출판예정도서목록(CIP)은 서지정보유통지원시스템 홈페이지(http://seoji.
nl.go.kr)와 국가자료공동목록시스템(http://www.nl.go.kr/kolisnet)에서 이용하실 수 있습니다.(CIP제
어번호: CIP2016011657)